21世紀の戦争と平和

徴兵制はなぜ再び必要とされているのか

WAR AND PEACE IN THE 21ST CENTURY
LULLY MIURA

三浦瑠麗

新潮社

21世紀の戦争と平和

徴兵制はなぜ再び必要とされているのか

… all ll the war-propaganda, all the screaming and lies and hatred, comes invariably from people who are not fighting. ——*George Orwell, Homage to Catalonia.*

（すべての戦争プロパガンダ、すべての怒号、偽り、そして憎しみは、常に戦っていない人々からやってくる——ジョージ・オーウェル『カタロニア讃歌』著者訳出）

"Oh, he had read the newspapers and magazines. He wasn't stupid. He wasn't uninformed. He just didn't know if the war was right or wrong. And who did? Who really knew? So he went to the war for reasons beyond knowledge. ... He went to the war because it was expected. Because not to go was to risk censure, and to bring embarrassment on his father and his town. Because, not knowing, he saw no reason to distrust those with more experience. Because he loved his country and, more than that, because he trusted it."

（「いや、彼は新聞だって雑誌だって読んでいた。馬鹿じゃなかった。何も知らされなかったまんまってわけじゃない。ただ、この戦争が正しいのか間違ってるのか分からなかっただけだ。それで誰が分かるだろうか、そんなこと？　誰か本当に知っているやつがいたのか？　だから、彼は自分の理解を超えた理由から戦争に行ったのだった。――戦争に行くことが期待されていたから。戦争に行かないことは訴追を覚悟することだったから。父親に恥をかかせ、自分の町に恥をかかせることだったから。自分が分からないなかで、もっと経験ある専門の人間が言っていることを信用しない理由がなかったから。彼は国を愛していたし、何より、信じていたからだ。」

――あるベトナム従軍兵の手記より著者訳出[1]）

はじめに――いかに平和を創出するか

なぜ国家という存在が必要なのだろうか。急激に進むグローバル化に国民国家が牙をむいているように見えるいま、改めてそれを考えてみようと思う。国防や治安、法治主義といった私たちの生活に必要な基盤を国家が提供しているのは事実だ。けれども、ここでそうした自明な論をことさらに述べたいわけではない。グローバル化が進む世界で平和を創出するには、やはり国家こそが重要な存在になるということを論じてみたいと思う。

平和を求める人びとは折に触れて国家権力を批判する。国家こそが戦争を引き起こす原因なのだと。国防あるいは外交を重視する人が国家の重要性を訴えても、「もちろん、戦争を仕掛けたりしないまともな政府ならば良いのだが……」と平和主義者は首を振るだろう。ならば、その「まとも」な、つまり平和的な政府をどうやって人間社会のなかで作り出し、維持すればよいのか――それが本書の取り組む課題だ。

私は普段からあまり性善説を取らない。人間は進歩することができると思う一方で、人間は利害で動くことが多いと思うからだ。したがって、平和的な政府を作り出すというとき、それは正義の力によるのではなく、人びとの利害が自然に平和に向かうような国際社会の構造や国内政治の仕組みを創り出すことを意味する。度が過ぎた正義もまた社会に害をなすことがある。利害を超えた正義については、常にそれが自らのコスト認識によって現実に引き戻されるようにしておかなければならない。歴史上数多の戦争や殺戮が正義の名においてなされてきた事実を振り返れば、他者の痛みや、自らの負うリスクやコストを度外視した正義が、いかに惨憺たる結果をもたらすかを思い知る。焚火に触ったら火傷をするように、自らの痛みを通じて理解する危険は鮮烈だ。それに引き較べ、机上で思い描く正義はいかにも安易なものに思われる。

　では、どのようにして平和に向かう利害構造を創り出すことができるのか。実は、これは国際政治における永遠の難問である。国際法や国内の民主的制度の進歩、経済的利害による戦争抑止効果に目を向けた論考は多い。ただし、戦時には利害を説く人びとの声は小さくなり、ともすれば自国の信ずる正義に身を委ねる傾向にある。国民は戦争を支持し、積極的に推進することすらあるというのが歴史の教えるところであった。そこで、権力者の手を縛り、国民に平和の尊さを説くことに力を注ぐ識者は、あるべき権力者のかたち、あるべき国民の姿という道徳的高みから「説教」をせざるを得ない。そのような規範的議論がすぐに力を失うのは、「何々をしてはならない」という禁止形で語っているうちに、人びとの利害構造からも、自然に湧き起こる素朴な正義感からも、かけ離れてしまうからである。

　したがって、本書では平和について規範的な議論を行うものの、あくまでもそれが人びとの利害構造や自然な感情を土台として展開するように留意している。「間違った戦争をしてはならない」という規範を述べるにとどまらず、人びとが政治的感情をもつときに当然に介在するナショナリズム、同胞意識といった強い感情を受け容れる。その上で、ナショナリズムや同胞意識が、戦争を思いとどまるにあたってある働きをしていることを積極的に評価する。この点は、本書の重要な特色の一つだろう。ナショナリズムを活かした平和主義というと、かつてイギリスの知識人が、ナポレオンのフランスや軍国主義のプロイセンを見て、自らの国が優れた平和性を持つと主張したようなことを想起する人もいるかも知れないが、本書の主張はそれらと同列のものではない。むしろ自国を含めて国や社会のあり方を批判的に見つつ、ナショナリズムと同胞意識を平和に活かすという発想である。そこにおいては、「血のコスト」と「負担共有」という発想がカギとなる。

以下、第Ⅰ部では、変革期にある現代世界の国際秩序について論じ、イマヌエル・カントの唱えた永遠平和のための思想に示唆を得つつ、新しい平和のための構想を提示する。その上で、あるべき「国際社会の構造」と「国内政治の仕組み」を、そのような平和を創るための二つの柱と位置づけて、民主的平和論と政軍関係論を融合することで、「共和国による平和」という独自の視座を提供したい。そのために第一章では、まず現代世界が直面しつつあるアメリカによる安定と戦後秩序の終焉について論じ、今後の平和に向けた見取り図を整理する。そのうえで、永遠平和に向けた国際社会と国内政治の二重の取り組みとその課題を、カントの思想を手掛かりとして現代的に導き出す。第二章では、社会における軍人の地位の変遷を歴史的に概観し、現代の先進国における血のコスト負担の偏在性と片務性を考える。第三章では、平和に向けた課題を明らかにし、現代社会における軍の特徴を踏まえた上で、国民国家と軍をどう見直したらよいのかを論じる。

第Ⅱ部の「負担共有の光と影」では、具体的な事例として、いくつかの民主主義諸国で実際にどのようにして政軍関係が展開し、それによって平和を確かなものとするための「国内政治の仕組み」が創られているかについて論じることになる。第四章、第五章では韓国とイスラエルという二つの国の徴兵と戦争をめぐる経験を追うことで、それまでの章において提示してきた概念を現実に即して捉え直す。韓国とイスラエルは、成熟した民主主義の先進国でありながら、強い外敵に直面していることから平等な徴兵制を維持している特殊な国家である。第六章では、この二ヵ国ほどの対外的な危険に直面していないヨーロッパ四ヵ国の軍務の負担共有をめぐる試行錯誤を紹介し、そこから得られる教訓を抽出していくこととしたい。

平和を求めない人は少ない。しかし、平和のイメージはそれぞれの国で異なるだろうし、国内でも平和を実現する手段をめぐって激論が戦わされる。そうした中で、ひとまず生存を確保した国家が熟慮すべきは、国家が軍という実力組織を有していることの意味と、その自己抑制の方法であろう。リアリズムの真髄は熟慮であり、それが欠けている社会に平和は訪れないからだ。

目次

はじめに――いかに平和を創出するか　5

第Ⅰ部　共和国による平和　21

第一章　変動期世界の秩序構想　23

1　変動期に入った世界

ポスト「冷戦後」はカオスか　23
アメリカの内向化が与えたダメージ　25
民主的平和論はなぜ下火になったか　27
過去の安定に引きずられる危険　30
民主主義を前提とした同盟管理　31

「シビリアンの戦争」の時代　35
「徴兵制」復活は何のためか　37

2　変革期世界の秩序構想

平和を創るための五つの次元　39
国家の意思決定を拘束するもの　41
内戦を防ぐ次元の努力　43
望まれたグローバリゼーションの次元　44
現時点での平和への課題を確認する　46

3　カント再訪

「永遠平和のために」　48
平和と共和政という二つの目標　50
三つの確定条項　52
厳しい予備条項　54
カントの国民への懐疑　56
兵士を国民化する試みへの応答　58
郷土防衛軍とは何か　61
国家観と人民観の共存　62

十九世紀以降の展開　65
カント2・0　68
カント2・0のための予備条項　70

第二章　誰が「血のコスト」を負担するのか　73

1　歴史的な政軍民関係

見えにくい兵士　74
守護者としての政治家と軍人　77
羊と羊飼いと犬と狼と　80
都市共同体から帝国、軍の辺境化へ　81
王侯と私兵、傭兵の時代　84
守護者の時代の終わり　86
契約主体としての国家と兵士――雇われ兵士の実情　88
国民軍の登場と浸透　90
アメリカが欧州世界に加わったとき　93

2　第二次世界大戦後
復員と福祉の向上　95
一部の人に負担が集中していく　96
冷戦期の常備軍依存　99
冷戦期の軍依存が各国にもたらした変化　101
冷戦後——人びとは解き放たれ、軍はさらに抑圧される　104
現在のアメリカ兵士とは誰か　106
経済的徴兵制は本当か　108
経済階層ではなく軍階層に着目すべき　109
現代の対テロ戦争における戦地派遣　112
血のコスト負担の歴史　114
第三章　「国民国家」と「軍」を見直す　117
1　民主国家に求められる改革
民主国家における負担共有のあり方　118
血のコストをどう分担するか　121
市民的不服従と反戦　124

軍はどのように取り扱われるべきか　126
シビリアン・コントロールのあり方　128
なぜ軍は特別なのか　129
兵士の抗命権について　131

2　正しい戦争の定義を再考する

正しい戦争に関する正しい問いを定義する　132
戦争の犠牲は正当化しうるか　134
戦争に訴えることは不正に照らして妥当か　137
戦争の動機に悪意が潜んでいないか　139
戦争に国家が国民を送り出すことは正しいか　140
戦争を決断する人はその犠牲を払っているか　144
オバマのアフガニスタン戦争　145
アフガニスタン戦争は必要だったか　148
世論に基づいて戦争を決めることの危険　150

3　国民国家の復権

国民国家の復権をグローバル化の時代に行うには　152
グローバル化時代への適応と移民政策　153

税制の見直し　154
国民国家と負担共有の変遷を読み解く　156

第Ⅱ部　負担共有の光と影　159

第四章　韓国の徴兵制——上からの徴兵制に訪れた変化　161

二〇一〇年の哨戒艇沈没事件　161
若者の反戦　163
延坪島砲撃事件を乗り越える　165
分配なき戦争状態　167
格差と公務員優遇　169
ベトナム戦争参戦の経験　170
民主化がもたらした影響　173
民主化後の軍隊派遣　175
太陽政策とその終わり　178
保守の揺り戻しと再びの融和　180

徴兵制度の概観　182
韓国の厳しい徴兵制度への不満　184
よりリベラルな社会へ　186

第五章　イスラエルの徴兵制——原理主義化の危機　189

貧しかったイスラエル　190
キブツと労働党という主流派　191
一九六七年の転機がもたらしたもの　194
入植者というトリップワイヤー　195
一九八二年的メンタリティ　198
「普通の国」論の登場と主流派の転回　200
テルアビブと都市文化　202
エルサレムの急進化　204
イスラエルの兵役のいま　206
超正統派ユダヤ教徒の入植地　208
軍人の一部の宗教化　210

第六章　ヨーロッパの徴兵制――スウェーデン・スイス・ノルウェー・フランス　213

1　スウェーデン　214
スウェーデンの徴兵制廃止　214
「国際貢献」したい政府　215
軍は移民二世で組織できるか　219
徴兵制復活　222

2　スイス　225
中立を可能にする条件　225
戦わない徴兵制　227
移民を統合しない国家　229

3　ノルウェー　232
ノルウェーにおけるリベラルな徴兵制　232
同盟重視という選択　234
移民コントロールの強化　236

4　フランス　238
徴兵制復活論　238
徴集兵のアルジェリア戦争　239
徴兵の形骸化と終了　242
テロと徴兵復活の声　243
二〇一七年の大統領選　245

5　各国の経験に何を学ぶか　246
戦う徴兵制の経験　246
象徴的な負担共有と理想　249

おわりに——国民国家を土台として　253

あとがき　257
引用・参照文献リスト　263
註　273

装幀　新潮社装幀室

21世紀の戦争と平和

徴兵制はなぜ再び必要とされているのか

第Ⅰ部　共和国による平和

第一章　変動期世界の秩序構想

1　変動期に入った世界

ポスト「冷戦後」はカオスか

冷戦が終結して四半世紀の時が流れ、世界は二極でも単極でもない、多極の時代になだれ込んだ。領土紛争や軍事的緊張が残存する地域では、国家間での古典的な勢力争いがエスカレートする危険をはらんでいる。長い雌伏の時期を経て台頭した中国や軍事大国ロシアの「失地回復」の動きも活発化している。他方で、二〇一〇年代初頭の「アラブの春」に存在した中東の民主化への期待は空しくしぼみ、破綻国家や自国民の生活を破壊する政府が作り出されてしまった。

そうしたなかで、アメリカの世論は内向き化が進み、欧州では内政の激しい政治変動を経験しつつある。国際秩序が流動的になってきていることは間違いない。来るべき混乱を強調する見方は、沈みつつある米欧世界の識者に共通する。たとえば、外交問題評議会会長のリチャード・ハースは著書『A World in Disarray（混乱する世界）』で、いまの国際秩序が衰退し混乱が訪れているとの見方を示している。「Gゼロの世界」という言葉を広めたイアン・ブレマーは、世界が混沌（カオス）の時代に足を踏み入れたと論じている。

　しかし、不安が煽られ、アメリカのリーダーシップ低下を嘆く声はあっても、来るポスト「冷戦後」の世界においてどのように平和を実現するのかという問いは、まだ十分に検討されているとは言えない。

　全てをカオスと見るのか、それとも不確実性の中で世界が秩序や平和を取り戻そうとする調整の過程と見るのかによって、現在の一つ一つの出来事の解釈が違ってこよう。私たちは、最近、国家の方針転換や変化をいくつか目撃しているが、その解釈は定まっていない。例えば次のようなニュースである。

・二〇一六年三月二十九日、日本の安倍晋三政権下において集団的自衛権を容認する安保法制が施行された。
・二〇一七年五月七日、徴兵制復活を公約とするエマニュエル・マクロンがフランス大統領選に勝利した。
・二〇一八年一月一日、スウェーデンが二〇一〇年に廃止されていた平時における徴兵制を復活させた。

　これらは、各国が平和の価値を蔑《ないがし》ろにし、世界が戦争の危機に近づきつつあることの証左なのだろうか。世界が永遠平和に向かう道を踏み外し、暗黒の時代に足を踏み入れてしまったのだろうか。

私は、そうは思わない。むしろこれらの動きは、国内政治に生み出したハレーションはともかくとして、ポスト「冷戦後」の訪れに対応しようとする行動だと思うからだ。またヨーロッパに関しては、これから迎える多様性社会において民主主義をさらに強化するための国家の試行錯誤として捉えることができる。

結論を先取りすれば、これらの試みは、戦争を抑止し、平和をもたらす新たな構造を作り出そうとする国家の自助努力であると私は考えている。一九四五年以降の秩序に寄りかかっているだけでは、国家も平和も維持できない時代が到来したからだ。むろん、安全を確保しようとする試みはときに軍拡競争を生んでしまうという有名なジレンマがある。「合理的な行動」が不合理な結果を生んでしまう構造として、幾度となく指摘されてきた。だから国家の本能に任せていてはいけないのだという意見は、正しい。けれども、いま私たちが直面しているのが単にそのようなジレンマを生んでしまう構造なのか、それとも先ほど提起したような、ポスト「冷戦後」へ向けた新たな対応という大きな文脈のなかで理解すべきことなのかは、検討してみなければわからないだろう。つまり、これらひとつひとつの政策変化を、単に軍拡やタカ派的態度として捉える見方は一面的であるということだ。

アメリカの内向化が与えたダメージ

これまで、西側の平和はアメリカが提供する圧倒的な公共財と投資、開かれた市場、それらを支える軍事力によって成り立ってきた。冷戦後には、東側陣営が西側の経済圏に組み込まれることでグローバル化が急速に進展し、公共財を提供してきたアメリカの力が持続することによって、世界はさらなる平和と繁栄を享受できるかに思われた。事実、九〇年代には、世界戦争の懸念は遠のいた。けれども、核抑止による恐怖の均衡を乗り越えることはなおざりにされ、また一九九二年にガリ国連事務総長が提出した「平和への課題」[1]（Agenda for Peace）への取り組みについても成功しないまま、二〇〇一年の同時多発テロに始まる混乱期を迎えることになる。

どうして今の混乱が生じているのか。その理由を人口動態やグローバリゼーションなどの超長期的な変動に求めるのではなく、また直近の現象であるトランプ大統領の誕生に求めるのでもなく、十年スパンの因果関係で考えてみる。すると、混乱の原因はアメリカのイラク戦争とアフガニスタン戦争に求めることができよう。これらの戦争で挫折し、国力を費消したアメリカが結果として内向きになったことで、世界は大きな転換点を迎えることになったからだ。

振り返れば、「冷戦後」とは、変化を引き起こす諸力がバネのように撓《たわ》められていた時代であった。九〇年代に、西側諸国が冷戦後の平和を謳歌している間に、異質な大国、中国が着々と国力を伸ばして軍備拡大を進めていく。ソ連崩壊後のロシアは、ポピュリズムに基づく武力行使とも言うべきチェチェン介入を経たのち、ＮＡＴＯの東方拡大に刺激されて、旧勢力圏に積極介入するモチベーションを醸成していった。一方、冷戦を勝ち抜いたアメリカは、まずまずの対応で冷戦後処理や紛争介入を行った。それは西側陣営による東側陣営の包摂という勝者の意識に基づく対応であった。けれども、対テロ戦争で疲弊したアメリカがあたりを見回したとき、異質な国家群はまるで冷戦終結という転機など存在しなかったかのように連綿と存続しつづけていたのである。もはやアメリカの力だけで、現行の世界秩序を支えられないだろうことは明らかだ。そして中露を含め、国際政治のアクターのうち、内向きになったアメリカを代替してリベラルな国際秩序を率いる意思や能力がある国は存在しない。

およそ四半世紀続いた「冷戦後」という時代は、ＢＲＥＸＩＴの国民投票とトランプ大統領当選があった二〇一六年には明白に終わりを告げた、と私は考える。後世の歴史家は、時代の終焉の地点を私たちより明確に措定することができるだろう。しかし、いずれにしても、おそらく四半世紀つづいた「冷戦後」は初めから移行期でしかなかったのである。

ポスト「冷戦後」の平和を、どのような視点に立って目指すべきなのか。それを考えるためには、冷戦後の「失敗」が何であったかを振り返り総括しておく必要がある。もちろん冷戦後も世界戦争を防ぐという最低限の目的は果たされている。そのことは評価しておかなければならない。けれども、確実な失敗もあった。民主化の定着や、破綻国家の再建や、他国における人道的危機を食い止めることといった、高い目標の多くは達成できなかった。西側世界が、野心的にすぎる目標を設定して失敗したというだけならば、目標値を検討し直せばよい。しかし、事はそう簡単ではない。冷戦後四半世紀の失敗は、結果として、人びとに国際秩序を維持していく上での道しるべを見失わせる効果を持っていたのではないか。つまり、平和を創出するために有効とされた方法論自体が懐疑的な眼差しで見られるようになってきたということである。

民主的平和論はなぜ下火になったか

ここでいう方法論とは、「民主化こそが問題を解決する」という認識を指す。つまり、冷戦後の失敗の経験によって、人びとは「民主化がすなわち平和を意味しない」ということを痛いほどわかってしまったのである。急激な民主化は内戦を呼ぶ場合もあったし、民主化した後の世論が平和的だとは限らないことも分かってきた。またトルコにおける言論の自由の弾圧や人権抑圧の状況は、民主主義が自由主義の保護を意味しないことも示した。そもそも、ロシアや中国における民意の存在感の拡大が、将来における平和を担保してくれるとは考えにくいということまで私たちは学びつつある。それぞれの国において、民意がポピュリズム的に対外強硬策を後押しする現象がみられるからだ。

民主主義であることに疑いがない国々の行動も、平和とは程遠いものがある。アメリカをはじめとする西側先進国が行った戦争も、決してなくなったわけではないからだ。イラク戦争、アフガニスタン戦争、レバノン戦争など、不毛な戦争がたびたび戦われてきた。これらの戦争は、民意によって後押しされた戦争であった。近年急増し、よく取り上げられている無人機などによる暗殺も、殺人に対する精神的なハードルが著しく下がっていることを示している。であるならば、「国民はなぜ戦争を支持してしまうのか」という問いに、私たちはもっと真摯に向き合わなければならないだろう。

こうした教訓の影響が大きすぎたために、その反動として、秩序の安定化のためには抑圧的な専制体制すら肯定すべきという衝動さえ、そこかしこに生まれている。それもまた近視眼的な過剰適応だろう。シリア政府による反体制派の殺戮は到底正当化できないし、そもそも「アラブの春」を否定し、時計の針を戻したからといって、内戦の発生を食い止めることができたかどうかも怪しいからだ。

総括すれば、冷戦後に私たちが得た教訓は、民主主義を無理矢理拡大しようとしてかえって紛争を引き起こすこともあったということ、また民主化しても、性質や利害の異なる国家間ではおそらく衝突が起こるだろうということだ。いわば、米国の覇権こそが長年、安定を担保してきたのが現実であった。

それは、西側陣営の勝利が平和をもたらすという言説が敗北する過程であった。「民主国家同士は戦争をしない」という命題をめぐる民主的平和論が、九〇年代にはたいへん盛り上がったが[2]、そのブームは二〇〇〇年代に入ってからは下火となっていく。批判者は、民主国家同士でも戦争をしている例がいくつかあると指摘し、あるいは民主主義同士だから平和だと見えるものは、単に西側の同盟諸国間で戦わなかっただけのことではないかと指摘した[3]。民主国家同士があまり（ないしまったく）戦争をしない理由は、同盟を結んでいたからかもしれないし、そうでないかもしれない。要は、民主国家間に平和が存在するのだとしても、その理由を特定できなかったのである。

人びとが民主的平和論に興味を失っていったのは、民主化を大義に掲げたイフク戦争の失敗や、あるいは中国のような異質な非民主主義の大国が台頭したためだろう。二〇〇〇年代の終わりからは、アメリカの経済覇権に翳りが見えてきた八〇年代に流行した権力移行論が、再び注目されるようになっていった。権力移行論とは、新旧の覇権国家の交代のタイミングで戦争が起きるとする、政治学者オルガンスキーの学説から始まった議論である[4]。当時、そうした議論を受け、覇権戦争が起きると立証するには、そもそも覇権交代が起きた歴史上の実例が乏しすぎる、あるいは勢力均衡理論に反するなどとして、賛否両論、論じつくしたはずであった。だが、中国の台頭は議論に再び火をつけたのだ。

過去の安定に引きずられる危険

権力移行論の再勃興は、人びとの関心が、再び超大国同士のパワーゲームと大戦争の抑止に向かっていったことの現れであった。権力移行論をはじめとするそれぞれの理論の流行は、過去の秩序に法則性を見出し今の世界に修正して当てはめようとする試みだが、その性質上、少なくない論者が近過去にひきずられるし、また、未来における不確実性を嫌いがちである。[5] 不確実性が増した現状の国際政治理解は、悲観論のほうが優勢になってきている。

つまり、現代の西側諸国では、冷戦期の戦略的安定を懐かしんでそのなじみ深い法則性を米中対立の分析に当てはめようとする者もいれば、逆に冷戦初期の戦略的に不安定だった二極対立の再来を恐れる者もいる。そうかと思えば、覇権による安定した秩序を懐かしみながら、今後はリベラルな国際秩序が崩壊に向かうと観念し、光の消えたあとの暗黒世界を思い描く者もいる。これらの立論に共通するのは、国家の戦略が不安定な民意に左右され、一貫しないようにみえる状況を危険視するところだ。国家間の協力の可能性を信じるリベラリズム学派の国際政治学者であればあるほど、合理主義的なアプローチを重視するゆえに、国家の行動をある種の不合理にもっていきかねない民意の存在に対し否定的になっていった感がある。

たしかに、西側が冷戦に勝利しただけでは、平和の実現に不十分であることはだんだんと明らかになってきた。民主主義に過剰な期待をかけてしまってはいけないということだ。民主主義国が劇的に増えたのは二十世紀後半から現在に至る「アメリカの世紀」においてであった。アメリカの覇権に翳りが見えるいま、アメリカの影響下でなくとも、これらの民主国家が機能し、また平和に寄与することを担保する必要があるだろう。

そこで、アメリカの存在感が低下していく将来の見通しを踏まえ、一九四五年以降の常識を前提としない現代的な平和のための処方箋を考えていく必要がある。そのためには、国際的な構造全体として戦争を抑止し、平和を実現する構想が必要であるが、その過程では一国の政策、つまり内政が支配する領域にも踏み込まざるを得ない。

国際的な平和のための構想。そうした概念は、ゼロから創り上げるべきものではない。むしろ、いままで個別に平和創出効果があるとされてきたものを統合し、欠陥を修正していく作業だ。その統合を試みる際には大局観を見失わないこと、そして欠陥を修正する過程においては現実に十分即していることが必要である。

いま主権国家が二十四頁に例示したような様々な形で適応を図ろうとしていることの真の意味も、そのような構想の枠組みで捉えてこそ見えてくるはずである。各国の政策変更が、計画的に練られたものであったとしても、あるいはその場の感情によって選び取られたものであったとしても、特定の選択肢が選ばれたメカニズムを説明し、結果的に平和に寄与するかどうかという視点から洗い直してみる必要があるだろう。

民主主義を前提とした同盟管理

そこで、一つの視座を提供したい。先に例示したような各国による安全保障にかかわる政策変更は、安全保障の観点のみから説明できるものではなく、じつは「民主主義の調整」でもあった、という見方である。「民主主義は最悪な政体である。これまで実在したほかのいかなる政体を除いては」と言われる。これは、民主主義の決定が合理的であるとは限らないが、だからと言って民主主義を否定するのではなく、他の要素を取り込んで民主主義を補強していくべきだとする考え方だと言い換えることができる。つまり、先に挙げた政策変更も、民主主義の欠陥を補強することによって、平和を実現しようとする試みだということだ。

どういうことか。たとえば日本の安保法制について振り返ってみよう。安保法制の施行は戦後の日本が保持してきた安全保障をめぐるコンセンサスから踏み出す大きな転換であった。日本国憲法九条一項・二項の規定は、敗戦国たる日本の再軍備を禁じ、交戦権を認めていない。字義通りの解釈をすれば、自衛隊の存在を認めることさえ危うくなってしまう。それゆえ歴代政府は、国家として国民の生命、財産や幸福追求権を保全するため必要最小限度の武力行使ならば認められるが、同盟に基づく集団的自衛権については行使できないと繰り返し答弁してきたのである。

集団的自衛権とは、国際法の概念からすれば、個別的自衛権の行使だけでは防ぎきれない攻撃を受けたとき、国連軍が形成されるまでの間、複数の国家が助け合って戦うことを認めるという位置づけである。ところが、国際連合ができてからというもの、厄介なことに国連軍が組織できたためしはほぼない(6)。したがって、すべての国家は自力で安全を確保せざるを得ず、万が一侵略された場合に備え、保険として同盟を結んでいる国も多い。

冷戦中は、同盟がどの国に対抗するもので、誰が誰を守るのかもわかりやすかった。しかし冷戦が終わると、各国の脅威認識が一様には保たれず、次第に同盟国間の認識のずれが問題になりはじめる。しかも、アメリカはイラク戦争とアフガニスタン戦争で疲弊したことで、世論が徐々に内向きになっていった。そこで、日本政府は日米間の認識のずれを埋める努力とともに、「同盟の信頼性」を強化することで抑止力を強化しようとした。東アジアにおける軍拡と緊張にまともに向き合えば、「自衛のための必要最小限の実力組織」はもっと強力なものとせざるを得ない。自衛隊を過大に膨張させない苦肉の策として、日本は同盟強化のために安保法制を整備し、限定的に集団的自衛権の行使を認めたと考えられる。(7) というのも、憲法九条下で合憲とされる必要最小限の実力組織の能力は、盾と矛のうち矛を担うアメリカが、どれほど日本の防衛に意欲を持ち、人員や装備を割くかによって大幅に変わってしまうからである。そして、その意欲はアメリカ国民の民意という脆弱な基盤に支えられている。自立路線をとった上での自衛能力の大幅拡大か、それとも日米同盟下における集団的自衛権の部分的行使容認か。それが隠された日本の選択テーマであった。

しかし、安保法制論争の問題点は、それによって国内のコンセンサスが図られたわけでもなければ、そもそも政府が感じたのと同じような必要を自覚する一般国民がまるでといって良いほど存在しなかったことである。アメリカが将来もしかすると日本から撤退するかもしれないという懸念は、日本においては歴代政権や外交エリートなどのごく一部の層にしか共有されてこなかった。その認識ギャップが、安保法制に対する根源的な対立を生んだ。奇しくも、トランプ大統領の誕生により、日本がフリーライダーとして名指しされ、そうした懸念の「見える化」が進むことになった。日本政府が、内と外に対し異なる説明を行ってきたことで生じた認識の差が、いままさに埋められようとしているのである。

ポスト「冷戦期」の日本の政策変化は、日米の防衛負担のバランスを日本の役割拡大に振っていくことで、民主主義国家同士の同盟を安定化させるためのものであったと受け取ることができる。役割分担の変更は、同盟に否定的な感情をもつ人びとからすると不満を覚える変化であったかもしれない。だが、軍事的な緊張が存在する東アジアにおいて、日本がふたたび軍拡競争に乗り出し孤立主義の道を歩むことを危険視する旧連合国の立場からすれば、この同盟強化は望ましい変化であったことになる。後者の立場は、日本を同盟に紐づけ、なるべく無力化させておく方が軍国主義復活の懸念を封じ込められるという、「ビンの蓋」論と呼ばれた立論を想起させるかもしれない。しかし、民主主義が成熟し、自衛隊の能力が向上した現在においては、いずれ日本が自立した後も日米同盟の枠内で行動してくれることを期待しているというのが実情だろう。

戦後の日本が平和的な存在になったのは、国民の平和志向に加えて、日米同盟に守られつつそれに拘束されていたからでもある。軍事大国アメリカの主導するリベラルな国際秩序が、日本の安全と繁栄の基礎となった。しかし、国際秩序の変化に伴い、日本の安全を担保する仕組み自体が弱くなってきた。そこで、安全を追求するために、日本政府は憲法解釈の変更と政策変更をしたのだ。そこに軍国主義復活の兆候を見るのは見当違いであるが、一方で、日本の軍事的な自主性がかつてより拡大したことも確かだ。であるならば、軍を保有する国家として、日本が必然性の少ない集団的自衛権の発動をいかに自制できるかという、民主主義の健全さをめぐる議論が必要となってくる。(8)

まとめれば、安保法制の位置づけは、東アジアにおける安全保障環境の悪化とアメリカの内向き化のなかで、日米同盟の信頼性を強化することで、軍拡競争に一国で立ち向かうことを避けようとするものだった。しかし、将来にわたって日本の民主主義が軍事行動に対して抑制的であり続けられるかどうかは、まだわからない。東アジアの諸勢力がアメリカの影響力が減退したあとの新しい地域秩序へ向かおうとする中で、依然としてアメリカの関与が揺らがないことを前提に戦後秩序の枠内で行動している日本が、戦後秩序が終わったのちにどのような対外政策をとるかは自明ではないからだ。

「シビリアンの戦争」の時代

民主主義を前提としたうえで、平和を実現するために調整を行わなければならない最大の理由は、民主主義が戦争を選んでしまう可能性があるからである。

経済的に豊かな先進国では、実際に戦場に赴き血を流すリスクを負う兵士たち、つまり「血のコスト」を負担する人びとは、往々にして一部の層に偏りがちである。それゆえ、こと総動員ではない限定的な戦争においては、「血のコスト」を負担しない統治者や市民層が、不必要で安易な開戦判断に傾く危険がある。

たとえば、二〇〇三年のイラク戦争のように、専門家である軍からすると必然性が低く、またリスクが高いと思われる戦争であっても、アメリカのような安定したデモクラシー国家では政治や民意の力が強いゆえに、軍の反対を押し切る形でよく考え抜かれていない攻撃的な戦争が起きてしまうことがある。私はこのような戦争を「シビリアン（文民）の戦争」と名付け、警鐘を鳴らしてきた(9)。

二〇一二年に刊行した拙著『シビリアンの戦争』（岩波書店）では、政府を中心とするシビリアンが必ずしも抑制的であるとは限らず、デモクラシーにおいてシビリアンが軍をコントロールすることだけでは攻撃的戦争を防げないということを示した。多くの事例において、民意はそもそも攻撃的であるか、あるいは政府の開戦判断を支持しており、戦況が極度に悪化しない限りその状態が続いていた。同書では、その理由を国民と軍、政治家と軍の、コスト認識のギャップに求めた。

シビリアンの戦争は、総動員がかかるような大戦争ではないところに重要な特徴がある。限定的な戦争である限り、シビリアンが負う戦争のコストは相対的に低いし、「血のコスト」の負担は一部の階層に集中するので、現実の犠牲が国民全体に強く感じとられることはない。現代の豊かな民主国家では、軍は厳正なシビリアン・コントロールの下にあるが、見方を変えれば、それは自らが戦争に行くとは考えない国民が兵士の派遣を判断していることを意味する。歴史を繙けば、実に多くの民主国家が、民主的正当性のもとに安易な戦争を繰り返してきたことがわかる。

実際、民主国家で国民が支持する軍事力行使は、アメリカに限らず、これまでに世界中で幾度も繰り返されてきている。冒頭のエピグラフに挙げた『カタロニア讃歌』でスペイン内戦の義勇兵として戦ったイギリス人のジョージ・オーウェルが述懐していたように、さまざまな国で戦争を求める声はシビリアンの人びとから上がってきたという事実がある。そこに政治家の種々の動機が絡むことで戦争が起こりやすくなるというのが、私が前著で示した分析であった。

イラク戦争の泥沼を批判して大統領職を勝ち得たオバマ大統領でさえ、同じ轍を踏んだ。アフガニスタンでは、オバマ大統領は当初の政策目標を全く実現できず、泥沼にはまり込んだ。また、直後には称賛された二〇一一年のリビア空爆についても、オバマ大統領は後に「カダフィ政権転覆に加担したことを悔いている」と語っている[10]。ここで改めて指摘しておきたいのは、後から見ると失敗であった戦争が決断されたとき、国民の大多数は武力行使を支持したということである。

現代の戦争が国民の多数が賛同する戦争である以上、安易な戦争を防ぐ砦は、国民各々がその都度慎重な判断をして、戦争を思い止まるということでしかありえない。

そこで前著では、「シビリアンの戦争」を避けるためには、国民が血のコストの認識を共有できるような仕組みを導入すること、つまり国民一般を対象とした平等な徴兵制を導入することを解として示した。

私が出したこの解は、さまざまな反発を呼び起こした。反対意見は、主に二方向から生じていた。一つは、問題のすべては政府にあるとし、徴兵制を検討する立論そのものを否定し、そのような議論を好戦的だとみなす態度であった。これは「シビリアンの戦争」のジレンマを正面から捉えたくないという拒否反応でもあり、それほどまでに市民は平和的で軍こそが好戦的なのだという神話が根強いことの裏返しでもあったといえよう。二つ目は、「シビリアンの戦争」のジレンマは認めるものの、徴兵制の導入は市民社会の価値観に逆行するものであり、どう考えても民主主義と平和をめぐる問題の解にはなり得ないと、現実の前に立ちつくす態度であった。徴兵制は時代の趨勢に反しており、非現実的な選択肢であるという意見が多かった。

ところが、そのあとに欧州各国では立て続けに徴兵制の復活やその検討が行われた。どうして欧州では、時代遅れなはずの徴兵制を再導入する動きが広がっているのだろうか。

「徴兵制」復活は何のためか

フランスのマクロン大統領による徴兵制復活の公約や、スウェーデンでの徴兵制復活の試みを、どのように理解することができるかを考えてみよう。

まずロシアの脅威が再び欧州を脅かしつつあることが背景にあるのは確かだろう。スウェーデン政府は、かつては軍隊の花形であった、対露防衛の拠点であるゴットランド島への配属志願者が不足していることに危機感を持っている。フランスはロシアと共存しつつも、その勢力浸透に警戒心を抱いている状況だ。

しかし、兵器の高度化が進んだ現代戦においては、もはや徴兵制は軍事的には役に立たない。それどころか、軍隊が面倒を見なければならない素人が増えるだけで、むしろお荷物であるという評価の方が根強い。徴集兵の訓練には多額の予算が必要となり、ただでさえ苦しい軍事予算を圧迫する可能性があるからだ。現に、フランス軍は徴兵制の復活に否定的であった。つまり、マクロン大統領は軍が求めてもいない非合理的な政策を表明したことになる。なぜそのような公約を掲げたのか。第六章で詳述するように、その背景には、グローバル化が進んで移民が増加した一方で、それと並行して反EU感情が高まったことがある。つまり、マクロン大統領の徴兵制復活論には、共和国内で国民の分断が広がる中、多様なルーツを持つ若者たちを徴兵制の下に糾合して、国民を再統合する意図が含まれているのだ。

反対に、スウェーデンでは、軍が徴兵制の復活を望んでいた。それは、端的に言えば人員が欠乏していたからであり、引き続き有能な軍隊を維持しようと思えば、志願兵だけでは定員を賄いきれなかったからである。後述するように、スウェーデンは国連の平和維持活動に迅速かつ柔軟に応じられる体制を整えるために二〇一〇年に徴兵制を廃止したのだが、それからわずか七年で、復活を決めたことになる。しかも、それは左派連立政権によって下された決断だった。ステファン・ローベン首相率いる社会民主労働党と緑の党の左派連立政権が、徴兵制復活に踏み切ったのである。

日本の読者からすれば唖然とするようなこうした現象は、先に述べた通り、ポスト「冷戦後」の変革期世界への適応行動として見ることができる。そして、それは安全保障のジレンマを加速させる軍拡ではなく、対内政治と対外政治とのバランスを取りながら平和と安定を維持する施策であると理解しうる。

こうした見方に、すぐに納得する読者は少ないと思うが、詳細な分析についてはのちの記述に譲ることにして、まずはポスト「冷戦後」の変革期世界における秩序の見取り図を示すことにしたい。今日の平和はいかにして保たれており、またさらに今後も平和を維持するためには何が必要なのだろうか。その問いに答える試みである。

2　変革期世界の秩序構想

平和を創るための五つの次元

そもそも、グローバル化が進んだ冷戦後の国際社会の平和と安全はどのように保たれているのだろうか。それを、冷戦構造下での「常識」を前提とすることなく、洗い出してみることにしたい。

現在、私たちが住む世界には、四十一頁の図に示されるような構造がある。大国間の大戦争を阻止する第一の次元は、冷戦中から変わらず、核の恐怖が支配する核抑止の領域である。手っ取り早くいえば、米中間で小規模な衝突さえ細心の注意をもって避けられているのも、ロシアがクリミアを併合してもNATOが軍事介入しないのも、核を使用する大戦争、つまり破滅に発展する可能性があるからということに尽きる。核兵器による大量破壊を避けるためには、それと比較して小さな不正義は見過ごされることになる。冷戦後もその赤裸々な事実は変わらない。

そうすると、核保有国同士の戦争以外は防げないということになってしまうのかというと、そうではない。第二の次元には、平和のために国際法や国際機関が力を発揮できる領域がある。戦後の国際秩序が築き上げた大きな成果だ。集団安全保障体制による国家の相互監視に始まり、紛争を武力に拠らずに解決するための国際司法裁判所への提訴や、国連安保理の制裁決議などの仕組みである。単発的な軍事衝突を仲介し戦争に発展させない努力も、そこに含まれる。現代では、国際法が国内法に優越するという原則は共有されているし、国際法において合法とされる戦争が限られており、何が合法かという規範も大枠においては共有されている。

もちろん、近年の介入戦争が、「別枠」で行われていることも確かである。超大国であるアメリカが自衛戦争を拡大解釈する場合もあるし、国連憲章第七章に規定された国連軍を組織せず、安保理で大国が合意することで多国籍軍を派遣し、他国の紛争や内政秩序に介入する場合もある。世界の現実からすれば、間違った戦争であっても、それを真っ向から否定できるほどの規範や強制力が国際社会において成立しているとはいえない。現に、イラク戦争もアフガニスタン戦争も攻撃的戦争、すなわち間違った戦争であるとは公式に認定されていないからだ。

つまり、誰かが政府のように強制力をもって粛々と法執行してくれることが期待できない国際社会では、やはり核戦争に発展する恐れのない戦争は起きてしまう。すなわち、各国政府が国民

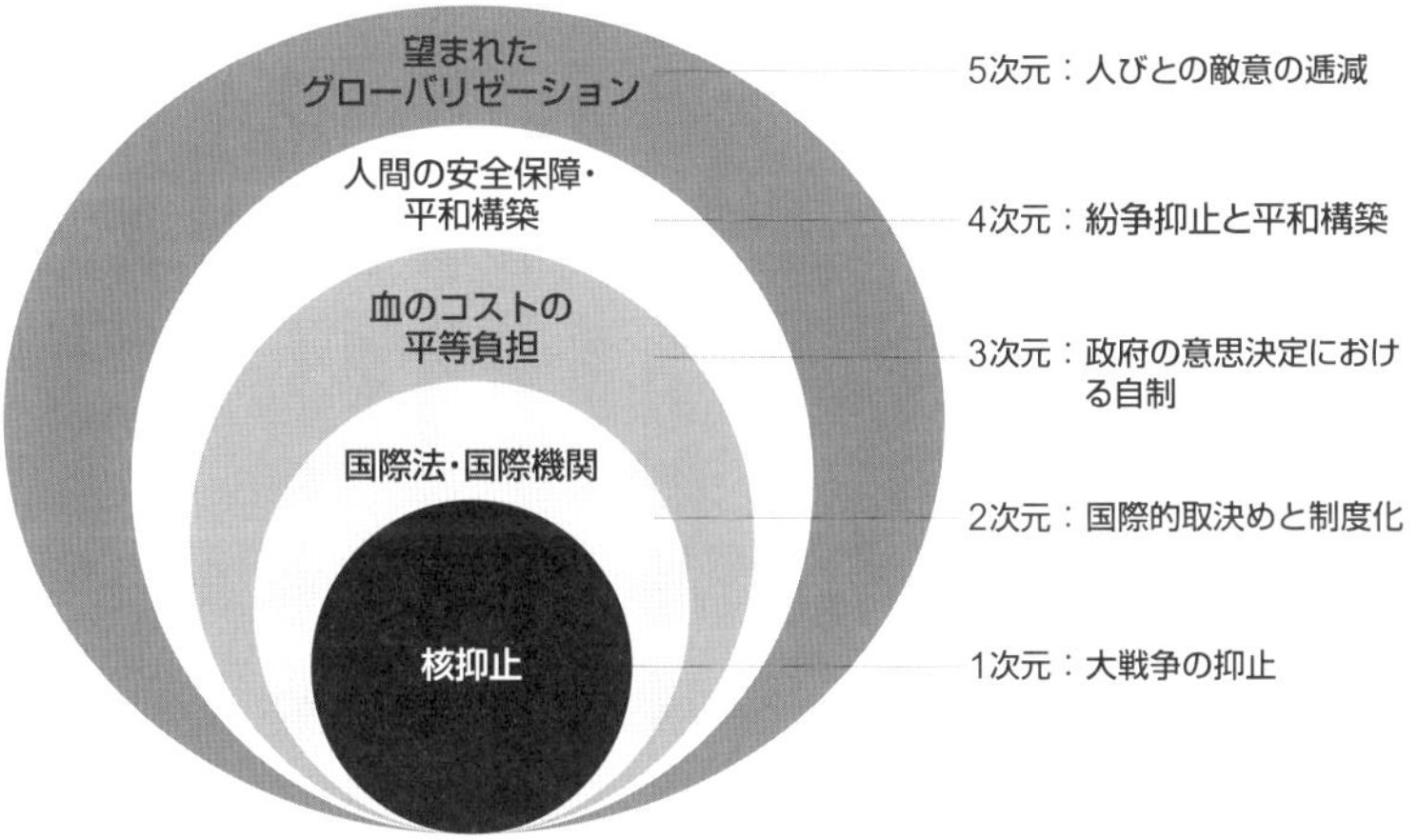

平和のための五次元論

の支持を得て軍事介入を決断する場合、核抑止や国際法だけでは戦争を防げない。それなりの力を持つ主権国家が欲すれば、自国に有利なように国際法を解釈し、事実上制裁も回避できてしまうからだ。そのような事例が数多あることを歴史は示している。こうして核抑止からも国際法からもはみ出してしまった中小規模の戦争を阻止することが、いままさに取り組まなければいけない問題である。

そこで、次は第三の次元の国家の意思決定に着目してみたい。それは、政府と国民が選び取る戦争を抑止するという次元だ。

国家の意思決定を拘束するもの

アメリカが戦った湾岸戦争、ユーゴ紛争介入、アフガニスタン戦争、イラク戦争、イスラエルのレバノン内戦への介入や第二次レバノン戦争、イギリスのフォークランド戦争、ロシアのウクライナ介入をはじめ、近年の先進工業国による主要な戦争のほとんどが、いわば「選び取られた戦争（ウォー・オブ・チョイス）」である。選び取るとは、相手国に攻められるなどして国家の存亡を賭けて戦われる戦争ではなくて、自国の領土や権益の侵害、テロ組織の拡大や、抑圧体制による虐殺などの悲劇を前にして、国内的には正義と思われる戦争が国民によって支持されるということである。

戦争に正義はつきものだ。しかし、現代の国家には、その正義がコストと十分に比較衡量されることなしに追求されるという構造が備わっている。国家総動員の大規模な戦争でない限り、国民の大半は痛みを伴う部分を外注でき、自らが血を流す必要はない。費用が薄く広く国民の肩の上に乗せられても、それが見えにくいほど経済的に豊かであるという事実もある。戦争の経済コストは戦後になってみないとなかなか感じられないものだ。

徴兵制を通じて国民が総動員される機会がほとんど見られなくなった現在、戦争を決定する者と、戦争を遂行する者との間には分断が生まれている。そして民主主義諸国においては、戦争を決定する者の側に、民主的な正統性に基づく優位性がある。その優位性を捨ててしまえば、民主国家ではなくなる。成熟した民主主義においては、軍人は防衛実務のみを担い、開戦判断などは民主的な決断に従うべきとされる。それがシビリアン・コントロールの原則だ。

では、そのようなシビリアン・コントロールの下で、自衛や懲罰の目的で頻繁に起こる戦争を、この第三の次元である「政府の意思決定における自制」の段階で食い止めるにはどうすればよいだろうか。

「シビリアンの戦争」の経験に学べば、一つの考え方として、血のコストの担い手である軍のプロフェッショナリズムからなされる提言を、政治が重く受け止め、受け容れることがあげられよう。これは、民主主義が健全な判断をしにくいときに、非民主的な要素を持ってバランスするという考え方に基づくものである。

もう一つは、戦争における国民の負担共有を明示しておくことで、開戦決定の際に国民がそのコストを自覚した上で判断できるようにするやり方もあるだろう。特に血のコストの平等負担を課すことにより、国民の多数がより慎重で抑制的な態度を示すことを期待するというシナリオである。これは、あくまでも民主主義的要素のなかで、人びとの動機を平和の方向に導こうとするやり方である。いま粗く示したこれらの考え方については、のちに詳しく検討することにして、議論を先に進めたい。

内戦を防ぐ次元の努力

第四の次元は、紛争抑止と平和構築、いわば内戦を防ぐための取り組みである。全世界が内戦のない統治の安定した国々であれば、そもそも第一から第三までの次元でほとんどの戦争は防げる。しかし、実際にはそうではない。戦争がない状態というのは、何も対外戦争がないことだけを意味するのではない。近年、武力紛争の多くを占めているのは、むしろ内戦だからである。

これら国際法や国家が自制するだけでは防げないような紛争を、未然に防ぎあるいは収束させるのが第四の次元である。この次元では、抑圧的政府が生む人道的悲劇や、破綻国家の内戦、テロへの対処が必要となる。たとえば、内戦の再発防止のための武装解除や停戦監視、人道支援、選挙監視、経済開発、資源利用をめぐる紛争の調整など、いわゆる「人間の安全保障」の取り組みがそれにあたる。現在のシリア・イラク情勢が示すように、有効な手が見いだせない困難な状況にあるのがこの問題群である。これら周辺地域の戦争や内戦は、「新しい戦争」（メアリー・カルドー）という表現に見られるように、冷戦後に新たに取り組んでいかねばならない問題群だと認識されるに至っている。

しかし、課題は、何が紛争を解決するのかという方法論をめぐる問題に加えて、国家に行動を強制できない分権的な国際秩序のもとで、関係各国の協調的な安全保障の努力を担保することの難しさである。民主国家である以上、継続的な平和貢献を行うためには、常に国内の理解を得なければならない。けれども、遠く離れたところにおける紛争は人びとの関心から遠く、コスト負担の合意形成も得にくい。実は、ここの次元においても、国内の合意形成という問題を免れ得ないのである。そして、この分野における国内の負担共有に関する議論はほとんど進んでいない。

望まれたグローバリゼーションの次元

もちろん、国家や武装勢力が互いに敵意を抱えながら、第一から第四の次元によって戦争を思い止まることが平和の最終形態ではない。最終的には、互いに敵意を逓減《ていげん》していくことが求められる。

とはいえ、民主主義を広げることが、その解になるわけではない。冒頭で触れた通り、「民主的平和論」の論者のなかには、民主国家同士が戦争をしないという「発見」に基づき、民主的であることがすなわち平和志向になるという仮説を検証しようとする者も少なくなかった。けれども、それらの試みは成功しなかったばかりか、互いに民主主義であるだけでは敵意の逓減には不十分であることが明らかになりつつある。

そこで、第五の次元には、時代の底流にあるグローバリゼーションの力学をおく。というのも、それこそが国家間の相互依存関係を促進する要因となっており、それによって平和が確立していくことが想定されるからだ。すなわち、貿易や投資などの経済活動を通じた相互利益、相互依存の増進や、人びとの移動や交流に基づく相互理解を通じて、全般的な敵意の低下がもたらされるという仮説である。「望まれた」という枕詞をつけたのは、関係各国の国民同士がグローバリゼーションを望んで選択することで初めて、それは各国民が他者の受容を寛容に引き受けるものになるからである。もし望まれない形で進行すれば、かえってテロを誘発したり、平和への脅威となることもあるからだ。

相互依存による平和の仮説は、十九世紀のイギリスにおける「商業による平和（コマーシャル・ピース）」という言説から始まり、国家間での人やモノなどの経済関係や交流が深化すれば戦争が避けられるのではないかと論じるものである。七〇年代にはアメリカの国際政治学者ロバート・コヘインとジョセフ・ナイにより、「経済を含めた複合的な相互依存により国家間協力のインセンティブが高まる」という主張が行われた。この仮説は、相手国と協力することの利益がかつてよりも増しているとするものである。

実際、ダイヤモンド鉱山や油田の領有のような希少資源をめぐる争いなどに代表される「取るか、取られるか」の古典的なゼロサムゲームとは対照的に、現在では通商や投資によって得られるプラスサムの経済的な利益の方がより重視されることが多く、また一般的になっている。そうであれば、相手国と協力した方が、双方がより大きな利益を得られることになる。この仮説に対しては、第一次世界大戦期のようにいくつかの重要な反証事例はあるものの、それでもグローバル化による平和創出効果は否定できない[11]。

現状でもっとも説得力のある「経済的相互依存による平和」の研究は、生産のグローバル化がもたらす平和創出効果を指摘したステファン・ブルックスの研究だろう[12]。国際政治学者のブルックスの主張によれば、じつは貿易の増大は現代の安全保障を左右する主要なファクターではない。ブルックスは、安全保障に最も強く影響を及ぼす経済要因は、むしろ多国籍企業による生産のグローバル化であるとする。そして、これは、古くから観察されてきた相互依存の進展などとは異なり、現代に特有の、真に新しい現象である。このブルックスの主張こそ、現在のグローバリゼーションを安全保障と結び付けて考えるうえで重要な視点であろう[13]。

私たちは引き続き互いの利益の収斂《しゅうれん》を通じて争いを減らすべく努力すべきだし、また利益の収斂しか、現実には人びとの争いを収める解はないだろう。従って、長期的にのみ働く要素ではあるが、この望まれたグローバリゼーションの次元が最後の希望である。

現時点での平和への課題を確認する

こうしてみると、いま、世界が平和へ向かう道のどの段階に私たちが位置しているかが明らかになる。グローバリゼーションの深化による長期的な敵意の逓減という第五の次元に手をかけつつも、第三と第四の次元のところで苦悩している。とくに第三の次元において、まだ国家や人びとは血のコスト負担に充分に思いを巡らし、戦争を思いとどまる段階には到達していない。

二十世紀後半以降の世界における「進歩」は、大戦争を防ぐことができたという点だろう。とりわけ米ソ間の緊張が極限に達したキューバ危機が去って以降は、第一と第二の次元での試行錯誤のおかげで随分と大戦争の脅威は遠のいた。冷戦の終結によって米ソが和解し、東側陣営が解体したことで大戦争の起こる可能性はさらにぐっと減退した。先進工業国の政府間では、平和的な話し合いによる紛争解決プロセスが機能している。話し合いではすぐ解決できそうにない問題についても、大国間の全面戦争に訴えてまで解決しようという国はいまのところ見当たらない。

問題は、それ以外のところで流血を伴う紛争が起こっていることであり、しかも冷戦後には他国の紛争に介入する機運が高まり、なかには不適切な介入事例が多く見られたことである。

民主化したとはいえ依然として西側諸国から見て異質なロシアが、強い民意に支えられてウクライナに軍事介入したことによって、この問題が再び、俎上に載りつつある。[14] シリアのアサド政権に対するロシアの軍事的支援も、野放しにされている。もし紛争地域に秩序をもたらすものがいないとき、アメリカが超大国の特権として軍事介入することが許されてしまうのならば、それはロシアがやっても許されてしまうことになる。実際、ロシアのプーチン大統領は、コソボ介入と独立における一連のＮＡＴＯ介入は、クリミアの独立宣言とロシア編入と同等の事象であり、「独立宣言は国内法に反することが多いけれども、だからといって国際法に反することにはならない」と指摘している（国際司法裁判所〔ＩＣＪ〕「コソボ独立宣言の国際法上の合法性事件」におけるアメリカ政府の陳述書）。さらにプーチン大統領は、アメリカのイラク戦争のほうがより一層平和や安定を破壊し、国際規範を無視するものであったと皮肉交じりの批判を展開した。だからと言って、ロシアの行動が正しいということには全くならないのだが、それでも一面の真実を衝いていることは確かだ。

したがって、これからじっくりと考えていくべきことは、自国の領域内での平和と安定を達成した民主主義諸国が、どのように行動すれば世界の平和が促進されるかという問いである。具体的には、第三の次元でそれぞれの国が安易な戦争を思いとどまりつつ、第四の次元での平和構築の取り組みに貢献を惜しまず、しかも第五の次元で長期的に平和に働くグローバル化に背を向けないようにするためにはどうしたらよいか、という問いになる[15]。

こう書くと当たり前のことのように思われるかもしれない。しかし、これまでの多くの研究は、たとえば「民主的平和論」のように、一つの戦争抑止効果に集中して理論形成に取り組みがちであった。けれども、ある次元で効果のある取り組みを進めても、他の次元では相反する効果を生んでしまうこともありうる。二十一世紀の平和論を考えるとき、これまでの先入観を取り除いて、各次元を総合的に見てみることが必要だと私は考える。

3　カント再訪

「永遠平和のために」

本書が示した、現代的な平和創出のための五次元論は、冷戦構造やアメリカの覇権を前提としていないので新奇に映るかもしれないが、けっして無から紡ぎ出されたものではない。世界政府というものが存在しない、無政府状態を前提とする以上、規範や動機付けで国家意思を縛り、民主的な意思を平和に導き、そして長期的に敵意を逓減していくという五次元論は特に変わった建付けではなく、これまでも度々論じられてきたものだ。

民主国家を前提とした戦争抑止のための包括的な構想のなかで、古典となっているのは、やはり十八世紀の哲学者イマヌエル・カントの晩年の著作『永遠平和のために』である。随分と昔の書物を持ち出すと思われる方がいるかもしれないが、カントは、のちの民主的平和論につながるような永遠平和の構想の仮説を体系的に示し、長きにわたり政治学や政治思想に影響を与えてきた。カントは、当該書で「常備軍の廃止」、「共和政の実現」、「国際法の確立」などを訴えた。

独立戦争を戦い、民主主義国家として出発したアメリカでは、カントを解釈するにあたって「共和政」（執行権と立法権とが分立している政治体制で、議会による代表制の存在を前提とする。立憲君主制もその一つとして含みうる）を実現すれば、市民の希望が実現して平和が達成されるという部分に着目することが多かった。それは、アメリカが自らを平和の守護者だと考える拠り所ともなってきた。

欧州では、カントの思想のなかでもEUに結実するような国家の連合、提携と、その諸国家間での規範の共有、平和の確立に注目する向きが多く、ややもすれば主権国家を否定したり、その力を弱めたりする主張の論拠としてたびたび使われてきた。また戦後のドイツでは、民主的な憲法を持つワイマール共和国下でナチスの暴走を許してしまった教訓を活かすため、市民が戦争を軍に丸投げせず、徴兵による参加を通じて、健全な市民的倫理観を軍に持ち込むべきだという考え方が広まった。その考えが結実したものが、不当な上官の命令に兵士は反抗する義務があるとする「抗命権」の法解釈や、「良心的兵役拒否」の制度であった。しかし、いずれの国の考え方にも、市民は平和を志向するものであるという過信が潜んでいるきらいがある。

一方、日本では、カントの主張の中でも「常備軍の廃止」のみがクローズアップされることが多く、それは一見、リアリズムを欠いた理想主義的な提案と捉えられがちだ。しかし、カントの思想にはこうした表面的な見方を超えたもっと奥深い論理と倫理が内在している。

なぜいまカントを参照するのか。包括的な平和を生み出す構想について、理論的著作の多くは、「国家」を単位として、その「国益」の判断を平和の方向に導くことに傾注してきた。それに比べ、カントの議論は「人」を単位とする議論と、「国家」を単位とする議論を組み合わせている。現在のように内政の影響が外交に絶え間なく流れ込む世界においては、国際政治学においても国家間の相互作用だけでなく、内から外へ向けた諸力、外から内へ及ぼされる諸力が互いに影響を及ぼしあうような事象を議論の射程に入れることが必要になってくるはずだ。それを概念的に理解するためには、カントを参照することがかなりの助けになる。

以下につづく議論では、まずカントの永遠平和のための構想を紹介する。そのうえで、先に示した五つの次元のそれぞれにおいて、国家の努力が成り立ちうるためにはどうしたらよいのか、という問いに答えるため、カントの構想を現代的にバージョンアップする。いわば「カント2・0」として、冷戦後世界に頻繁にみられた問題点を捉え直すことにしたい。まずはカントの議論を振り返ることにしよう。

平和と共和政という二つの目標

十八世紀末のこと、老境を迎えた哲学者イマヌエル・カント（一七二四－一八〇四年）は、これまでにない野心的な議論に挑戦した。未来において戦争を根絶するための論考として、『永遠平和のために』（原著は一七九五年、増補版一七九六年）を発表したのである。

カントは当時プロイセン領だったケーニヒスベルグ（現在はロシア領でカリーニングラードという名になっている）に生まれ育った哲学者である。ルソーの社会契約論に影響を受けつつ、人間をよき方向に導く進歩の可能性を模索し、西洋哲学全般に巨大な足跡を残した。学者としてのキャリアは遅咲きの方で、四十六歳でようやく教授職を得た。多方面に多彩な思考を広げつつも、つましく規則正しく生活したカントは、まさに理想化された知識人像を体現している。彼の肖像画はどれも沈思黙考する哲学者としてのイメージを湛えており、「考える」という作業そのものを吸収してしまったかのような広い額が特徴的だ。その思考が扱う対象が宇宙から人間の倫理まで幅広く及んだのも、さもありなんと感じさせる。

さて、『永遠平和のために』の議論が優れているのは、その目指す目的において、国際的な平和と国内正義のどちらにも偏ることがなく、両者の実現を目指している点である。

主権国家体制が根付いた十七世紀から十八世紀にかけては、様々な国家体制についての思想が発表されてきた。政治学では、人びとが「社会契約」を結んで国家に権限を付託しているとしながらも、闘争を基調とするホッブズ的な世界観と、協調を基調とするロック的な世界観が対立してきた[16]。国際政治学でもこの伝統に倣い、前者を、主権平等を認めつつも不信と安全保障に重きを置くリアリズムのルーツとして位置付け、後者を、協調と法治主義を基調とするリベラリズムのルーツにある議論として参照してきた[17]。これら二者の議論は、実際には内戦と対外戦争がまだはっきりと分別されていなかった時代

イマヌエル・カント

に、政府と社会の関わりについて書かれたものではあったが、国家を中心とし、世界政府がないアナーキーな世界を分析する国際政治学の枠組みに馴染みやすかったと思われる。これらと比較すると現代の国際政治学に与えた影響は少ないが、フランスのジャン＝ジャック・ルソーは、より苛烈な民主的正義を推進し、平等に重きを置く議論を展開した[18]。そして、共同体こそが人びとの存在理由だとし、人びとの政治参加と国防負担を共有することを唱えた。

カントはこの三者の議論が対象とする問題意識の範囲をすべてカバーしており、さらに超える部分を持つ。国内の秩序と正義の実現を主眼とした文脈に、対外戦争を防ぐという文脈を加え、それを高い次元で統合したところに『永遠平和のために』の真価がある。

それは、国内正義としての代議制民主主義の確立が、同時に国際的な平和創出にも効果があるという「仮説」があってこそ成り立つ議論であった。

三つの確定条項

彼の提言を見てみよう。『永遠平和のために』は、文字通り世界が永遠に平和になるにはどうしたらよいのかを正面から論じている。永遠平和などという課題に取り組むからには、カントは相当楽観的なマインドを持った理想主義者だと思う人もいるだろうが、この著作を読むと、じつはカントの思想には夢を見る部分と人間に対する絶望とが程よくミックスされていることに気づく。そのことを端的に表しているのが、カントが設けた確定条項と予備条項という二種類のハードルである。

まずは、より本質的な条件であるところの、確定条項について見ていきたい。

カントは、永遠平和を達成するための本質的な方策として、

（Ⅰ）国家を法の支配に服する自由で平等な市民による共和制とし

（Ⅱ）その国家の連合制度としての国際法を重視したうえで

（Ⅲ）世界市民法により外国人にも安全と入国の自由など最低限の権利を認めること（傍点筆者）

の三つが、論理必然的に導き出しうると考えた。

なぜなら、「共和制」の実現によってはじめて今まで権力者に抑圧されていた人間たちは真に自由な選択を国家の政策として反映することができ、「国際法」によってのみ互いに競争する国家間での協力が可能になり、また「世界市民法」によって異なる国同士の連帯感が醸成されるからである。

フランス革命の混乱が続く同時代において、カントの思想はかなり革新的な部類に属していたが、二百年以上たった現代において、共和制や国際法といったものが、目指すべき社会の方向として定着しているという事実が、カントの非凡な洞察力を物語っていると言えよう。

なお、三つ目の「世界市民法」について、ここで注意しておくべき点は、カントは決して国家を否定していたわけではないということである。カントを支持するリベラル派の人びとの中には、ときに国家の存在を悪と捉え、世界を平和的な市民から成る一つの共同体に作り変えることを望む人がいるが、後述するように、カントは決して国家を否定したわけではなかった。

カントは『永遠平和のために』に先立つこと十年、「世界公民的見地における一般史の構想」

（原著一七八四年）で明らかにしていたように、性善説の平和主義者ではなく、人間は自然状態においては平和的に共存せず、相争う関係にあると考えていた。そのような人間の本性を前提としつつ、人びとを理想へ向け進歩させるにはどうしたらよいのか——それがカントの問題意識であった。

『永遠平和のために』を論じる際に、しばしば当たり前のように市民の平和性が仮定されてしまうことがあるが、それはカントの意図を誤解している。市民が決定権を握れば戦争が起きないとするのは、歴史的事実に基づかない仮定にすぎない。カントは、これから見ていくように、人間社会を経験主義的に見た場合必要となってくる「予備条項」という条件を付すことで、そのような甘い見込みを一蹴するのだ。

厳しい予備条項

永遠平和のための本質的な方策である「確定条項」に、カントの人間の発展に対する希望が反映されているとすれば、永遠平和のための前提条件である「予備条項」には、カントの人間本性に対する深い懐疑が表れている。

カントの定義した永遠平和のための前提条件は、第六条まである。より簡素な表現でまとめると、

（一）休戦に過ぎない協定は平和条約と見なさない
（二）独立国家の継承・交換・買収・贈与を禁止する

（三）常備軍を時とともに全廃する
（四）対外紛争に関わる国債発行を禁止する
（五）暴力による内政干渉を禁止する
（六）戦時における各種の秘密工作や条約違反を禁止する

ことである。カントは、これらの前提条件が整わなければ、永遠平和を目指す路線からの逸脱がおきるとする。

これらの予備条項のうち、最初の二つについて言えば、現在は休戦協定と平和条約は区別されており、また独立国を売買したり継承したりすることも認められていない。また最後の二つ、すなわち暴力による内政干渉などを禁止して戦争の正当な目的を限定することや、秘密工作の禁止など戦争の遂行方法に制約を課すことは、現代の国際社会では、少なくとも規範としては共有されていると考えてよいだろう。武力介入を伴う内政干渉は起こってはいるが、それは常に何かしら別の大義名分が必要とされ、それが用意できなければ国際社会からの強い非難と制裁を免れることはできない。また秘密工作や協定違反の類も、それが表沙汰となれば政権の命取りになりかねないものだ。ほとんどの国家が、自らの軍事行動の合法性を主張するために腐心せざるをえない点に鑑みれば、当時に比べて、現代の国際社会はそれなりにカントの目指した永遠平和に近づいているという実感を持てるだろう。

ただし、残る二点、常備軍と戦時国債の禁止については、いまだに国際社会においても国内社会においても実現に向けた機運すら生じていないのが実情だ。これら二つは、金と軍事力という、戦争の遂行能力に関わるものであり、相手国の善意に無邪気に縋《すが》れない国際社会の現実がある以上、主権国家としては絶対に譲ることのできない備えであり権利である。国際社会全体が自由で平等な市民からなる一つの共同体ではなく、また暴力を取り締まる世界政府が存在していない中で、国家が自衛のための戦争をする権限は剝奪《はくだつ》しえない。

では、そもそもなぜカントは常備軍の保持や戦時国債の発行を禁じようとしたのであろうか。それは、永遠平和へ向けた道筋から逸脱しがちな、国内の権力者の手を縛ることを念頭に置いていたからであると考えられる。常備軍を廃して能力を削ぎ、自らの財政力でできることしか可能でないようにして、カントが権力者の権限をなるべく限定しようとしたのは想像に難くない。たとえ共和制が選択されて、行政府と立法府を対置させて両者の間の抑制と均衡を図っても、依然として行政府のトップがいることには変わりない。権力者を抑制するためには、数々の前提条項が必要だったのである。

しかし、ここで私が目を向けたいのは、そのことではない。むしろ、カントが共和制へ希望を託した議論の中に、すでに国民への懐疑が紛れ込んでいることであり、そこに重要な示唆を感じるのだ。

カントの国民への懐疑

カントは、常備軍の廃止を求める項で、次のように述べている。

「人を殺したり人に殺されたりするために雇われることは、人間がたんなる機械や道具としてほかのもの（国家の）手で使用されることを含んでいると思われるが、こうした使用は、われわれ自身の人格における人間性の権利とおよそ調和しないであろう」[19]。

常備軍の廃止の提言には、強い軍備そのものが軍拡競争を誘発することへの懸念に加えて、権力者個人が軍隊を保持することや、国民を戦争の道具として強制的に動員することへの強い忌避があった。このこと自体はわかりやすいが、では、共和制が実現し、自衛戦争以外の戦争を禁ずるような体系立った国際法が出来上がった後でも、この予備条項は守られなければならないのだろうか。権力者個人の軍隊ではなく、国民の軍隊であれば、プロフェッショナルな常備軍の存在は許されてもよいのではないかと考える人も多いだろう。むしろ、それは国民の安全を守るために必要ではないかと。

しかし、カントは、共和制下においても常備軍は廃止すべきだと考えた。カントは共和制を称揚していたものの、一方で民衆制（選挙区から議員を選出するような代表制をとらない直接民主制）に対しては強い嫌悪を表明していた。それは、少数者を無視して多数者が横暴に振るまう、反自由主義的な多数者の専制が行われやすいからである。では、その論理を軍隊に応用してみるとどうだろうか。多数者が、たとえ実際に血のコストを負う少数者の異議があっても、「その人間に反してまで」開戦の決議を行い、強制的に従軍させるということが現実には起こり得るのではないか[20]。平たく言えば、少数者の側である兵士数十万人が全員いやだといっても、数千万人の、兵士ではない国民が「戦って来い」と命じれば、それは「民意」として民主政治においては正当性を持つということである。いくら兵士たちが「そのような意に反する戦争を戦うために兵士になったのではない」と反論しても、その都度行われる民主的な政策判断を少数者がひっくり返すことは難しい。

カントは、常備軍を許容することによって、国民の中にそのような究極的に「従属する存在」としての兵士階層を固定化させることを嫌ったのではないか。[21] 前掲のように、常備軍の廃止を求める理由の後段部分には、そのような制度は人間性に反するとあるが、ここに、兵士たちが戦争を起こすリスクよりも、むしろ民意の側が戦争を起こすリスクに対して、カントが警戒心を持っていたという含意を探り当てることができる。従属的な人間に対して多数派を占める人びとが善政を行う保証はない、とカントは考えていたということである。

カントが真に理想としたのは、市民がすなわち統治者であり、かつ有事の際には軍人であるという国家像であろう。しかし、それは現実的に不可能なので、制度上は、秩序を安定させ権力を抑制するため、行政と立法を分立する。予算を含め国のあらゆる政策の決定権を立法者に、行政の統治者に外交代表権を委ねる。そして、もし国家が侵略の危機に立たされれば、市民が速やかに「郷土防衛軍」を形成して内の守りを固める。これが、カントが提示した「共和制」国家の大まかな構想であった。

兵士を国民化する試みへの応答

なぜ、カントはそのように考えるに至ったのか。それを探るカギは十七世紀後半から十八世紀にかけての西欧世界の進歩にある。一六四八年に宗教戦争である三十年戦争が終結し、ウェストファリア条約が結ばれ、主権国家の存在感が増し、帝国と教会の支配や権威が減退していった。三十年戦争後には、戦乱に対する忌避感から、主権国家の秩序と支配を重んじる思想が説得力を持つに至る。その代表格が先ほど言及したホッブズであった。彼は流血に満ちた清教徒革命の直前にフランスに逃れ、十年余りの亡命生活を送った。そして、統治者が軍の上に立ち、国民は原初契約という仮想に基づきあらかじめ権力を統治者に付託しているという考え方を編んだ(『リヴァイアサン』原著一六五一年)[22]。その一方、国防のために必要な存在である兵卒は、契約に基づく特殊な服従を要求されるとした。契約兵は国民としての権利を半ば奪われるが、それはあくまでも特殊な契約を結んでいるからだというのである。

ホッブズ的世界観における軍の位置付けは、実のところ、当時にしては自由主義的である。その頃の軍は、ときに貴族や市民を抑圧し反乱を鎮圧するために国王の道具として用いられ、また清教徒革命ではイギリス国王に対する反逆に一部加担した。ホッブズは、軍を統治機構として捉えることで、もっと公的な性格を持つものにしようとした。そして、当時の実態であった傭兵や下層民の寄せ集めとしての兵隊の存在は、ホッブズの想定する市民観とはそぐわないため、別途個人的な契約を想定することによって、抗命権のない存在として位置付けたのである[23]。

ホッブズの説に従えば、国家は国民に死ねと命ずる権利はない。国民は戦争の際に追い詰められたならば散り散りに逃げてもよいが、兵士は別途契約を結び、金を受け取っているので、命を賭して最後まで戦わなければならない(ただし脱走は実定法上の処罰の対象にはなるが、事実として脱走したなら自然法によって肯定される)。たかが契約という紙片によって、このような「血のコスト」の負担の格差が許されるべきかどうかは、本来ならば自由主義の根幹にかかわる問いのはずである[24]。

宗教戦争後の焼け跡のヨーロッパでは、多くの知識人が穏健な自由主義の発展を目指そうとしていた。その過程で、ホッブズが抱えたジレンマは、国民の自由を守るため、兵士にだけは命を懸けた絶対服従を強要しなければならないという現実であった。

しかし、ホッブズの出した回答に対しては、そののち、国家の行う悪を避けるため、人民の義務をより強調する形で反論が示されることになる。その一つの例が、ジャン＝ジャック・ルソーの『社会契約論』（原著一七六二年）における議論である。

ルソーは、「公共の責務が市民たちの主要な仕事でなくなり、彼らが、みずから身をもって公共に奉仕するよりは、なるべく財布で奉仕したいものだと考えるようになるとき、国家はすでに滅亡に瀕しているのである。戦場におもむかなければならないときに、彼らは軍隊に金を払って、自分は家に残っている。会議に出なければならないときには、代議士を任命して、自分は家に残っている。怠惰と金のおもむくところ、ついに彼らは兵隊を雇って祖国をその奴隷と化し、代議士を選んで国を売るにいたるのである」と主張した[25]。これは、国民の代表を選んで議会に送る代議制ではなく直接民主制が望ましいという主張のための記述であるが、ルソーがどのように国民の軍務負担を捉えていたかを雄弁に物語っている。

市民の自由を担保しつつ兵力を確保するホッブズの契約兵が正しいのか、ルソーのいう国民兵が正しいのか。すなわち、少数者の犠牲のもとに多数者の自由を確保するのか、少数者の犠牲を看過せず全員の自由を拘束するのか。そのジレンマへの解として、カントの『永遠平和のために』を読み解けば、現実の国際政治から見てあまりにナイーブとも見える「常備軍の廃止」と「郷土防衛軍」の構想が、共同体と自由を重視する立場からもう一歩革新的な提言を行ったものであることに気付く。そこで初めて、国内社会における負担の分かち合いという真の正義の実現と、世界の民の共通利益への収斂こそが人類の共存と平和をもたらすというカントの思想の核に辿り着くのである。

郷土防衛軍とは何か

では、カントが想定した常備軍の代わりの軍隊、郷土防衛軍とはどのようなものだろうか。基本的には定期的訓練以外は普通の生活を送り、外に攻めていくことを目的としない、専守防衛の一般市民からなる軍隊である。有事のみに編成される軍隊だが、カントの生きた時代はまだ兵器が高度化されておらず、歩兵の威力が強くなってきた時代であったので、日頃から市民の防衛の士気を高め、軍事演習さえ積み重ねておけば国防は達成できると考えられたのだろう。

この時代に、カントに限らず提起された郷土防衛軍の構想は、次章で述べるような歴史的な民兵のあり方に学んだものであったと思われる。普段は農地を耕作し、いざというときは手弁当ではせ参じる国民兵に近いイメージである。ビザンツの東ローマ帝国の自作農の多くはそうだった。

カントがあえて常備軍を持たせないでおこうとした理由は、それが戦争への準備にあたってしまい、他国への、または他国からの敵意を醸成し、権力者に軍を道具化する動機を与えてしまうからだ。永遠平和を達成しようとする以上、侵略につながりかねない常備軍は廃止する必要があった。

カントにおいては、外国での戦争は厳しく禁じられていたが、郷土防衛のための戦争は当然に行ってよいものとされていた。そして、その郷土防衛の負担は、「他人を道具として用いることの禁止」という観点から、当然、平等な持ち回りが想定されていたはずだ。同じように、国民兵の発想を提起したことのあるルソーの思想においては、共同体構成員が法に従って国家に命を差し出すのは「義務」であったが、カントの場合、それは「義務」ではなくてあくまでも「可能」であるという「留保」にすぎない。人民がほかの人に負荷を押し付けてはいけないという倫理観の根っこは、カントもルソーも共有していたが、原理主義的な平等を求めるルソーとは対照的に、カントは制度的には外交の窓口として国王を残し、穏健な代議制を理想とした。その現実味ある提言は、彼の、民衆の理性や倫理性の限界に対する意識から生じたものだったろう。[26]

この郷土防衛軍の構想は、現代に置き換えれば、いわば民主国家が、国土防衛のための訓練のみを課す「徴兵制」を、全国民に平等に導入することと同義と言える。[27] カントの郷土防衛軍のイメージに現代で一番近いものは、国民皆兵のスイスになるだろう。[28] もっとも、スイスにそのような防衛体制が可能なのは、自然の要衝としての地の利に加え、ヨーロッパ内の緩衝地帯としての地位を確立しており、さらに地方分権のカントン制（地方行政区分）を有しているからであって、すべての国がスイスのように永世中立国家になれるわけではない（スイスの徴兵制については後述する）。だから、平和を手にするためには「常備軍を廃止して、郷土防衛軍にすればよい」と考えてしまう人がいたとすれば、それは一面的な理解だ。

血のコストの共有だけでは、カントの思想は完成しない。カントの進歩主義と人間に対する懐疑の健全な組み合わせは、敵意を取り除くための方策も生み出している。

国家観と人民観の共存

そのひとつが、外国人の移動を許容すべきという確定条項の第三項である。カントは永遠平和のためには、国家間の平和構築だけでなく、個人のレベルでも国境や民族を超えた信頼醸成が必要だと考えており、これも時代を先取りしたものだった。カントの時代には、庶民が国境を越えて行き交うことはまれであり、ここでカントが念頭に置いていたのはエリート層、すなわち外交官であり、あるいは他の宮廷や領主のお抱えとなる文人や芸術家、そして貿易網をもつ商人といった人びとだった。エリート層の移動と交流には、各国の文化を学び取り、指導層のコミュニケーションを円滑にし、そして商業取引を促進する効果がある。エリート層に相互の信頼が醸成され、平和状態がエリート自身の利益にも連結することで、戦争を未然に防ぐことができるというわけだ。

ユルゲン・ハーバーマスやデヴィッド・ヘルド、日本では高坂正堯や哲学者の東浩紀などがそれぞれに注目してきたように、カントが経済文化交流と商業勢力の持つ平和に対する可能性に期待していたことは、二百年以上後の現代社会にカントの思想を適用するうえで重要なポイントである[29]。現在では、ビジネスマンから観光客に至るまで、一般の民衆が国境を越えて自由な経済的文化的活動を行っている。カントの発想を延長すれば、そうした活動および外国人の権利は、当該国民並みではないにしても、ある程度擁護されるべき、ということになるだろう。たとえば、外国人ビジネスマンは資本主義における契約自由の原則に基づき、外国資本や外国籍であっても自由に取引ができるべきであるし、彼らの私有財産は保護されるべきである。また、住民として税金を納める場合には、当然、行政サービスを得る権利があるだろう。また外国からの観光客でも、急病にかかったりした場合には相応の手当てを受けられるべきだし、「外国人お断り」のような排斥を受けるべきではない。

このようなカントの思想は、現在の国際政治学でいうところのリベラリズムの中に受容されている。リベラリズムには、国家中心の世界観と人民中心の世界観という二つの潮流がある。

前者は、国家生存のためには常備軍を持つことは避けられないが、国際法を整備し、政府間の相互不信を取り除けば、軍拡競争を抑えることができると考える。つまり、国家を中心としたリベラリズムは、「政府は協力しうる」という世界観だ。それが様々な理由を通じて肉付けされ、国家の経済的利益によって平和がもたらされるとしたり（商業による平和論）、民主主義における政治の透明性や選挙などの制度・規範によって平和的傾向がもたらされると主張したりしてきたのが（民主的平和論）、いまの国際政治学のリベラリズムがたどり着いているオーソドックスな二つの考え方だ。確かに、戦争がない状態は、経済活動の基礎である。取引が安定して低コストで行われるためには、様々なルールが国家間で共有され、信頼がおける取引が可能な国際環境が必要だ。

これに対し後者は、国家を中心として世界を見るのではなく、人民を中心に世界を見るリベラリズムである(30)。人民の利益を中心にすれば平和が実現できるという考え方で、本来は世界政府の樹立を目指す動きであった。そのために、国家が設けている障害、たとえば移動の自由の制限や、商業取引や好きな職業に従事する権利の制限などの規制は、取り除くべきと考える。これは国家の役割を国内の利害調整や諸制度の整備に限定し、国家を主役から潤滑油的な存在に後退させていくことを意味するもので、グローバリズムと相性が良いはずのものだった。グローバル経済から安定的に利益を得るためには、戦争はもっとも避けなければならないし、またグローバル化によって人びとが得られる機会が向上し、全体の豊かさも増すからだ。

しかし、世界政府が実現していないなかでは国境を越えた再分配は難しく、機会の平等も実現していない。また国内の再分配を当たり前のように享受してきた先進国の人びとからは、グローバル化による国内の格差拡大が看過しえないものとして受け止められるようになってきた。したがって、人民の利益を中心とするこの世界観の中では、平和よりもどちらかというと平等に目が向けられ、中間組織としての国家の役割拡大が求められるようになったり、あるいはネオマルクス主義的な世界観で世界政府論を論じたりする人びとの二手に分かれていった印象がある。つまり、人民を中心とした世界観における平和創出効果については、残念ながらまだまだ現実の動きと折り合いがつくような理論化が進んでいないのである[31]。

ひとたび拘束力を持つ国家の枠組みをがっちりと固めてしまえば、内側には不健全なナショナリズムと孤立主義がはびこる可能性があるために、人民を中心とした世界観は引き続き重要なものである、と私は考える。しかし、国家をなくそうという発想は目的と手段の混同であろう。平和と自由、多様性の共存こそが本来の目的であるとすれば、国家の果たせる役割は大きいのではないだろうか。この目的と手段の区別を間違えなかったからこそ、カントの描く世界観は活き活きとした現実味を帯びているように思う。

このように、不和の芽を摘むことと、利害関係上の動機を平和へ誘導していくことが、『永遠平和のために』で規定されたレールだった。

十九世紀以降の展開

ところが、歴史の展開はカントの敷いたレールとは異なっていた。フランス革命の直後に『永遠平和のために』を出版し、共和政の広がる世界を夢見たカントは、十九世紀を通じて裏切られ続けることになる。まずはフランス革命自体が暴政化してナポレオンの独裁に転じてしまい、平等な徴兵制からなるフランスの国民軍がヨーロッパ全土に攻めこんでいくことで平和が壊れるという事態が出現した。その後、一八一五年に打ち立てられたウィーン体制では、革命や民主化がむしろ平和にとって害のあるものとして遠ざけられるようになった。この頃、カント哲学を批判したヘーゲルは、一八二一年に出版した『法の哲学』のなかで、カントが言うような国家連合(自由な国家=共和政が互いに自由を保障し平和裏に共存するための連合体を形成すること)に自らの主権を制限してまで協力する国家の意思を担保することはできず、実現したとしても偶然に頼らざるをえないではないか、と疑問を呈し、さらに国家の連合体は必然的に他のところにその敵を作り出すとして批判した[32]。

民主化革命は戦争阻止には役立たなかったとはいえ、現実世界では次第に自由化と民主化が進展していった。カントの『永遠平和のために』の思想がリバイバルしたのは、第一次世界大戦による国際秩序の破綻と、アメリカが戦間期に覇権国として浮上し始めたことと関係がある。この時期、国際連盟の樹立、不戦条約の締結など、大戦争の惨禍が平和のための協力を促した。ウッドロー・ウィルソン米大統領は、国際連盟の構想をイギリスのロイド=ジョージ首相の働きかけを受けつつ推進した。ウィルソンの第一次世界大戦参戦にあたっての議会演説には、民主国家にとって権威主義体制が脅威であるという当時のウィルソンらの世界観に基づいた、必ずしも本家に忠実ではない「カント的思想」が色濃く見られる。そして、新たに台頭したアメリカは自らを平和勢力であると自認し、第一次世界大戦を専制国家が仕掛けた戦争として理解した。

もちろん、ウィルソンらが考えた世界観と、大戦期の欧州人が抱いた世界観が異なっていたことは言うまでもない。シュペングラーは、ベストセラー『西洋の没落』（原著一九一八年）を著し、十八世紀から十九世紀にかけて世界を支配した「西洋文化」が、魂を欠いた大衆社会となり拡張傾向しかもたない帝国という「文明」に帰着して滅びる運命的な栄枯盛衰の物語を提示した[33]。反対に、大衆社会の現実を見据えつつもシュペングラーの暗い予言に対抗する人びとは、ホセ・オルテガ・イ・ガセットのように、欧州の国家の連合体を作ろうとする発想を打ち出した（『大衆の反逆』原著一九二九年）[34]。大恐慌前後までの時期は、国際協力の可能性が失われていなかった。

アメリカで戦間期にカントを再評価した人びとは、第二次世界大戦が終わって冷戦構造が定着すると、さらに民主主義の平和性を自認するようになっていった。平和を乱しているのは権威主義体制と軍国主義、全体主義であり、一九四五年以後の西側陣営内での平和はまさにそれを象徴しているものだとする言説がアメリカにおける議論の主流となった。

民主化革命を嫌う専制国家同士が抑制された戦争を行った十九世紀とは異なって、デモクラシーが増え、先進工業国のほとんどを占める現代で、カントが再評価され始めているのは歓迎すべき傾向だろう。しかし、そこで言及されたのは、カントの思想の一部に過ぎない。例えば、カントが提出した永遠平和の前提条件の中で、常備軍と戦時国債を禁止する目途は、いまのところまるで立っていないにもかかわらず、そのような重要な前提条件を省いて都合よく民主化思想の部分だけを取り上げてしまう[35]。その結果、アメリカを中心とした国際政治学では、カントの思想の中でも、国民が意思決定者になることで抑制的になりうるという箇所が拡大解釈され、引用される傾向が生じたのである。

ゆえに、カントが共和政において常備軍の代わりに郷土防衛軍を置き、国民に血のコストを負担させて抑制の契機を与えようとした意図は実現しなかった。徴兵制度そのものが多くの国で廃止されたのちは、彼が想定した市民の負うべき血のコストが、税負担に読み替えられてしまった。民主化による平和、という切り取られた仮説だけがリベラルな思想の中で生き続けたのである。しかし、永遠平和のために「血のコスト」を平等に負担するという提案自体は、自由主義における正義の視点からも、本来否定しがたいものだったはずだ。

したがって、民主的平和思想の元祖としてカントを引用しようと思うのならば、現代に適用するにあたって、丁寧にその含意をアップデートしなければならない。

カント2・0

では、カントを現代に応用するとすれば、どのように再解釈できるのか。そして、その場合に国家の多層的な平和のための努力はどこまで進んでおり、課題は何か、という具体的な問いについて考えてみたい。カントの確定条項と予備条項をもう一度振り返ろう。

確定条項

（Ⅰ）国家を法の支配に服する自由で平等な市民による共和制とし

（Ⅱ）その国家の連合制度としての国際法を重視したうえで

（Ⅲ）世界市民法により外国人にも安全と入国の自由など最低限の権利を認めること（傍点筆者）

予備条項

（一）休戦に過ぎない協定は平和条約と見なさない
（二）独立国家の継承・交換・買収・贈与を禁止する
（三）常備軍を時とともに全廃する
（四）対外紛争に関わる国債発行を禁止する
（五）暴力による内政干渉を禁止する
（六）戦時における各種の秘密工作や条約違反を禁止する

現代において、確定条項の（Ⅰ）は、自由主義と代議制の民主主義の制度化であろう。これは多くの国で制度としては確立している。確定条項の（Ⅱ）の共和政の連合体については道半ばだが、国際法はカントの時代よりもより進展しており、攻撃的戦争の禁止を含む。確定条項の（Ⅲ）はさらに進歩している。これをグローバル化の受容による経済的相互依存の進展、外国人の保護と読み替えることで、現代に適用することが可能だろう。このように現代に照らし合わせて再解釈したものを、「カント2・0」と呼ぶことにしよう。

いまの時代は、実際に「カント2・0」の確定条項三つを実現する過程にある。つまり、方向性としては正しい方角に向っているわけだ。しかし、そのどれもがまだ途上で、いくつか課題も生じている。前述の平和のための五次元論で洗い出した課題に、「カント2・0」をふたたび照らし合わせると、次のように三つの現代的な課題が見つかる。

（一）民主主義の判断を健全にし、国民が武力行使を自制するようなコスト負担共有のメカニズムがあるか（第三次元の課題）。
（二）国際法を遵守しつつも平和構築活動を行うため、「正しい戦争」の概念を、現代的かつ抑制的に定義できているか（第二次元〜第四次元にかかわる課題）。
（三）グローバル化を引き続き進めていくうえで、国内の反発に対応しなければならない国民国家の求心力が減退していないか（第五次元の課題）。

三番目の課題は、国内の格差や分断を埋め、国民国家のまとまりを再構築しながら、グローバル化を受容し続けるということだが、実は、後述するように一番目の負担共有の課題を解くことを通じて部分的には対処しうるものである。

したがって、「カント２・０」の命題に則り、かつ先に示した五次元論に沿って民主主義を平和に導くための喫緊の課題というものが特定できる。ごくシンプルに表現すれば、正しい戦争を再定義し、民主国家における負担共有を実現して、国民国家を強化するということになろう。

カント２・０のための予備条項

つづいて、予備条項の再定義に移ろう。予備条項の中で明確に満たされていないのが、先に述べた通り、戦時国債の禁止と常備軍の段階的廃止である。とはいえ、主権国家から国債の発行権を奪うことはできないから、こちらを禁ずることは無理だろう。ただし、民主主義国家が自らの体力以上の戦争を始めないようにするため、戦争のコストを「見える化」することには大きな効果がある。

問題は、常備軍の段階的廃止の方である。既に述べた通り、カントは郷土防衛軍を持つことは認めている。しかし、現代は軍事技術が飛躍的に進歩している。素人を寄せ集めた郷土防衛軍など役に立たない。大量の歩兵を中心とした軍隊が活躍していたカントの時代からは、社会の形や戦争の形が根本的に変わってしまっているのだ。常備軍を廃し、代わりにカントの考えていた通りの純粋な「郷土防衛軍」を実現することは、現代にはまるでそぐわない。その点は、ヘーゲルの疑いはいまだに妥当するといえるだろう[36]。

そもそも、カントは、郷土防衛軍の具体的な設計図には踏み込んでいない。宗教や信念など良心的理由から兵役を拒否したい人に与えられるべき選択肢などを含め、どのように運営されるのかについて何も論じていない。おそらく、もしそんなことを設計しようとすれば、「市民」がいまだ出現していない当時において、時代を先取りしすぎる空論になっただろう。

ただ、現代という時代においても、プロの兵士の存在を是認しつつ、国民の負担共有を図る手段を考えれば、「道具として軍を用いることの禁止」というカントのそもそもの趣旨に沿った改革は可能だろう。カントが意図していたのは、市民や権力者に戦争の道具を与えないこととともに、一部に負担を片寄らせないことであり、それは現実的に検討可能な課題である。

加えて、敵意の逓減のための軍縮や軍備管理も、カントが常備軍の廃止を提言した一つ目の趣旨に沿った努力となるだろう。しかし、こちらは国内政策だけで決められるものではなく、国家間の関係性に依存する。しかも、たとえ一部の国々が協調して軍備を削減できたとしても、カントの言う段階的な常備軍の廃止にはおそらくつながらないだろう。世界が無政府状態である限り、国際政治における安全保障のジレンマは構造的に残り続ける。おそらく、核兵器のような強力な兵器体系は最後の最後まで残るだろう。それでも、永遠平和を目指す道を選びつづけることが、結果的に安全保障のジレンマを遠ざけ、また日々の平和を保ってくれるのである。

さて、平和に向けた議論の材料が出そろったと思う。いま我々に残された解決可能と思われる課題は、正しい戦争の再定義、民主国家における負担共有を通じた国民国家の強化である。そして、そのために必要なことは、戦争の経済的コストおよび血のコストを常に見える状態にしておくことである。なぜなら、戦争における負担の不均衡は国民の目から隠されやすく、自覚されにくいからだ。

そこで、第二章では、必要に応じて歴史的な展開を振り返りつつ、それぞれの論点について至らざる点を焙り出していくことにする。

第二章　誰が「血のコスト」を負担するのか

前章で導き出したテーマのうち、まずは戦争のコストをどのように可視化するかということを考えてみよう。そのためには、現在、いかにコストが見えていないか、なぜ見えないのかを探る必要がある。

戦争のコストには大別して「経済的コスト」と「血のコスト」の二つがある。経済的コストは、ときに政権の甘い見積もりや情報隠しなどによって見えにくくなることがあるものの、比較的話題に上りやすいコストといえる。それに比べると、負担の実感が出にくいのが血のコストである。

本章では、歴史から兵士の実情を探ることで、血のコスト負担が偏在してきたことを明らかにして、議論の土台としたい。

1　歴史的な政軍民関係

見えにくい兵士

戦争で血を流すのは誰か。巻き添えとなる一般市民の被害者ではなく、兵士に着目して、彼らにシンパシーを抱きつつ、この問いを探ろうとする試みは少ない[1]。

軍事研究の先端は勝利をめぐる戦略や戦術であって、必ずしも兵士の物語ではない。逆に、平和研究の観点からすれば、国家が国民を戦争に駆り出すこと自体が非難されるべきことであり、その先にある兵士が蒙る被害に着目する視点は乏しい[2]。さらにどのような戦争でも間違っているという立場をとる平和主義者にとっては、良い兵士とはすなわち悔い改めて反戦に転じた兵士だけだ、としたら言い過ぎだろうか。

つまり、軍事研究の立場を取れば、兵士は守るべき国民ではなく戦争の道具であり、平和研究の立場からすれば自ら志願する兵士は理解しがたい異質な存在なのである。このように、現代において相対立する二つの立場は、国民から兵士を分断しようとする一点において奇妙に嚙み合っている。

要するに、血のコストが見えにくいのは、国民から兵士の存在が見えにくいからなのである。

いや、国民は総動員の戦争で戦い、自ら兵士として血を流したではないかと反論する人もいるだろう。たしかに、兵士と国民が重なり合うような戦争もある。二度にわたる世界大戦のような大戦争では、最も自由主義的な国でさえ、国民を総動員しなければならなかった。けれども、血のコスト負担の歴史を振り返ってみれば、多くの場合において平均的な国民は銃後にいた。大抵の徴兵は、権威主義体制によって徴発されたごく一部の農民や貧困層によってまかなわれていたのである。

のちに詳述するように、比較的豊かな大衆社会が生じたあとに、一般市民が広く戦争に従軍した例は、内戦を除けば第一次世界大戦、第二次世界大戦のみである。それらより動員率が低いもの、例えば人口の一～二％の動員度にとどまる戦争を含めたとしても、頻繁に戦争を行ってきたアメリカでさえ朝鮮戦争とベトナム戦争に限られる。もはや現代において、先進国間で総動員を伴う大戦争が起こる可能性は非常に低くなっている。

それにもかかわらず、政治学や思想は、このように稀にしか起きなかった国民総動員を、兵務をめぐる問題意識の中心に据えてきた。稀にしか起きない事態に関心を集中させれば、いかなる徴兵制も総動員に至る道の第一歩としてのみ取り扱われることになる。そうなれば、「徴兵制を廃止すれば、戦争を防げる」という短絡的な結論しか出てこないだろう。

はっきり言えば、徴兵制をやめさせることは、必ずしも平和への道ではない。平和運動家による徴兵忌避運動は、徴兵制をなくす効果はあっても、実際に戦争をなくすことにはならなかった。現代は大国間が全面戦争を戦う時代ではなく、プロの常備軍によって中小規模の戦争が戦われる時代であり、そのような場合には総動員はかえって障害にしかならない。つまり、徴兵制がない方が、戦争を遂行するには好都合なのである。

逆の命題を考えてみよう。徴兵制がない社会は平和的だろうか。徴兵制のない先進国で民意に支えられた戦争が起きているという事実は、徴兵制の廃止が必ずしも平和に資するものではないことを示している。徴兵制を問題視する者は、政府と国民を二項対立で考えてしまいがちである。それは一面の真実ではあるのだが、戦争においては、血を流す者と流させる者（＝民意を形成する兵士以外の一般国民）との対立構図にも目を向けなければならないだろう。

血のコストを可視化するためには、軍や兵士を道具として捉えるのではなく、多数者の決断によって運命を左右される少数者の集団として理解する自覚的なプロセスが必要である。繰り返してきたように、むしろ成熟した民主国家においては、シビリアンこそが攻撃的になり、武力行使に反対する軍人に戦争を強要する事例が多数みられるのだから。

ある意味では、軍や兵士は民主主義社会における「弱者」とも言えるわけだが、そのような理解を阻んできたのが、軍を不可解で危険な存在として捉える思考である。組織化された「暴力」を専門に扱う軍人は、その存在からして強硬派、あるいは暴力になじむ性格を持つと思われがちである。軍人は、金や名誉、権力のため、むしろ戦争を望むこともあると見なされることもあった。このような軍人を危険視する言説は、軍の実情をよく知らないところからきている。あるいは、古いイメージに引きずられている。現代社会においては、一般人が軍人に触れる機会は非常に少ない。また、軍の存在自体、世間から見えにくいところに隔離されている。わからなければわからないほど、人びとは軍人を特殊な存在だと思い込み、ともすれば危険な集団だと思いがちだ。だからこそ、血のコスト負担や常備軍を持つ意味を論じるにあたっては、軍についてよく知る必要がある。

そこで、以下では歴史上誰が血のコストを負担してきたのか、軍の地位の変遷とともに論じたい。そのうえで、現代のアメリカを中心に、民主国家における軍の扱いの実態に迫ることとしたい。

そこで明らかになるのは、支配者やその配下として軍人が保持していた特権的な立場が、近代化や民主化とともに侵食され、しだいに地位が低下していくさまである。近代化の歴史とは、軍人がある種の「弱者」になっていく過程、といってもいい。

守護者としての政治家と軍人

私たちが政府と軍と国民の関係性を考えるとき、つい、現代の先進国における実状を投影してしまいがちだ。しかし、今の政軍民の三角関係は、歴史上のさまざまな変化を経て、ここに落ち着いたものである。例えば、近代以前の「政府」に「国民」を統治しているという感覚がなかったとすれば、民の方も権力者の行う戦争とかかわりなく生きていた。政府と軍が同じ貴族階級で文字通り親戚同士なのだとすれば、政治は正統で軍は危険な存在であるという二分法も成り立たない。

政軍民の三者の関係を考えるにあたって、まず参考に挙げるべき理念形としての原初形態は、紀元前四世紀にプラトンが著した『国家』で構想されたものである。古代ギリシャの都市国家は、共同体としての一体性をもつ民主制の「箱庭」であり、モデルとしてよく参考にされてきた。その箱庭で当時望ましいと考えられたのは、人びとを守る守護者的な存在としての、政治家であり軍である。

軍人を守護者として捉える態度は、『国家』に記されたソクラテスと弟子たちの問答に見て取れる。
ソクラテスはあるべき軍人の姿について、こう言った。

思慮ある人ならきっと、次のことを主張するだろう。それはつまり、彼らに当てがわれる住居その他の所有物は、彼ら自身ができるだけすぐれた守護者であることを妨げないことはもちろん、他の一般の国民に悪事をはたらくようそそのかすこともないようなものでなければならぬ（中略）まず第一に、彼らのうちの誰も、万やむをえないものをのぞいて、私有財産というものをいっさい所有してはならないこと。（中略）暮しの糧は、節度ある勇敢な戦士が必要とするだけの分量を取り決めておいて、他の国民から守護の任務への報酬として、ちょうど一年間の暮しに過不足のない分だけを受け取るべきこと。

ちょうど戦地の兵士たちのように、共同食事に通って共同生活をすること。（中略）彼らはその魂の中に、神々から与えられた神的な金銀をつねにもっているのであるから、このうえ人間世界のそれを何ら必要としないし、それに、神的な金銀の所有をこの世の金銀の所有によって混ぜ汚すのは神意にもとることである。(3)

この「理想国家」（ポリス＝国家のありうべき一形態としての政体《ポリティア》）では、軍人は当時に実在した金で動く雇い兵よりも尊いものとして描かれた。そして、プロとしての誇りをもって、金のためではなく祖国の構成員全員の幸せのために働くことが想定されている。(4)軍人は十分な教育を受け、衣食住と名誉を得、経済活動や金銭に関わらないようにさせることで高貴な魂を保つことができるとされた。

ソクラテスは、国家は共同体を維持することに全力を傾けるべきだと主張する。そのため、軍備を増強するのは当然と考えたが、必要以上の国土拡張には反対だった[5]。彼は、防衛のためにあるはずの軍が暴動を起こしたり、権力者が市民の弾圧に軍を利用したりする危険も、十分に認識していた。

ソクラテスは言う。


思うに、およそ羊飼いとして何よりも恐ろしいこと、恥ずべきことは、羊の群を守る補助者としての犬を飼い育てるのに、ほかならぬその犬たち自身が放縦や飢えや、あるいは何かほかの悪い習慣のために、羊たちに危害を加えようと企て、かくて犬よりも狼に似たものとなるような、そういう育て方をすることであろう[6]

ここで言う「羊飼い」とは政治家である統治者のことであり、「犬」は軍人、「羊」は国民、「狼」は外敵のことである。羊飼いが犬を従えるべきという概念、つまりシビリアン・コントロールという概念自体は、今から二千四百年ほども前から存在した考え方だった。そして、犬を従える羊飼いは、何が必要な戦争で、何がそうでないのかを判断する能力を備えていなければならなかったのである。

ソクラテスやプラトンは、国の「守護者」集団を、知識を有する統治者とその補助者としての軍人とに分け、統治者（羊飼い）が市民（羊）を治め、軍人（犬）が内外の敵（狼）から市民を守ることを理想とした。知識人と軍人を分け、前者に統治を担わせるという発想には、統治者と軍双方に対する抑制の含意がある。軍に統治を担わせないことで彼らの権力欲や金銭欲を抑え、権力者を軍人にしないことで、力ではなく法と徳による支配を目指したわけである。このことから分かるように、プラトンの『国家』では、軍人は支配階層たる「守護者」のうちの下位集団であった。つまり軍人は支配階層に属し、靴屋や大工より高貴な存在であることは当然視され、決して一般国民と同等、またはそれより下位に位置づけられることはなかった。そして、軍を用いる際に、哲学を修めた統治者が正しい判断をすることが求められていた。

この「理想国家」は、当時の都市国家に見られた欠点を退け、善政と安全保障を両立するために構想されたものだった。欠点とは血統や縁故主義に基づく政治、身の丈以上の対外膨張、自衛の本能が薄れた享楽的な社会といったもので、放っておけば必ず統治の失敗や安全保障の失敗が起きると考えられていた。統治が失敗しても、安全保障が失敗しても、国が滅びてしまう。現代においてこそ日常的に意識する人は少ないが、国家の存続はいつの時代も人びとを守るための最優先事項であった。そのため、国家の規模を小さく保ち、政治家と軍人とその他の市民が分業し、各々の仕事に励むことを『国家』は提案したのである。民主政はときに好戦的になりうるし、衆愚政治に陥ることもあるが、政軍民が各自の能力や適性に基づきその任を果たしていれば、愚かな戦争は避けられると考えられていた。この「理想国家」において血のコストを払うのは軍人であるが、統治者は不要な戦争を命じてはならず、市民は防衛の重要性を自覚していなければならないとされた。

プラトンの『国家』で提唱された政軍民の三者関係は、現実世界に確立していたとは言えなかったが、それでも共同体が成立し、三者が分離されていたがゆえに、その理想的関係が描きやすかった。ところが、この後のヨーロッパの歴史においては、国家の共同体性が欠けていたり、政軍民の三者が未分離だったりする状態の方が一般的になってしまう。

都市共同体から帝国、軍の辺境化へ

時は移り、地中海世界を支配するようになったのはローマだった。ローマというのは面白い素材で、その栄枯盛衰を見ることでさまざまなことを学べる人類にとっての遺産である。政軍関係についても例外ではない。

ローマでは、統治者と軍、市民の関係がギリシャの都市国家よりも大規模に展開した。初期共和政ローマでは統治者と軍団とが未分離であったが、市民がそこに兵員を供給し、見返りの報酬を国家財政から得ることで、ソクラテスが描いてみせた理想に近い状態を形成していた。元老院の存在によって、統治者と元老院のあいだである程度の権力の均衡も働いていた。しかし、ソクラテスのいう理想状態にはついに到達することなくローマは徐々に変質していく。

ローマは戦争と公共事業を通じて発展した。はじめ、ローマは重装歩兵部隊に象徴されるように都市国家ならではの市民軍を保有していた。市民軍は十分な財産を持つ市民階級だけに兵役の義務が課される徴兵制によっていたが、紀元前二世紀にマリウスが軍制改革を行い、貧民階級から軍務に適任な人びとを選抜して給与を払う志願制へと移行した[7]。市民が皆兵士になるのではなく、兵士に向く人間を選抜し、生活の必要を満たして名誉や見返りを与えることで、軍隊の専門性を育もうとする方向へと変化してきたのである。ローマ市民たちは、統治者によって提供される安全保障や分配の見返りに、自分たちの労働を供して国家建設に携わった。そして、対外戦争を通じて領土を拡大する過程で、ローマは戦争奴隷や新たな属州から吸い上げる農業の実りと兵隊を利用して強い軍を維持し、充実した国家を築いた[8]。

しかし、ローマが拡大して帝国となり、版図の拡大が一段落すると、その発展方式が維持できなくなっていく。まず、領土を拡大し続けて属州から奴隷や富を流入させる動きが低調になった。そして、ローマ市民が軍務を負担する仕組みが壊れたのに、彼らは依然として分配を享受していた。当時、政府は民情を安定させるだけの小麦やワインの供給を行わなければならなかった。さらに、肥大した帝国においては、当然の結果として反乱や戦役が多くなり、防衛負担が政府に重くのしかかっていた。

ローマでは、複数の都市が興隆して原初的な市場経済が発展していくが、その富に対する徴税を強化するのは至難の業であった[9]。領土拡張期を終えた帝国の戦争は、政府の財政を救うどころか圧迫する。帝国政府は慢性的な財政難に苦しみ、国のまとまりを維持するのが困難になり、帝国が瓦解していった。

ローマにおける統治と安全保障の失敗は、市民や政治家が安全保障を軍人皇帝とその率いる軍団に「アウトソーシング（外部化）」した結果であった。軍人皇帝は能力に基づき即位する。人びとは皇帝と軍団に安全保障と戦果の分配を期待する。けれども、版図が拡大すると辺境で戦われる戦争は見えにくくなり、人びとは軍人皇帝やゲルマンなど「蛮族」の部隊にアウトソースされた戦争に関心を失う。市民は戦争にまったく関わることなしに、享楽的な生活を謳歌することができたのであった。したがって、軍が戦争で苦戦しても、帝国政府が財政危機に陥っても、市民はそれを自分たちの問題とは思わなかったのである。

他方、帝国政府にも問題が生じた。帝国を維持するためには農村部にて優秀な兵の調達と徴税を行うことが大事であり、各地が都市化していくことは、その点では望ましくない。そう考えたコンスタンティヌス帝（三三七年没）は、小作農を土地に縛り付けるべく専制の度合いを強め、その後しばらくローマは能力主義を捨て、王朝のような血縁による代替わりが続く。また安全保障を傭兵に頼りすぎることで、政府が弱体化した。血のコストを負担して辺境で戦う傭兵たちは、皇帝や元老院の介入に反発して反乱を起こすようになったからだ。最終的に、蛮族の傭兵軍人オドアケルが西ローマ帝国の皇帝を追放して帝国を「滅ぼした」とき、ローマの元老院や人びとはそれを受け入れた。そのはるか前に、もはや皇帝を自分たちの統治者とみなさなくなっていたのだ。

ローマ帝国の崩壊は、国内での負担共有に失敗したことが原因の一つに求められるだろう。ローマでは、統治者と軍と市民が、都市国家の頃のような共同体を前提とした三者関係から乖離してしまっていた。戦闘部隊は傭兵隊の寄せ集めとなり、豊かな人びとは軍に敬意を払うことを忘れ、彼らを養うことで市民生活の土台が提供されていること自体を忘れていた。負担共有の前提が崩れ、国の一体性が失われれば、結局は力の強い者が力による統治をすることになる。「蛮族」により分割された後のヨーロッパは、帝国というまとまりを失い、社会が後退していく。

キリスト教という宗教によって、社会はまだ緩くつながっていたものの、それぞれの国において、支配者である政治家と軍人が一体化し、『国家』が理想とした政軍民の関係は失われる。軍人は私有財産を持たない高貴な番犬ではなく、富の源泉たる領地の拡大を目論む支配者と騎士の集合体となり、互いに相争いつつ領域国家を形成していった。

王侯と私兵、傭兵の時代

こうして、十世紀以降の中世ヨーロッパでは王や諸侯が土地を治め、土地を与えられた騎士たちが馬などの高価な軍備と軍務を提供し、その土地を防衛する冊封体制が広まっていった。武人たちによる農地の実効支配。それは帝国としての広がりを持たなかった。土着的な意味で、共同体とは呼べたかもしれない。しかし、そうした国々はかつてのローマのような共同体としてのまとまりや政治システムを持たなかった。王や諸侯は国家としての一体性を生み出せるだけの権威はなく、その足りない部分を教会からの権威付けで補った。ヨーロッパは、ローマ教皇や神聖ローマ皇帝という上部権威を戴いた、政軍一体の支配階層による領域統治に落ち着いたのである。

そのような領域国家では、統治者である軍人自身が戦争にかかる血のコストを払う。諸民族が絶え間なく押し寄せ、富の源泉たる土地を奪い合っていた頃のヨーロッパでは、王の権威は確実な郷土防衛と戦利品を提供できるかどうかにかかっていた。富が農地の広さと連動していたため、戦争により得られる対価も大きく、戦乱が続いた。もちろん、巻き込まれる農民の側にとってはいい迷惑だろうが、開戦の意思決定者が血のコストも負担しており、ある意味で倫理的な齟齬は生じていなかったと言える。戦争は「支配者」が行うものであり、「自分たち」を代表して行われる戦争ではない。農民にとって、戦争は災害のようなものだったのだ[10]。

支配階級と並んで血のコストを負担していたのは、多くの私兵と傭兵であった[11]。私兵とは武装した常備軍であり、傭兵とは、もっと明示的な金銭契約に基づいて雇われた戦士を指し、豊かで人口が少ない国では、人件費を安く上げ兵の不足を補うために、しばしば外国人が雇われた[12]。長子相続をとる国では、家禄を引き継ぐことのできない貴族の二男三男坊が、傭兵や私兵に流れた。食い詰めた人びとが宮廷や傭兵隊長のもとに馳せ参じ、手柄を挙げて領地や身分を得ようとする動きもあった。アレクサンドル・デュマ著『三銃士』のダルタニャンが、ガスコーニュの田舎の貧乏貴族の息子として、毛色の変わったみすぼらしい馬に乗り、父親の推薦状と母親の膏薬、そして過剰なほどの立身出世の夢を懐にパリへと旅立ったシーンを思い出してほしい。

市民が軍務を担うという方式は、もはやどこにも見られなくなっていった。領主や教会による大土地所有が進めば進むほど小作人が増え、彼らは自分の財産を持たないため武器や糧食を用意できない。また、騎馬軍団が主流になれば装備も高価になり、フランク王国の栄えた頃や東ローマ帝国におけるような、農民が糧食を携えて行軍に参加するゲルマン的軍事制度は成り立たなくなった[13]。

戦争のときにだけ、国民が徴兵されるという現象がなかったわけではない。しかし短期徴兵制度を使った国民軍は、練度が低く士気にもむらがあるし、遠征にも向かない。そうした点で、にわか編成の国民軍は傭兵隊長が率いる移動軍団に劣っていた[14]。けれども、当時の傭兵は戦争がないと給料が支払われなかったし、戦争があっても戦費や軍備が嵩むと国王は破産に追い込まれ、給料が滞ることがあった。そのため、傭兵は経済的な見返りが得られなくなると雇い主の国の村々や都市を破壊し、略奪することさえ少なくなかった[15]。実際、十七世紀前半にフランス宰相を務めた有能な政治家であるリシュリュー枢機卿は、同時代の各国陸軍のほぼすべての失敗は、敵軍によってダメージを受けたというよりも、むしろ自軍への補給が滞ったこと、規律がなかったことに理由を求められると振り返っている[16]。傭兵を使いこなすのは難しく、統治者にとっても頭の痛い仕事ではあったが、ほかに手段がない以上は仕方がないことであった。

多くの傭兵を必要としたのは、国王が以前にもまして強い中央集権的な軍隊を必要とするようになったからでもある。時代が進むにつれ、ヨーロッパでは一体性や自律性をもつ「主権国家」を創り上げる動きが出てきた。中央集権化を目指す国王には、内外に競争者がいた。貴族階層は宮廷貴族化してもはや軍人として役立たないものが多く、しかも実力者は王のライバルとなった。経済活動でのしあがってきた新興階級の存在感も増していた。民衆も、民族ナショナリズムや理性主義を反映した宗教改革の過程で、だんだん無視できない存在へと浮上してきた。そのような中で、内外に向けて国王の権威を強化していくためには、ますます傭兵へのアウトソースに依存せざるをえなくなったのである。

こうして近世を迎えた頃から、中世までの政軍民関係のシステムを再編する必要が出てきた。ヨーロッパ全土を巻き込んだ三十年戦争後に締結されたウェストファリア条約（一六四八）以後、各国は徐々に軍の専門化と増大した国民の影響力への対応に追われていくことになる。

守護者の時代の終わり

近世ヨーロッパで起こった宗教戦争。それは長引く間に、宗教をめぐる対立というよりも国家どうしの権力争いへと変貌していった。そこかしこで権威に対する挑戦が起こった結果、より国としてのまとまりをもち、戦争に強く、実効支配が確立された国が強者として存在感を高めることになった。三十年戦争に終止符を打ったウェストファリア条約においては、主権国家を是とし、ローマ教会と帝国の支配を不健全なものとして忌避する流れが定着した。プロテスタントが主流派の国はすでに教会を介さず神と独自の関係を築く路線を歩んでおり、ブルボン朝フランスのようにカソリックが主流の国も、もはや教皇の支配に屈するのではなく、国王の王権は神から与えられたもので教皇や教会の支配の下にはおかれないとするジャン・ボダンのような思想が浸透していった[17]。

さらには、戦争を通じ装備や兵站を整えた強国が、厳しい統制を施した常備軍を設立する動きが出てきた。その先駆者が、三十年戦争でハプスブルク帝国を揺さぶったスウェーデン国王のグスタフ・アドルフである。スウェーデンでは、スカンジナビア地方の厳しい自然条件も幸いして他民族に襲われることが少なく、他の国のように騎士階級が特権的地位を獲得していなかったため、常備軍設立を阻む障害が少なかった。また、武装民からなる長期徴兵制度と徴税システムが確立されていたため、比較的早い段階で常備軍を備えることができたのである[18]。対して、交戦相手のハプスブルク帝国軍は、傭兵隊長ヴァレンシュタイン率いる軍に戦争をアウトソースしていた。傭兵たちの練度は高かったが、必ずしも皇帝の意に従わず、各地で乱脈な略奪を繰り広げたという[19]。

三十年戦争が終わると、フランスをはじめ各国はスウェーデン常備軍の質の高さに瞠目し、次々とその軍制を模倣した。その背景には、軍事革命の成果が浸透し、戦争における歩兵の重要性が再認識されたこともある。こうした流れのなかで、とりわけ多くの人口を抱える大国フランスが、大規模な常備軍の養成に成功した。ルイ十四世が擁した常備軍はブルボン朝黄金時代の担い手となり、パワーゲームを繰り広げる主権国家体制の基礎を成すことになる。

とはいえ、各国ともに職業軍人養成制度はまだまだ中途半端なものだった。たいていの国では、国民の一定数を選抜して兵として養う長期徴兵制度は採用できなかった。当時、富を生み出す農民は貴重な存在であり、そのような常備軍を支える十分な財政的基盤や官僚制度も発達していなかったからだ。ただし、宗教戦争を通じて大きな転換が起きたことは確かである。主権国家という概念が固まり、常備軍ができ、民衆の存在感が高まって、政軍民の三者とその区別を再び共同体の中に観念することができるようになっていった。

その後のヨーロッパでは、国境をある程度定着させ、国民化が進んでいく。同時に印刷物の流通、異なる地域間の交流の増大、民族や宗教などのアイデンティティ強化が進み、近代への道が切り開かれた。知識人は、民衆の権利や国家との契約説を唱え、自己主張を強めた。そこにおける人民は、もはや統治者に隷従するただの羊ではなかった。彼らは権力者に自らの「代理人」として行動するように要求し始めたのである。その一方、軍隊はかつての貴族のような既得権者から職業軍人へと変貌を遂げていく。

そうして、守護者としての統治者と軍人の時代に終わりが見えてきたのである。

契約主体としての国家と兵士——雇われ兵士の実情

ただし、当時から特権階級の「守護者」にどうしても組み入れることのできなかったのが、

「雇われ兵士」であった。「雇われ兵士」とは、歩兵を大量に活用した限定戦争が主体となった時代の兵員であり、伝統的に存在してきたプロの傭兵ではなく様々な事情から軍に入っていった庶民である。近世ヨーロッパにおいては、労働から落ちこぼれてしまった人びとが軍隊に雇われたほか、犯罪者を恩赦する条件として兵役を課すことが一般的となった。[20] 大規模な常備軍を作るために他国に先駆けて徴兵制度を導入しようとしたプロイセンでも、豊かな都市や市民は徴兵対象から除外されていた。[21] それが国家にとっては合理的だったからだ。

兵士への給料と兵站の供給がある程度整いつつあったとはいえ、十八世紀の常備軍の兵卒は惨めな生活を送ったのが実情であった。兵卒は下士官から厳しい体罰とともに特訓され、砲火に身をさらしながらも隊形を崩さずに前進することを求められた。栄光は貴族階級出身の将校のものだったが、その代わり、戦地での略奪や駐屯地での乱暴狼藉は一般兵卒に許容された労働の対価のうちであった。傭兵隊長が隊ごと戦争を請け負っていた時代に比べ、軍隊内の上下関係における仲間意識は低下する。[22] 七年戦争（一七五六－六三）を題材としたスタンリー・キューブリック監督の映画、『バリー・リンドン』がコミカルに描いたように、傭兵から金持ちの貴族へ成り上がる余地はまだ残されてはいたが、その機会は宗教戦争の時代に比べれば少なくなった。常備軍の拡大に伴い将校層も拡充されていくが、その枠はブルジョワジーが買い占め、軍隊内での能力主義による出世は成り立たなかった。

こうして、十七世紀後半から十八世紀にかけて主権国家が確立して常備軍が普及し、戦争は無秩序な暴力から比較的管理された暴力へと変貌を遂げた。一般社会は平穏を享受し、将校のコマとして働く兵卒は、おもに下層民から供給され、軍内の出世をめぐる身分制度は膠着化したままだった。そのことは、しだいに豊かになりゆく社会から軍が分断される結果をもたらした[23]。

人びとは、軍が国王の手先となって貴族や市民を抑圧したり、農民の反乱を武力で鎮圧したりする危険を常に意識していた。しかし、主に下層民からなる軍隊が自分たちの代わりに国防を担ってくれているとは考えなかった。国王こそが戦争の原因であり、軍は暴君の手先だと思われていたからだろう。国民の多くにとって、国王の戦争は無益で不要なものと考えられた。実際、フランスのルイ十四世は対外的には戦勝を重ねたものの、戦争のコストの方が利益を上回り、戦争のために国王が課した税と信用貸付の負債を補えなかった。続くルイ十五世時代にはハプスブルク帝国を弱体化させることに失敗し、イギリスとの制海権をめぐる競争にも敗れ、無駄に戦費を費消する。その借金を埋めるべく国王が特権階級にも課税しようとしたため、庶民のみならず貴族の反発も招いた。

これらの反発はいずれも根拠のあるものだった。しかし、国王の手先としてのみ軍を見ることは、やはり一面的であると言わざるを得ない。社会の側が豊かになっていく過程で、軍は社会との分断を深めた。新興市民階級は軍隊に共感を覚えず、自分たちとは関係ないか、前時代的で不要なものとして見るようになっていった[24]。けれども、いったん人びとの側が権力を握ったとき、彼らは軍を保有し国を防衛するという問題と向き合わざるを得なかったのである。

国民軍の登場と浸透

国王の権威に反抗する革命が起き、自由や平等といった価値が堂々と掲げられ、国民を基礎とした国民国家が形成されていく。フランス革命から始まった大動乱はヨーロッパに大変革をもたらした。フランス革命が起こると、周辺各国は革命の波及を恐れて反革命の対仏大同盟を形成した。[25] 一方、革命政府は外国からの干渉を退けるため、国民公会の決定により一七九三年に動員令を下した。[26] 急ごしらえの国民軍は士気に欠ける素人の寄せ集めにすぎず、敗北を重ねるが、ナポレオンが国民軍を率いて軍事的リーダーシップを発揮するようになってからは、無類の強さを誇る軍隊に変貌していった。

外からの軍事干渉をはねのけ、国民が広く祖国防衛のための「血のコスト」を負担したことにより、フランスには、一時的にだが、近代的な「国民国家」を形作る素地ができた。しかし、ナポレオンは皇帝となり、フランスは共和国になり損ねてしまう。しかも、ナポレオンの侵略の野望は際限なく広がっていき、戦争が常態化したため、平時の国防を国民が負担共有するという現実的な政策に着地することはついになかった。ナポレオン失脚以降のフランスは復古的になり、国防についても再び不平等な「血のコスト」負担へと戻っていく。貴族階級や有産階級は免除金制度を活用することによって合法的に徴兵を免れ、貧困層の限られた人びとのみが七年の長期服務制度を課される制度へと変質した。[27] 将校職は貴族とブルジョワジーが独占し、軍の内部では能力に基づく抜擢登用はほとんど見られなくなる。その結果、フランス軍はふたたび弱体化し、第二帝政を敷いたルイ・ナポレオンはプロイセンに手痛い敗北を喫することになるのである。[28]

一方で、短期間しか持続しなかったとはいえ、ひとたび実現した国民軍の概念は反革命の諸国にもじわじわと浸透していった。革命を抑止しつつ、国民軍だけ真似たいと考える国家が出てきたのである。そこで、各国は十九世紀を通じて国民の動員制度の拡大を模索したが、やはり幅広い国民を動員する徴兵制はほとんど実現しなかった。権威主義体制下での徴兵は両刃の剣だったからだ。時と場合によっては国民の反発を招き、革命に道を開く危険があるし、そもそも貴族の階級利益に反する。しかし、その中でもプロイセン軍は革命を遠ざけながら徴兵制と福祉をセットにした制度を創り上げた。プロイセンが導入したのは、農民を主なターゲットにした平時の徴兵制で、徐々に改革を積み重ねて国民皆兵制度へと近づけていった[29]。もちろん、プロイセンが他国に先駆けてこのような国民軍を導入できたのは、産業セクターがまだ未発達な封建的社会で、市民が十分に強くなっていなかったからだ。とはいえ、徴兵制を広げていく過程で民衆に一定の配慮をせざるを得なくなり、徴兵の対価として徐々に社会保障制度を導入していった[30]。

国民と政府の関係の変化は、十九世紀の終わりから二十世紀の初めにかけて状況依存的に進んでいった。強い軍を作り出すという目的先行で始まった改革は、いつしか国家が国民の生活の面倒をみる福祉体制を生み出す。これまでの徴募兵とは異なって、ある程度の生活を営むことができている国民を大規模に軍に組み入れるようになれば、兵卒の待遇は上げざるをえない[31]。国民の側はもちろん徴兵を嫌がった。平時から兵舎において徴兵した国民を訓練するという方式は彼らの生業や生活を圧迫するし、戦争に動員されれば死ぬ危険も高い。ちなみに、プロイセンと同時代に、富国強兵に血道を上げた帝国憲法下の日本も徴兵対象を拡大しようと試みるが、国民の側もしたたかに兵役逃れの手法を様々に編み出したことが伝えられている[32]。日本では兵役を血税と表現したことで、兵舎では実際に血を絞られるという風説までもが出回った[33]。

しかし、第一次世界大戦が始まると、ヨーロッパの国民はもはや徴兵制から逃れられなくなった。そして、総力戦を勝ち抜くために兵卒の待遇は飛躍的に向上した。先進諸国における民主化はまだ途上であったが、第一次世界大戦を通じてはじめて、ヨーロッパの国民全体に血のコスト負担が可視化されたわけである。そして、血のコストを払ったことによって国民の発言権が強まった結果、戦間期ヨーロッパ社会では民主化と大衆化が進んでいくことになる。徴兵制は民主化を進めるきっかけとなったのである。

アメリカが欧州世界に加わったとき

これまで、欧州における民主化と徴兵制の歴史的変遷を大まかに振り返ってきた。では、フランス革命よりも前に民主主義を採用した新大陸のアメリカでは、どのようにして軍隊を創設したのだろうか。ここで、アメリカの欧州とは異なる軍の創設過程を簡単に振り返っておこう。

アメリカがイギリスから独立した当初、各州は連邦政府の専横を恐れて、常備軍を創ることにさえ否定的な意見が多かった。アメリカ人にとって軍と言えばイギリス政府軍であり、ネガティブなイメージしかなかったからだ(34)。そこで連邦政府の軍事力は最低限にとどめられ、各州は独自に民兵を組織して、いざという時の備えとした。

各州の民兵は、国内治安と対外防衛という、警察と軍がそれぞれ担うべき分野の境界線上の存在として活動した。彼らは国家の軍隊ではない。土地を守り、ときに近隣のフロンティアや他国の植民地を侵略した。いわば、ヨーロッパにおけるかつての武装農民のような原初的な存在だった(35)。また、十九世紀に欧州各国で財産のある市民が組織した民兵団のように、治安活動においてもしばしば好戦的であった(36)。実際、国家形成期、領土拡張期のアメリカの攻撃性には特筆すべきものがある(37)。

けれども、アメリカ国民の多くはそうした戦争に従軍せず、大規模な動員はいずれも米英戦争のような自衛戦争や南北戦争のような内戦に限られていた[38]。自衛戦争でもない限りは、国民に広く血のコスト負担を要求できない。このことが、はじめに民主主義を選択したアメリカの特殊性であった。アメリカが欧州世界の戦争に不介入を貫いた根本的な理由の一つは、まさに民主主義であり、かつ大規模な常備軍を持たなかったからである。

しかし、ヨーロッパ世界が破滅的な被害を出した第一次世界大戦においては、アメリカも方針を転換した。参戦を決意したウィルソン米大統領の下、選抜徴兵制を施行するために幅広い年齢層に徴兵登録を要求するようになったのである。

総動員の対外戦争は、旧大陸でも新大陸でも、まるで新しい現象だった。旧大陸の欧州では、第一次世界大戦での成年男子の動員率は三割〜六割に上った[39]。総力戦になると、社会生活のあらゆる部分に戦争の影響が及ぶ。また、合理的に考えれば耐えられないほどの犠牲を惜しませないために、交戦相手の国を悪の権化と見做す善悪二元論の世界観が各国で流布された。そして、先に述べたように、国家の総動員体制としての大戦争が、人びとをより平等に近づけることになった。

けれども、新大陸アメリカは第一次世界大戦の戦場とはなっておらず、国民の参戦意欲はそれほど高くなかった。政府は必死にプロパガンダを実施したものの、成年男子の動員率は一割強と米英戦争の規模以下にとどまった[40]。もしも大規模な常備軍を初めから与えられていたならば、ウィルソンは早い段階で常備軍を活用して参戦しただろう。そうではなかったがゆえに、自衛とは言い切りにくい大戦争に国民を駆り出すことが、民主国家アメリカとしては難しかったのである。

後の歴史は、人びとがよく知る通りである。第一次世界大戦後、いったん各国で民主化が加速したにもかかわらず、大恐慌が欧州の脆弱な経済を直撃し、各地に全体主義が広まっていった。欧州ではナチスドイツが台頭し、アジアでは日本が膨張していくことで、第二次世界大戦が引き起こされてしまったのである。アメリカ社会にとっては、第二次大戦は明白な自衛戦争であった。真珠湾攻撃を受けて、議会及び民意は開戦支持に強く傾く。それまでの逡巡は投げ捨てられ、ほぼ全ての成年男子が徴兵対象となり、およそ一千万人が徴兵され、戦地へ派遣されて戦った。

さて、このように第二次大戦ではかつてない規模の人びとが兵士として動員され、またその結果生じた血のコストもすさまじいものであった。けれども、このような総動員が行われた時代は、近現代史のごく一時期であったことも忘れてはならない。第二次世界大戦後、総動員の戦争の時代は速やかに終わりを告げることになる。

2　第二次世界大戦後

復員と福祉の向上

一九四五年に第二次世界大戦が終結すると、最大の勝者であったアメリカは早期に復員を行って、軍隊の大部分を解散した。疲弊しきったほかの連合国も同様に軍人を復員させ、西側のヨーロッパ諸国はアメリカのマーシャルプランによる援助を受けながら復興に努めた。敗戦国たるドイツ（西ドイツ）や日本の軍は解体され、非武装化が進められた。

第二次世界大戦と戦後の復興政策によって、西側先進国では平等化と民主化が進んでいった。

戦時動員と復員は、すさまじい規模で富を再配分する効果を持ったのである。国家にとって戦後最大の問題は復興であり、復員兵をどのように社会に吸収するかが課題であった。政府は、復員兵の社会復帰を支援する福祉制度や恩給、年金問題などの処理に追われた。敗戦国においても、旧軍人に対しては国家の援護として恩給や補償などが支給された[41]。

アメリカではG・I・ビル（復員兵援護法）が一九四四年に制定され、十二年間でおよそ二百二十万人がこの支援を受けて大学に行き、そのおよそ三倍が何らかの教育プログラムを受けた。G・I・ビルは、住宅購入支援や失業保険なども備えていた。アメリカ政府は徴集兵の市民社会復帰を重要視し、民間人材として育成することを望んだ。この制度のお陰で、白人の復員兵は、戦後すぐに大量に大学に進学し、平均的な教育レベルが底上げされた[42]。他方、黒人はG・I・ビルでも教育より職業訓練に誘導され、差別的待遇を受けていた。それでも、長期的に見れば世界大戦での貢献を通じて黒人の地位向上が進み始めたといえる[43]。戦場でリーダーシップを発揮した黒人退役兵らは自らの能力に自信を深め、公民権運動を援護して勝利に導いたからである。

福祉国家と徴兵制との連動が、帝政ドイツに芽生えたことはすでに述べたとおりであるが、アメリカの場合、それがより民主的、大々的に、しかも自由な教育選択を通じて個人の自己実現に繋がる形で行われた。教育や職業訓練を通じて労働者の熟練化が促され、より多くの人が中流の消費スタイルや生活を送れるようになった。世界大戦における平等な徴兵は、その後の分厚い中間層を形成し、民主主義の深化と福祉国家化の重要なエンジンになったのである。

一部の人に負担が集中していく

戦後復員が進んだことの裏返しとして、当然アメリカの軍務負担は再び偏っていく。第二次世界大戦の復員後に勃発した朝鮮戦争では、大学に進学したり安定した職を得たりした復員兵たちの参加は思うように得られず、政府は多数の黒人兵や下士官に依存せざるをえなかった[44]。通常兵力の戦いで思わぬ苦戦を経験したアメリカは、その後、核兵器を重視する一方で、民兵の戦時動員に頼る考え方を捨て、大規模な常備軍維持に舵を切る[45]。朝鮮戦争以降、一九六〇年代前半までの常備軍の兵員規模は大体二百万人台後半で推移していく[46]。

しかし、一九六〇年代半ば以降、アメリカのベトナム戦争への参戦が本格化していくに従い、再び徴兵による動員数が増え始める。そして、戦況の悪化とともに動員数は増え続け、一九六八年にはアメリカの現役兵の規模がピークの三百五十五万人弱に達した[47]。

このような徴集兵数の拡大は、戦況悪化と相まって社会に大きな反発を呼び起こした。アメリカでは政治家や軍に対する不信が広がり、若者が反戦と反軍を叫び、世論が真二つに割れて、アメリカ社会は大きな傷を負う。ただし、ここで注意しなければならないのは、アメリカ社会は初めからベトナム戦争に反対していたわけではないということだ。このような大規模反戦運動が生じたのは、白人の中産階級の若者が徴兵されるようになってからだった[48]。ベトナム戦争が始まった当初は平等な徴兵に基づく戦争とはいえず、当時の大学生の多くは高等教育を理由に合法的に徴兵忌避できた[49]。徴集兵の八割が貧困家庭や労働者家庭の子供だったという調査さえ存在する[50]。しかし、徴兵対象が拡大したことで初めて、戦争を我が事として捉えた若者の反戦運動が盛り上がり、徴兵制の全面停止へ向かっていくのである。

一九六八年には、リチャード・ニクソンが徴兵制停止を公約に掲げて大統領選に勝利する。ニクソンは、ベトナム戦争に形を付ける程度の勝利を収めてから名誉ある撤退をすることを目指した。継戦には引き続き徴兵が必要だとする周囲の反対もあり、一九七一年にいったん徴兵令を二年だけ延長するが、それでも、それに先立つ六九年七月に「ベトナム化」（南ベトナム軍を強化してアメリカ軍をベトナムから撤退させること）の方向性を示し、十一月の演説で将来的な徴兵停止の方針を示したことで、反戦運動はニクソンの読み通りに下火に向かう。一九七〇年四月には、ベトナム戦争反対運動を盛り上げてきたベトナム・モラトリアム委員会が解散を発表した。[51]この委員会は軍事選抜徴兵法改正が行われた前年の十一月に最大規模のデモを成功させたが、その後のデモはそれと比較して参加者が低調にとどまり、資金も尽きてしまった。さらには、彼らの平和的なデモに便乗するかたちで、一部の過激派による器物損壊や暴動などの破壊活動が頻発するようになり、一般市民は運動への共感を失っていった。

さて、このようなベトナムの経験を経て、アメリカ軍は、「平等な徴兵」というものが、反戦運動を引き寄せ、軍の足を引っ張りかねないことを学んだ。多くの国民を戦争に動員するには、民主的な合意を形成する必要があるが、そのような合意は国家存亡の危機に立たされたりしない限りはなかなか成立しない。もとより平等な徴兵制は、軍事技術的にも必要がないし、コスト面でも割に合わない。[52]こうして、アメリカ軍は志願兵制へと移行する道を選んだ。軍制改革の結果、軍は出世の機会を求める有色人種に開かれていくが、それは同時に軍人を輩出する層がますます一部に偏っていくことを意味していた。

このように、アメリカは志願兵によって構成された少数精鋭による軍事大国へと舵を切り、軍と社会との結びつきは低下した。一見、立派な装備とプロフェッショナルな威厳を持つ軍隊は、プラトンの『国家』で示された高貴な番犬としての軍人のようだが、それは理想化されたイメージにすぎない。アメリカ社会には、たしかに軍人を「高貴な番犬」と捉えて敬意を払う文化もあるが、その反面、それとは比べ物にならないほど根強い反軍思想（常備軍に対する反発）が横たわっているからだ。それゆえに軍を過剰に抑圧すべき対象とみたり、あるいは道具としてみてしまう傾向がある。どういうことか。もう少し解きほぐしてみることにしたい。

冷戦期の常備軍依存

アメリカにおける反軍思想の根深さを肌身で理解するのは、たやすいことではない。時をさかのぼること二百年近く、一八三〇年代にフランスからアメリカの民主主義を観察しに訪れたアレクシ・ド・トクヴィルは、次のようなことを心配した。アメリカのように社会が軍隊を敵視する「平和志向」の社会においては、人びとの軍事への無関心ゆえに、かえって軍による無駄な戦争が引き起こされたりしないだろうか、ということである[53]。「市民が監視を怠れば、軍が勝手に戦争を始めてしまう」というトクヴィルの懸念が的を射ていたかどうかは微妙である。民主国家では市井の人びとは平和志向であり、軍は攻撃性があると根拠なしに仮定してしまっているからだ。ただし、そのような心配を生むほどに、当時のアメリカ社会に反軍思想が根強かったということは言えるだろう。

一世紀を経て、トクヴィルの懸念と少し違う観点から通じ合う指摘をしたのが、二十世紀半ばに『軍人と国家』（原著一九五七）という古典を著したサミュエル・P・ハンチントン（一九二七－二〇〇八）である。ハンチントンは、政治学の中では先に紹介したホッブズ的なリアリズム、つまり安全保障や統治の安定性を重視する一派に位置づけられる。常に問題作を発表してきたがゆえに、その意図を誤解されることも多い人だった。『軍人と国家』の場合は、処女作でもあり、比較的丁寧な論理展開になっているが、主張はセンセーショナルである。軍のプロ意識、つまりプロフェッショナリズムを尊重しないと、市民社会や政治の干渉により軍そのものが政治化し、劣化してしまうというものだ。

ハンチントンは、アメリカ社会に大規模な軍への依存体質と敵視とが併存することを懸念していた。第二次大戦時のように軍をひたすら称揚する文化もよくはないが、軍を敵視し、あるいは無関心でありながら依存するというのは、いざというときに無責任な決断を生みやすい。軍事行使やそれに伴う血のコストを「我が事化」しないままに、巨大な軍を民主的な意思で自由に使えるというのは、不健全であるだけでなく、安全保障上も危険だからだ。国民や政治家が抑制主義を忘れたならばどうなるか。また、軍が組織利益のための行動に走ったならばどうなるか。そのような危機意識から、ハンチントンは『軍人と国家』において軍の専門性や責任感、団体性などの特質を肯定し、政治家の冒険主義を戒めると同時に、六〇年代に発表したほかの論文では軍の分割統治を政治家に勧めた[54]。軍とは、他の官僚機構と同様、決して野放しにしてはいけない存在だからだ。核戦争の恐怖を前にした冷戦期においては、特に軍事は重要かつ敏感な問題であり、偶発戦争を避けるために細心の注意が必要だったろう。

こうしたハンチントンの考え方は、先述のプラトンの『国家』における思想と親和性の高いものであった。基本にあるのは共同体の分業であり、国家の威信と内外の安定である。軍人に名誉を与え、十分だが質素な生活を送らせ、市民生活から隔離してプロ意識を育てるという考え方、政治家と軍人、市民と軍人を分断しておくという彼の考え方には、まさにプラトンの世界観が濃厚である。もちろん、ハンチントンの考えが現実にそっくりそのまま実行されたわけではないが、アメリカに限らず西側諸国で一つの理想形とされたことは間違いない[55]。『軍人と国家』は、今日に至るまで先進各国の軍事アカデミーや大学で、政軍関係の勉強をするには避けて通れないバイブルとなっている。

しかし、軍がこうしたプラトンに遡る思想に倣い、民主主義を尊重して自ら身を慎むことを覚えていく一方で、アメリカ社会の方は何も変わらなかった。軍に対する根本的な依存体質を持ったまま、政治は無体な要求を押し付け、かつ軍を社会的に危険視する声が大きかった。そのような待遇を受け続けた軍は、その不満を将校人員の拡充と「余剰」将校吸収のための組織肥大を通じて解消しようとする[56]。冷戦下においては、軍事的脅威が常に存在し続けるため、軍は肥大化しやすかった。だが、軍が肥大化すればするほど、社会の側は「投資」の元を取ろうとするものだ。つまり、軍を道具として使いたいという欲望が生じることになる。巨大な軍事予算が、「シビリアンの戦争」を生みやすい土壌を作り上げてしまったのである。

冷戦期の軍依存が各国にもたらした変化

朝鮮戦争以後、巨大な軍をほぼ意のままに使うことができたアメリカの歴代政権は、冷戦中の局地紛争で次々と冒険主義を発揮してしまう。ソ連との直接対決においては、核兵器体系の導入により戦争のコストが高くなったために抑制が働いたが、核保有国の介入を招かない局地的な限定戦争においては冒険主義が可能だったからである。

このような冒険主義的な戦争に関して最も重い責任を問われるべきなのは政権だが、他方で国民も一概に責任を逃れることはできないだろう。アメリカはすでに成熟した民主国家であり、国民は無力な羊ではない。世論には戦争に際して賛否を表明する自由があったはずだし、そもそも民主国家において政権の意思だけで戦争し続けることはできない。これまで社会が軍を危険な存在だと信じ込んできた結果、シビリアン・コントロールが強化されて、軍に異論を許さず完璧に統率しようとする。だとすれば冒険主義的な戦争について責を負うべきは国民の側である。繰り返してきたように、現代では、軍が戦争を渋り、シビリアンが冒険するという倒錯した現象が起きているのである[57]。

ここまでアメリカを中心に議論をしてきたが、常備軍への依存体質は、戦争を繰り返してきた超大国アメリカだけで起きている話ではない。多くの西側先進諸国は、植民地戦争を終えた一九六〇年頃までには平時徴兵制を停止し、あるいは訓練にとどめるようになった。

例えばイギリスは、フランスやイスラエルと共謀したスエズ危機で、アメリカの介入反対により屈辱的な撤退を強いられてから、劇的に兵力規模を削減し、核兵器に依存した安全保障戦略をとるようになる。一九五〇年代頃までは、英領であったケニアのマウマウ団弾圧や、マラヤにおける独立派共産ゲリラの弾圧などの軍事介入を行ったが、一九六〇年代に植民地が相次いで独立していくと、そうした植民地戦争も影をひそめた。それまで、イギリスは兵力のおよそ半数を平時徴兵制の国民役に頼っていたが、一九六〇年を最後に徴兵制を終了する。このような形でイギリスも常備軍依存に転換していくが、イギリスの場合は国力が衰退するなかで社会福祉拡充の要請が生じたため、常備軍をさらに削減していった。イギリスは戦後、労働党のアトリー政権が社会福祉重視路線を選択し、同じく労働党のウィルソン政権では軍事費節減の大鉈を振るう。そのあおりを受けて海外展開軍事力は空洞化していき、スエズ以東からの撤退の道をたどる。その結果、イギリスには限られた常備軍では足りない部分を、対米同盟で補うという二重の依存構造が定着した。

言葉を換えれば、イギリスはアメリカとの同盟に守られ、またその枠内で行動することで、武力行使の抑制とコスト節約を同時に実現することができた。また、冷戦という擬似的な臨戦態勢が、イギリス国内においてほどよい緊張感を保ち、ソ連との衝突を避けるべく慎重な政策が取られた。いざ戦争がはじまるとすれば、核戦争に発展しかねないことから、自ずと抑制が働くことになったのである。例外は、ソ連の介入の恐れのない西側陣営同士で戦われたフォークランド戦争であった。この戦争については『シビリアンの戦争』で扱ったので詳細は省くが、アルゼンチンに遠隔領土を武力占領されて始まった戦争で、外形上は自衛戦争であったものの、多分に冒険主義的な要素を含む「シビリアンの戦争」であった。ただし、フォークランド戦争や植民地戦争を除けば、スエズ危機のような冒険主義的な戦争は繰り返されなかった。

しかし、そのようなイギリスの安定した時代も、冷戦後しばらくすると終わりを告げることになる。つまり、武力行使のリスクとコストが減り、一方で対米同盟に完全依存することが難しくなったときに、それまでのような抑制的な姿勢を維持することが難しくなってくるのである。このようなアメリカの同盟国にとっての冷戦後の変化などの問題は第六章で取り上げることにして、まずは冷戦後のアメリカで何が起きたのかを見てみることにしよう。

冷戦後――人びとは解き放たれ、軍はさらに抑圧される

冷戦が終結し、最大の脅威であったソ連が崩壊した。すると、それまでその旺盛な介入意欲と巨大な能力に照らせば、比較的「自制」してきたとも言えるアメリカは、冷戦期のような緊張感が薄れてしまう。大戦争にエスカレートすることはないという安心感が、限定戦争をより安易にしてしまったのだ。

国際政治学におけるこれまでの常識は、無政府状態の世界においては政府間に強い相互不信が存在し、国家が合理的に行動したとしても望まない戦争が引き起こされてしまう、という構図だった。信用できない相手に対して融和的な行動をとるリスクは高く、軍拡などによる抑止を図る方が合理的であるが、自らの軍拡は相手の軍拡も招き、かえって衝突のリスクを高めてしまう。いわゆる「安全保障のジレンマ」である。

ところが冷戦後は、この悲劇的な構造とは異なるパターンの限定戦争が、大国の軍事行動として登場した(58)。それは、恐怖と不信に突き動かされてはじまる戦争というよりは、はじめから自主的にやろうとして行う攻撃的戦争だった。前章のはじめに述べたように、民主化と民主主義の善に対する過信から生じる戦争である。

そうした変化は、自分が戦場には行くとは思っていない人びとの意識の中で進行していく。冷戦下で識者や政治家が養っていた緊張感がだんだんと失われていった。そもそも、アメリカの考える「正義」と安全保障はしばしば衝突する。実際に、アメリカはベトナム戦争で疲弊し、「正義」を貫くことが出来ずに、南ベトナムを見捨てた。「正義」と安全保障は、コストやリスクとの兼ね合いで考えなければならない。そういった抑制的な態度が社会のなかで薄らいでしまった。

メディアの論調をはじめ、国内には「正義」を求める積極介入主義の圧力が生じ、政権の外交安保政策におけるタカ派路線を強める結果を招いた[59]。その原因が冷戦終結にあることは明白だった。冷戦の終結は、抑制主義に頼らずとも安全が確保される時代を招き、「できること」の幅が広がったからである。紛争地域での平和創出のための活動から、非政府武力集団の掃討、反政府勢力への肩入れ、体制転換など、信ずる「正義」に基づき軍事行動を支持する動きが出てくるようになった。

これに対し、リアリストの一部や軍の指導者はアメリカが積極的に「征伐」に乗り出すことを懸念した[60]。軍は政治家に自重を求め、国益を明確かつ限定的に定義するよう迫った。例えば、ブッシュ（父）政権で軍のトップを務め、国益の観点から湾岸戦争に消極的だったコリン・パウエルである。パウエルはレーガン政権時代には、はじめワインバーガー国防長官の軍事補佐官として仕えていた。ワインバーガーは、レバノン内戦介入でベイルートの米海兵隊宿舎が爆破されて多くの死者を出した事件を背景に、アメリカ軍を戦闘に投入する場合の基準を策定したが、パウエルはそのときの助言者でもあった[61]。

ところが、こうした軍人による抑制的な意見が、識者からはむしろ問題視されることになる。パウエルは「戦いを渋る兵士」と呼ばれた。ユーゴ連邦解体に続いておきたボスニア紛争に際しては、リベラル紙は「税金で養われたアメリカ軍が紛争介入に消極的なのはサボタージュにほかならない」として非難した[62]。そうした雰囲気を反映し、一九九〇年代にはいわゆる「政治主導」の立場が強くなった。軍人と政治家の関係は安全保障という特殊な課題によって定義される。けれども、政治主導の立場から見ると軍は単に行政機関の一部にすぎず、シビリアン・コントロールも政治家による官僚統制の一環として捉える見方が浮上したのである[63]。仮に軍人のほうが（専門性に基づき）抑制的な意見を表明した場合であっても、大統領府の意向に反していればシビリアン・コントロールを阻害するものとして批判が生じた。軍事政策において、安全保障上の意義よりも民意の確実な反映のほうが重要視されるようになったのである。

これはまさに特筆すべき時代の訪れであった。軍事介入の要求にブレーキをかける声は少なく、むしろ軍事行動を躊躇する軍に民意が苛立ち、激しいバッシングを展開する。軍の反対を押し切って開戦される「シビリアンの戦争」のクライマックスは、イラク戦争だった。戦争が不人気になるにつれて軍の反対意見が報道されるようになったが、国民の関心が本当に高かったかと言えばそうでもないだろう。むしろ戦果を挙げられないことに対する厭戦気分の広がりと関心の低下こそが、時代の雰囲気を支配していた[64]。

現在のアメリカ兵士とは誰か

では、ここでいま一度、いまのアメリカではどのような人びとが軍務を担っているのか、詳しく見てみよう。

一つの特徴は、公務員と同じように、軍人になることがマイノリティの社会的上昇の重要な手段になっているということである。アメリカでは、軍における人種間の公平な昇進の観点から、志願兵制への移行は良いこととして捉えられている。黒人は、人口に占める割合よりも高い比率で軍に志願し入隊してきた。パブリック・サービスに教育と出世の機会を求めることは、個人の自由な選択の結果である。若い士官時代に軍内のひどい差別に苦しんだコリン・パウエルは、結果的に統合参謀本部議長にまで上り詰め、黒人に社会的上昇のロールモデルを提供した。ヒスパニックに関しては、二〇〇三年開戦のイラク戦争を境に、志願兵が増えはじめた。元来、伝統的に志願率が高い黒人に比べ、ヒスパニックの人びとは低い割合でしか軍に参加してこなかった[65]。そこで、ヒスパニック人口は新規移民により急増しているが、不法移民や国籍未取得の労働者も多い。そこで、ジョージ・W・ブッシュ大統領が、二〇〇二年に、既に軍に存在していたグリーン・カード（永住権所持）兵の国籍取得を早める大統領令を発したため、ヒスパニック系の兵員が突出して増加したのである[66]。二〇〇八年には、合法的な移民であれば国籍や永住権を持たずとも軍に志願できるようになった。トランプ政権下で、「セキュリティ」重視のため外国人に関してはバックグラウンドチェックの期間を長くとるなど揺り戻しが起きているものの、すでに四万人ほどの移民兵士が現役兵に含まれている[67]。9・11以来、このプログラムで国籍を取得した移民は十万人以上に上る[68]。

もう一つの特徴は、基地で暮らす軍人家庭の子供が軍に入隊する割合が高いことだ。十八歳から二十四歳の若者の母数の中で、二〇一一年のうちに軍に志願した若者はわずか一%、新たに志願可能な年齢に達した者の母数から算出しておよそ七%である。その中から合格者と、試験に合格せずふるい落とされるものに分かれる。ところが、軍人の父母を持つ子供が現役の軍人になる割合は、男女合わせて二十%に上る[69]。ほかにも、軍に親しむ雰囲気のある南部社会からは多くの軍人が輩出されることが分かっている。

つまり、社会的に出世を目指すマイノリティの中産階級の子供たち、他の社会から隔絶された軍のコミュニティや、公共心や宗教心の強い南部の地方社会で育った子供たちの中から、多くの兵士が供給されているということになる。

経済的徴兵制は本当か

また、ここで「経済的徴兵制」という主張についても触れておこう。従来徴兵制に反対してきた立場の人びとは、近年、「経済的徴兵制」という言葉を用いはじめている。収入の低い家庭の子弟を経済的動機付けで軍に誘導しているという批判である。しかし、こうした主張には裏付けが乏しい。志願兵に行われた能力テスト等の統計が示す通り、人種的な偏りは消えてはいないが、将校ではなく一般兵卒をとってみても、むしろアメリカ人の平均よりも能力や出身階層は高いというのが実情だからである。[70]他方で、軍に入る人材の質がむしろ高いという統計に依拠して、保守派が反論して勝ち誇るのもまた性急にすぎる。[71]真実は、その中間にあるからだ。

兵士となる人材の質が全米の平均値よりも高い理由は、まず軍が要求する水準が高く、それを満たす人口が僅かだからである。アメリカで、肥満などの健康問題や麻薬汚染、アルコール依存症、犯罪歴を抱えた若者人口を足すと七十五%にも上る。ということは、残りの二十五%から志願兵を募らなければいけないことになる。[72]国防総省の見積もりによれば、若者の十%は軍に参加せずとも大学に自費で進学できる家庭の子供であるため、残りの人口十五%の母集団に軍務負担が集中する。入隊の主要な動機は明確で、無料で大学進学の機会を得ることである。先に軍務に服した方が諸々のメリットがあるにもかかわらず、いわゆる「事前服務なし」(Non prior-service: NPS)、つまり大学生活を先に送ろうという若者は圧倒的に多く、先に服務する志願兵の割合は、軍種により多少のばらつきはあるものの、現役のわずか一%から三%に過ぎない。既出の統計では、なかでも負担やリスクの少ない予備役や沿岸警備隊により豊かな階層が集まっていることを示している。つまり、豊かな家庭の子供は志願する必要がなく、貧困家庭はそもそも軍の要求を満たせる子弟を育成しにくく、中産階級のうち教育を受けて社会的に上昇したいと思う者や、公共心の強い者が志願していることになる。

経済階層ではなく軍階層に着目すべき

ただし、これまで見てきたような軍人が輩出する所得階層や人種、民族だけで軍務負担の問題を考えることには注意が必要である。なぜなら、社会的な「層」としての軍が、少数者であるがゆえに弱い立場にあることを見なければ、問題の本質は捉えられないからだ。

もしも、軍人の社会的な偏りが、圧倒的多数の国民が一部の軍人に負担を押し付けても構わないという意識に繋がるのならば、どういった影響が出るかを考えてみてほしい。そもそも、経済的徴兵制を主張する人びとは、なぜ経済格差だけに着目するのだろうか。先ほど述べたように、統計的事実からして貧困層に負担が集中しているという根拠は存在しない。経済的な対価や立身出世の機会を求めて軍に入隊する人が多いのは事実だが、所得格差との相関のみを問題視する態度では、真の論点が見失われてしまうだろう。問題の本質は、現行の志願兵制度が、貧困家庭も含め多くの市民が血のコストを払わなくなった中で、兵士の負担が見えにくい形で軍が維持されているということであり、血のコストの偏在にこそ注目しなければならない。

「経済的徴兵制」の主張が根強い背景には、ホッブズが（国民とは違って）紙されの契約で死ぬ義務があるとした職業兵士になることを、現代の軍人たちもまた「経済的に」強いられているのだ、という考えがあると思われる。つまり、本当は大学に行きたかったが叶わないので、仕方がなく志願している、という状況を仮定している。先に見た通り、そのようなケースがあることは否定できないが、そうした一面的な理解は、彼らが育った文化的背景や価値観を無視しかねないと同時に、軍の価値観にも反するところがあることに留意しておく必要がある。安定収入のある軍人家庭に育った子供たちは、必ずしも「経済的に強いられて」軍に志願するわけではないし、そもそも軍のアイデンティティは民主主義の擁護を含めた「価値」のために戦うことにある。そのような宣誓を行った軍人たち一人ひとりの自尊心を無視するような解釈は、軍からすれば見当違いということになろう。軍の反対を押し切って冒険的な戦争に乗り出すシビリアンの姿勢もまた、軍の価値観に対する無理解から来ているところがある。

仮に、軍務負担が人種や所得階層ともっと連動していれば、血のコスト問題はリベラル陣営が真っ先に意識するところとなり、激しい政治闘争課題となりえただろう。逆説的だが、そういった明白な相関がなく、「経済的徴兵制」というあいまいなイメージ論でしか語れなかったがゆえに、かえって血のコスト負担の議論は行われにくくなっている[73]。

現に、アメリカで黒人の軍務負担が人種構成割合に比して高いと指摘されることは多いが、「黒人の軍人」と「黒人の民間人」との間の亀裂や意見の違いに着目する向きはごく少ない[74]。人びとは、普段から意識している差別の問題などは感じ取れるが、あらかじめ意識していない不公正は感じ取りづらい。だからこそ、戦争批判は一般の人びとが共感できるお題、すなわち無駄な戦費という金銭コストの批判に向かいがちだ。

数年前に話題騒然となった戦争のコスト試算がある。ノーベル経済学賞受賞者のジョセフ・スティグリッツとハーバード大学ケネディ・スクール教授のリンダ・ビルムズによる、イラク戦争およびアフガニスタン戦争の包括コスト試算である[75]。彼らは、近年の医療技術の進展と兵士の致死率低下、退役兵による補助金支払請求の政治問題化が、国民に甚大な金銭コストを強いていると指摘した。彼らによれば、近年の戦争では兵士の心身の負傷や後遺症にかかる医療費や補助金がらみのコストが巨額であるにもかかわらず、それらは大幅に低く見積もられるか、または政府によって隠されている。退役兵や傷病兵の医療費はうなぎ上りであり、その他の戦争関連支出に加え、利子の支払も甚大であるが、支出の多くを政府が借金によって賄ってきたために国民に意識されていないという。この試算では、医療、障害補償、社会保障などの退役軍人への支払いは、イラク戦争に関しては、二〇〇八年時点の試算では将来支出を含め総額約六千三百億ドル、アフガニスタン戦争については二〇一三年時点の試算で、総額一千億ドルに上るだろうとの見通しを示している。

軍務に関する問題提起が、血のコストではなく、国民が負担を感じやすい金銭コストの話に結び付けられて行われがちなのは、アメリカばかりではない。例えば二〇一三年に入って、イギリスでは陸軍が（まだ従軍できない年齢の）十六歳から徴兵していることに対し、予算の無駄遣いであるとの批判が民間団体から寄せられてニュースになった[76]。陸軍が早めにリクルートを行おうとしているのは、単に訓練期間を延ばせるからではない。貧困層には麻薬汚染や肥満などの問題が広がっており、年を追うごとに軍務不適格者の割合が増えるからである。さらに、子供たちの潜在的な人材の質が落ちる前の十四歳時点で事前にリクルートをして、あらかじめ人材を囲い込もうとする方針を進めていることも、イギリス陸軍から公式に発表されている。この示唆的な事実を目の前にして、世間から出てきた批判がまずは「税金の無駄遣い」であったことに、私は本質的な違和感を覚えた。それは、とりもなおさず一般国民の兵士への共感の低下の表れであるし、リベラルとされるジャーナリズムが実際には低所得層に共感していないことをはからずも曝け出しているとは言えまいか。

経済的なコスト分析をしてみせなければメディアや国民の関心を惹けないという事実そのものが、軍務に関する負担共有の意識が社会に欠けており、血のコストが見えなくなっていることの証左であるといえるかもしれない。これらすべての事実が指し示しているのは、かつては弱者として強制的に戦争に動員される側であった国民自身が権力者となり、いよいよ消耗品、つまりエクスペンダブルな存在としての軍を手にしたということである。

現代の対テロ戦争における戦地派遣

血のコスト負担が見えにくいのはなぜか。それは先にも述べた通り、国民から見えにくいところに軍が隔離されており、かつ戦争に動員する兵員量がそもそも少ないためだ。また経済コストについては、対テロ戦争や介入戦争のような目標が曖昧で終わりの見えにくい戦争の場合は、そもそも初めから十分なコスト計算がなされていない。国民からの批判を避けるため、政府も意識的にコストを隠す傾向にある。

グラフに見られるように、アメリカでは総動員にもっとも近い状態になったのは独立戦争、南北戦争、第二次世界大戦に限られる。その半分以下の規模、つまり人口の四%ほどの動員規模に達したのが米英戦争、第一次世界大戦、朝鮮戦争、そしてベトナム戦争であった(77)。

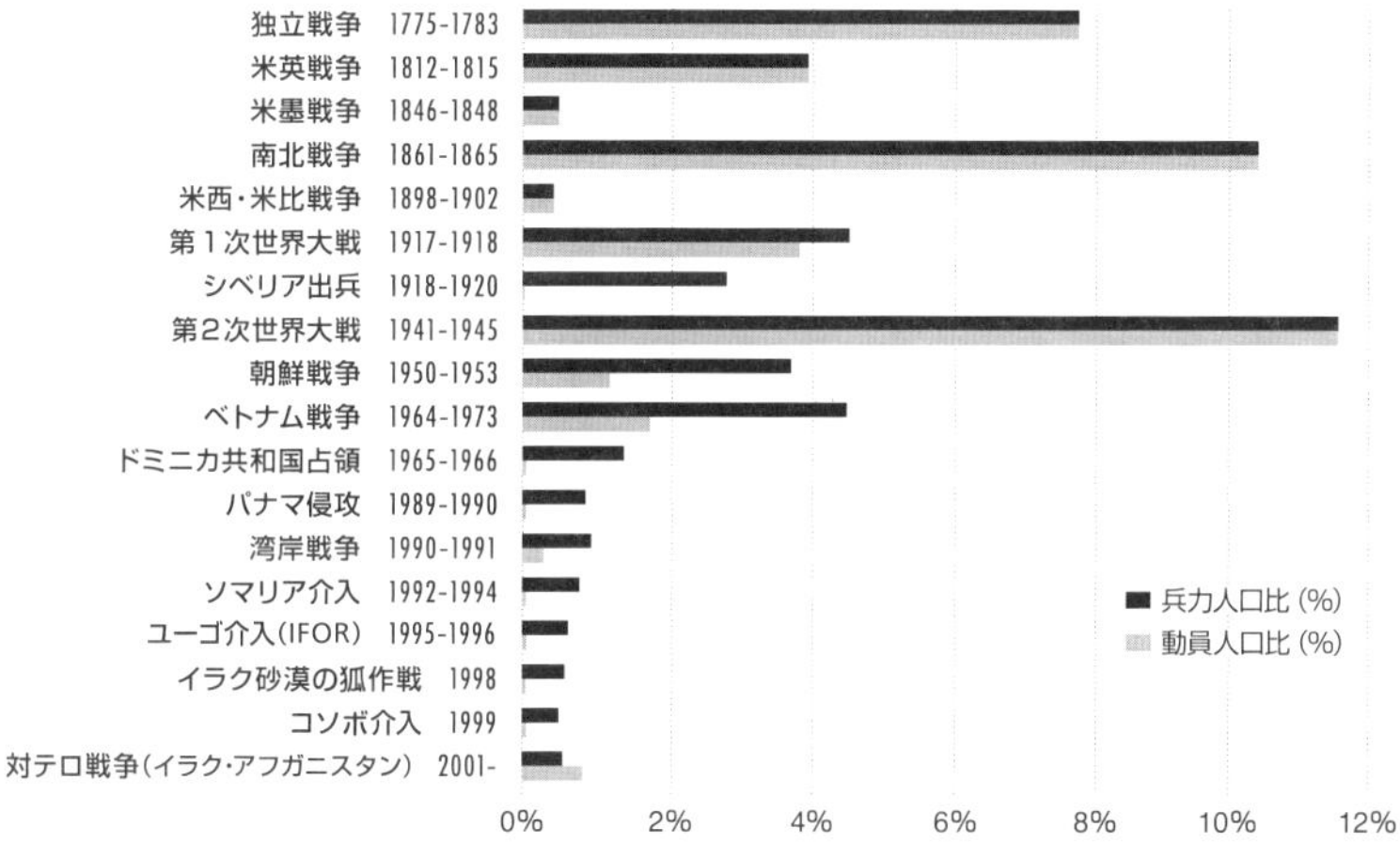

アメリカの主な戦争における兵力人口比と動員人口比

しかし、そこに示されているように、兵力を戦場へ動員する割合は朝鮮戦争やベトナム戦争では低かった。第一次世界大戦までの、常備軍を限界まで削減する伝統が生きていたころは、兵力人口比＝動員人口比（戦場へ駆り出された人数）であった。その後は、大戦争を戦っていないのに大規模な軍を擁したため、兵力人口比と動員人口比は乖離している。冷戦中の主な戦争は朝鮮戦争とベトナム戦争だが、兵力規模は別として戦域に派遣された動員数は人口の二％を割り込んでいた。ベトナム戦争を終えると兵力規模は安定し、大々的に兵力を送った湾岸戦争を例外として、ほとんどの軍事介入は小規模の人数で行われるようになる。その結果、戦場を経験する兵士の数は減った。

ところが、イラクやアフガニスタンなどのいわゆる対テロ戦争では、これまでの兵力人口比と動員人口比が逆転する状況が起こっている。これこそが対テロ戦争の本質である。つまり、新たな動員は予備役や州兵の編入を除いてほとんど行われていないにもかかわらず、戦場を経験する兵士の割合は劇的に増え、しかも幾度も戦場に送り戻される事例が増えたということである。

今までも、ユーゴ紛争後の警戒駐留などに本来海外派遣されることを想定していなかっただろう州兵を派遣した限定的な事例はあるが、このように一部の人びとが繰り返し戦場に送られることはなかった。アメリカで対テロ戦争における軍務忌避やＰＴＳＤなどが激増した背景がこれでわかるだろう[78]。それは、人口の一％以下の人数にこのような過大な負担を伴う戦争を押し付けているからにほかならない。

血のコスト負担の歴史

さて、ここまで血のコスト負担の変遷の歴史を振り返ってきた。いったんまとめておきたい。かつて軍人は守護者の一角を占めていた。しかし、歩兵が重要視されるようになった近世以後の兵士は主に社会の下層に頼るようになっていった。戦乱を経験したホッブズが、兵士と国民の生命にダブル・スタンダードを設定したのは、現実を反映した苦渋の選択だった。当時の社会においては、紙片上の署名ひとつで命を預ける数多の傭兵や下層民なしには軍が成り立たなかったからである。

しかし、民主化の期待が広がりはじめると、国民と兵務をめぐる関係は変わりはじめる。カントは、完全な民主化のために王の道具としての常備軍を拒絶し、かつ兵士の供給を困窮層に頼る現実を乗り越えることを目指して、郷土防衛軍による最小限の軍備を提案した。ただし、現実に行われたのはナポレオンによる国民軍の活用であり、その後、列強は富国強兵のために徴兵制を拡充させていく。

　一般市民への徴兵の拡大と大戦争の経験は、各国で民主化の起爆剤となり、福祉国家と民主主義の苗床となった。とくに世界大戦時の平等な徴兵制は分厚い中間層の形成に寄与した。しかし、それは一時的な現象に過ぎず、その後は常備軍依存体制が定着する。そして、軍人は民主化が進むほどに地位が低下していき、しだいにエクスペンダブルな存在となっていく。その結果、国民はときに無責任に戦争に賛同し、あるいは単に他人事として戦争に対する関心を低下させていった。

　長年夢見られた民主化の果てに生じたのは、平等に負担を分かち合うカント的な社会ではなく、少数の職業軍人制度を設け、彼らのみに血のコストを負わせる社会だった。そこにはプラトンが想定したような「番犬」に対する敬意はなく、新たに権力を手にした「羊」たちの抑制的な深慮もない。自由と富がいや増した二十一世紀の時代に生きる私たちは、いまもホッブズが敷いたレールの上を黙々と走り続けている。

第三章　「国民国家」と「軍」を見直す

血のコスト負担の偏在を意識したところで、もう一度、国際情勢に立ち返ってみよう。イラク戦争による厭戦気分が、中国など他のパワーの勃興とあいまって、冷戦後のアメリカ単極の時代を終わらせた。あるいは終わらせつつある。現在のアメリカは内向きの状態にあり、いますぐに戦争を始める気配はない。しかし、各国におけるポピュリズムの現実や、軍拡競争、常備軍依存の体質を踏まえれば、「シビリアンの戦争」はアメリカのみならず世界において引き続き懸念すべき事項であることは変わらない。

序章と前章で軽く触れたように、対米同盟に依存してきた先進諸国は転機を迎え始めている。各国は自律性を高め、かつ軍務の負担を高めることが求められている。戦後の安全保障の枠組みを前提とせずに、平和を創出し維持していく方法を、いま一度考える必要に迫られているのだ。第一章の結論に従えば、平和のためには「正しい戦争」を再定義し、民主国家におけるコスト負担共有を中心として国民国家を強化する必要がある。そこで、本章では何をどう変えればよいのかについて考えていきたい。

以下では、三つの課題に沿って議論を進める。まずは、民主主義の判断を健全にし、国民が戦争を自制するようなコスト負担共有のメカニズムを取り入れること。次に、国際法を遵守し、平和構築活動を行うため、「正しい戦争」の概念を現代的かつ抑制的に定義すること。最後に、グローバル化を引き続き進めながらも、それに対する国内の反発に対応するために国民国家を強化することである。三番目の課題については、近年グローバル化への反発を高める米欧社会で再分配強化の必要が注目されるところとなったが、本書が考えているように安定のみならず平和を目指す以上は、富を再配分するだけでは仕事は終わらない。

まずは民主国家における負担共有を通じた戦争に対する自制心の強化について考えていくことにしよう。

1　民主国家に求められる改革

民主国家における負担共有のあり方

民主国家における負担共有では、見えにくい負担を可視化し、それを負う人びとを徒《いたずら》に犠牲にしないための配慮に加えて、彼らに対して「認知」と「見返り」を与えることが必要である。国家と社会の存続には実際に負担が必要で、私たちはそれを必要としているからだ。しかし、認知せずに負担を負わせることほど正義を損なうものはない。負担を仮に「公共」と言い換えることもできるが、負担共有とは全員が一様に国家と社会の存続に必要な「公共」の仕事に邁進するという意味ではない。そうしたルソー的な考え方は、国家と社会が何のために存在するのかという目的をはき違える可能性を呼び起こすだろう。また、「公共」というムチを用いて、千あたり次第に価値あるものを打ち壊したり、気に入らない他者を抑圧したりする人びとさえ、生まれかねない。要するに全体主義に接近してしまう危険があるということだ。

近代国家では、人びとは血統によってではなく、能力と適性によって職業を選択することができる。経済的な自由から精神的な自由にいたる自由の拡大が志向され、半ば実現してきた。自由が獲得されたのちは、よりよく生きることにエネルギーを注ぐことが可能になる。それぞれ多様な人びとの自由を守るために、平等な教育の機会や福祉政策がつくられてきたわけである。

カントは、道徳に関する帰結主義の立場が考える「全体善」のために人間を道具として使ってはいけない、と主張した。「最大多数の最大幸福」のための犠牲という考え方はカントが最も嫌ったところである。一方、自由主義者にとっては「自由が与えられた時に人は本当に正しいことをするか」という根深い問いが残っている。カントはその点について、個人が自らの意思をコントロールし、理性によって判断した道徳、つまり正義を実際に行うべきだと考え、その目的のためには、人間がひとり残らず他人の道具とならない人生を生きることが必要だとした。これは理想論であると思われるかもしれない。けれども、少なくとも帰結主義よりもカントの考え方の方が、現代においてより説得力を増している。国際社会は、各国の社会の隅々まで、人びとの自律性を高められるような改革を求め、支援している。同時代のヒュームやベンサムの経験主義に徹した議論に比べて、カントの思想には時代を超えた魅力があり、驚くほど長く影響力を保ってきた。

国家が、何よりもまず国民を内外の危険から保護する責任を負うことはいうまでもない。けれども、現代の国家の役割は夜警国家的な領域にとどまらない。守護者が安全保障や治安維持など最低限の役割だけを果たし、あとは民間の自由放任に委ねるという国家の初期の目標から一歩先に進んでいるはずである。各人の物事を考え感じる能力を最大限発揮できるような環境を備えること、各人の自由を守り育てることに、国家の新たな使命があると考えるべきだろう。

なぜ、単に平等を目指すといわないのか。それは平等を目的にした社会は失敗することを、歴史はショッキングなかたちで証明しているからだ。不平等と飢えが最大の悪であったロシア帝国において革命を成就させたレーニンら共産主義者は、特権階級の迫害と社会主義経済の導入により、ある程度までの平等を達成した。だが、それは人びとが自らを活かす機会を最大化することにはまるでつながらなかったのである。現代における国家は、機会の平等と富や資源の再配分を確保したうえで、人びとがそれぞれ十全に自らを活かす手助けをすることを目標にすべきだろう。それは、最低限基本的な権利だけを保障すればよいという意味ではない。現代のリベラリズムの根本は、各人の自由を高めるために多様な人びとが共存することである。例えば、優れた才能を賛美するだけでなく、障碍を持つ人の活躍の伸びしろが少しでも広がることを共に喜び、そこに価値を見出す社会といえる。[1]そのような目標を目指すうえで、国家という共同体は無視できない重要性を持つ。

だからこそ、負担の不均衡は深刻な問題となる。共同体が必要とするけれども報酬に見合わない危険労働、公平さに基づいてではなく単に取りやすいところから搾り取る税金、世代間での圧倒的な機会格差、こうしたものの存在は、社会の一部を、大多数ないし特定の利益を持つ集団のために犠牲にするという発想に基づいており、社会そのものを危うくする。[2] 犠牲となる一部の人から自らを十全に活かす機会を奪ってしまっては、正義たりえないからである。

血のコストをどう分担するか

その最たるものが、戦争における血のコスト負担の不均衡である。戦争は多くのものを破壊し、各人の自己実現の基盤を損なう。そもそも命のコストは、それを払う個人の立場に立ってみれば不合理なコストである。もし共同体が存続の危機にも瀕していないのに行われる戦争であれば、そのコストはさらに不合理であろう。そして不合理なコストであるからこそ、ほかのコストの片務的負担を論じるよりも、さらに私たちの腰は重いのである。

不合理な血のコストを考えるとき、それを経済コストに置き換えたりすることなく、つまり擬似的な負担共有に安易に還元せずに考えなければならない。たしかに兵士は給料や年金のために働いているのだという主張もありうるかもしれない。だが、民主国家の兵士は傭兵ではない。彼らの稼ぎは傭兵よりはるかに悪く、また彼ら自身が給料を得るためではなく、祖国と自由を守るために戦っているのだと日々教育されている。国民の方も、戦争や武力行使に賛成するとき、そこには戦争の正義があることを前提としている。現代の戦争では、戦争による利得が語られることは少ない。むしろ正義を声高に語る。そうである以上、血のコストが金銭的なものに還元しえないことを真摯に認識し、実際にその負担を共有することを話し合わなければ、もはや戦争は食い止めがたいのである。

そこで、郷土防衛を徴兵で賄う、という発想が生まれる。徴兵というと、韓国やイスラエルのような国家が想起されるだろう。しかし、両国は戦争の危機に常に向かい合うという特殊な環境を生きている。本書でも後で両国の徴兵制を詳しく参照するが、日本をはじめ安定的な対外環境にある多くの国では、代替服務（主義信条などの理由から軍務ではない公共サービスに従事すること）を認めつつ、訓練のみの平等な徴兵を組み合わせるかたちで常備軍（＝現在の自衛隊）を保持することが可能だ。軍派遣を決定する際には、自動的に一般国民からなる予備役も派遣部隊に組み込まなければならないことを定めれば、軍事行動を検討するたびに血のコストの可視化が行われることになる。

旧日本軍の暴走を知る人にとっては、徴兵制の復活など、危険極まりない提案に聞こえるだろう。けれども、歴史を丹念に繙けば、軍部の暴走を許す背景にあったのは、自由主義勢力の政争の行き詰まりと、徴兵制の不平等だったということが見えてくる。(3) 日中戦争がはじまる前までは、むしろ軍部よりも政治の方が強く、軍の要請を抑圧していた。また世間では、自らは血のコストを負うつもりのない一般国民が好戦的になり、大陸における邦人保護を強硬に訴えていた。対立する二大政党は野党の時は満蒙・対中政策における政府の無策を指弾したが、自らが政権についてみれば同じ状況に直面したのである。ポピュリズムに陥った政権は、政策意図が曖昧なまま場当たり的に派兵をつづけ、経路依存型の戦争への道を開いた。(4) 関東軍の独走から戦争が既成事実化され、戦争が大規模になっていくにつれ軍の影響力が肥大化したのである。

ここで注意しなければならないのは、徴兵制の存在が軍部の暴走の原因ではないということだ。先に述べた通り、むしろ徴兵制の不平等、つまり一般国民の多くが「自分は戦場に駆り出されることはない」と思い込んでいたことが、シビリアンの冒険主義や軍部の独走を許す一因になったのである。一般国民が本当に平等に徴兵されたと言えるのは、太平洋戦争の最後の二年間ほどであった[5]。いったん戦争が始まると、その後の徴兵拡大は戦争の規模を拡大してしまう効果があり、それが国家の衰亡を賭けた総力戦に発展すれば、もはや徴兵制に戦争を抑止する力が期待できなくなるのは歴史が証明する通りである。しかし、当時の世界はみな徴兵制を実施していたが、すべての国が攻撃国家だったわけではない。むしろ「自らが戦場に駆り出されるかもしれない」という切実な思いが、人びとを抑制的にした面もある。大日本帝国の過ちに関しては、軍部の暴走を批判するだけではなく、二大政党がまだ権力をもっていた時代にいかにして戦争を食い止めることができたかという問いを立てた方が、より有意義な教訓を得られるだろう。

自らのコスト負担を前提としないのであれば、安易な開戦判断が可能になってしまう。本書が提言する負担共有の仕組みの主眼は、全員が国境の守りに立てということではなく、『共同体が一部の国民に戦争で命を投げ出すことを求めるような意思決定を、コスト負担のある程度の均質化なしにしてはならない』という決まりをつくることにある。例えば、十五歳以上から七十五歳未満までの住民に災害対応を想定した義務的訓練を年に一度実施する。そして、環境問題への対応を含めた国土管理と郷土防衛の予備役に、さまざまな世代の国民を持ち回りで召集する。もちろん、その際は経済的対価をしっかり支払い、また健康やその他の事情等によって猶予や免除は認める。あるいは、陸軍（日本では陸上自衛隊）のある程度の人数を予備役とし、地元密着型で民間社会と親和性の高い災害対応部隊として切り出してしまうということも考えられるだろう。韓国やイスラエルの徴兵制ほど切迫した戦争の危険を体感することはないだろうが、それでも血のコストを「我が事化」する上で大きな効果があるに違いない。また、その過程で囂々と沸き起こるであろう国民的議論のなかで、現状の血のコスト負担の不均衡が改めて意識されることになる。

もしそうした徴兵制導入に関する国民的議論を呼び起こすこと自体が対外戦争に繋がりうる危険なものだという認識があるとすれば、それは改められるべきだろう。徴兵をめぐる論争自体が現実の戦争を呼び起すようなことは想定できないし、そのような実例も知りうる限り存在しない。抽象的で道義的なアプローチによって参戦や不戦を叫ぶことは党派化しやすいが、「兵役をめぐる論争」はそもそもが具体的な国民負担の利害をめぐるものである。また、徴兵制導入が経済的にも実務の上でも非効率であることは前提として考えなければならない。もとより徴集兵が現実の戦争にもはやあまり役立たない時代になっている以上、そのような提案をプロの軍が歓迎することもほぼないといってよい。つまり、これは合理性をめぐる提案や解決策ではなくて、コスト負担の不均衡という不合理を認識するための提案なのである。

市民的不服従と反戦

兵士一人ひとりの血のコストに着目したときに、市民的不服従を唱える議論の流れがある。市民的不服従とは、現行の法制度のもとで著しい不正義が行われようとしているときに、それに加担しない、あるいはその不利益を受けないために、法体系に対して非暴力の不服従を選ぶことである。[6] 徴兵制度が残っていた頃に盛んだった議論であり、ナチスドイツが行ったユダヤ人へのジェノサイド（大量虐殺）以来、いざという時には超法規的に市民的不服従をとる必要性が米欧には浸透したといえる。たとえばベトナム戦争では、アメリカでは徴兵拒否による投獄という不利益を甘受した人びとがいた。人びとが不当な戦争に抗議し、動員を拒否する活動は、正しくない戦争を防ぐための重要な要素である。

ただし、ここで注意すべき点がある。「正しい戦争」はやはりあるのだ、という立場、および、悪いのは政府ばかりではない、国民が推進する戦争というものもあるのだ、という見解に立つのでなければ、この市民的不服従の意味がまるで違ってきてしまうし、際立たないということだ。正しい戦争というものが存在しないのであれば、そもそも軍を解体すべきであるし、国家は国民の生命財産を防衛する義務を放棄するしかない。隣国が侵略されても、あるいはジェノサイドが起きても、誰も助けなければよい。しかし、実際にそう考える人はごく限られているはずだ。したがって、そのような非武装の発想を持つ人は国内で少数派に留まり、結果として、ほかの人びとの防衛負担の恩恵に預かるフリーライダーとなる。

そもそも、宗教上の理由などから一切の非暴力と不戦の立場に立つ人には、多くの国で兵役を拒否する権利が認められている。それが良心的兵役拒否の制度である。それは、「正しいか正しくないか」によらず自分だけは戦争に加担しない自由である。それは民主的な手続きも法体系も脅かすものではない。

それに対し、市民的不服従は、むしろ「この戦争は正しくない」という考えに立っている。多数の者が間違った判断をしたときに、不利益を負ってでも抵抗することで国を破滅から救おうという考えである。したがって、もしそのような不服従を軍のまとまった人数がとったならば、クーデターにつながりかねない軍の反抗と捉えられ、相応の裁きを受けることになる。それほど重い行動であるということだ。

全ての戦争に反対する反戦活動家は、無許可離隊した兵士や戦争の悪を告発した軍人と協力し、ときに軍に理解やシンパシーを示しているように見えることがあるが、その兵士が完全に反戦活動家に生まれ変わるのでない限り、蜜月は必ず終わる定めにある。一時的な提携は、その不当な戦争を終結させるためには意味があると思うが、両者のあいだの溝は永遠に埋まらないのである。

ただ、「正しい戦争」というものはきっとどこかに存在するだろうといっても、本書が提案している徴兵による郷土防衛軍が、共通善のために戦う「戦士共同体」ではないということは、いかに強調してもしすぎることはないだろう。郷土防衛軍をつくる目的は、個人が自らの信念に基づいて何らかの武力闘争に身を投じることでも、国民を国家に従わせることでもない。安全保障の重大性を認識すること、血のコストを負わない市民と政治家が推進する安易な戦争をなくすことが目的だからだ。

軍はどのように取り扱われるべきか

では、常備軍はどのように取り扱われるべきだろうか。

すでに述べたように、軍事技術の発展の結果、歩兵が重要な存在であったカントの時代からは、軍をめぐる状況は一変している。あるべき分業のかたちとして、職業軍人は積極的に認められるべきである。そして、常備軍の維持のため、国民が広く経済的なコスト負担を共有する。軍人が政治に介入することを注意深く退けたうえで、防衛を専門とする軍人にプロとして適切な待遇を与える必要がある。プロフェッショナリズムを形作るものは、専門性と団体性に加えて専門職としての誇りと責任感であるから、社会が反軍的な風潮一辺倒になることは正しいとは思われない。

永遠平和を目指す道の途上である現段階では、平和を維持するには、軍の合理性と、政治家の良識、世論の抑制性という完全ではない三つのものに頼らざるを得ない。世論を平和的にするためには、コストの可視化と負担共有をはかることが必要だと述べてきた。一方、軍を正しく処遇するうえでは、軍の合理性を尊重するとともに、政治に抑制と均衡（チェック・アンド・バランス）を持ち込むことが必要である。

はじめに軍の合理性について考えてみよう。これまで、政軍関係を考えるときはシビリアン・コントロールの必要を中心に議論されてきた。もちろん、民主国家である以上は民意の負託を受けた政治家による軍の統制を確保する必要がある。だが、それと同時にプロの助言を十分に尊重することも必要だ。軍人のプロフェッショナルな見地からなされる提言は、ややもすれば政治の選択の幅を狭め、またその結論を左右しかねない。そのため、軍人の表立った発言は忌避されてきた。しかし、その結果、国民がコストやリスクを自覚することなく、戦争を始めてしまうことがある。アメリカのイラク戦争などはその典型だろう。

敗戦を機に旧軍を排除してきた日本では、慣習上、自衛官の幹部の答弁を国会で聞く機会は奪われている。しかし、政権が軍の発言を必要以上に抑圧することを許せば、それは情報隠しにつながる可能性があり、必然性が低くリスクの高い戦争を政府が推進する恐れもあるため、早晩改めるべきだろう。もちろん、軍の合理性に疑いは残るし、軍のトップの判断能力が万全であるとも思われない。したがって、複数の軍種を含め多様な意見が表明されなければならず、その過程に議会がきちんと関与する必要がある。

シビリアン・コントロールのあり方

次に、政治による統制がいかにあるべきかを考えてみよう。民主化が進んだ近代以降で、民主主義と安全保障を両立させるための努力として参考になるのは、やはり第二次世界大戦後の歴史だ。戦後、各国は冷戦の激しい緊張感に耐えながら政軍関係の組織型を改めてきた。大きく進んだのは、行政府内での軍の統制であった。文官と軍人を互いに切磋琢磨させ均衡する関係におき、政策決定者に上がってくる政策の選択肢を増やすことが目指された。また、軍の内部でさえ、陸海空を互いにバランスさせ、競争的に戦略立案させることが試みられた。たとえば、アメリカでは、軍事費に余裕があったこともあり、軍内部での三軍間の競争が意味ある選択肢の多様化をもたらした。

これらの試みは、軍が危険だと見做されたから模索されたわけではない。安全保障政策の合理性を高め、偶発戦争を避け、政治主導を高める必要からだった[7]。つまり、現在築き上げられた政軍関係制度は、平和のための目的に沿っているわけでは必ずしもない[8]。行政府は、戦争のコストやリスクについて軍の意見を適切に取り入れるべきだし、立法府によって勢力をバランスされなければならない。民主国家においては、行政府と立法府のどちらかのみが圧倒的な権限を軍に対して振るわないように、均衡を保つ必要がある[9]。

政府の方針が曖昧であるか、楽観的に過ぎるときに、質問を通じてそれを精査し追及していくのは議会の役割だ。議会が的確な質問を行い、かつ軍が行った情勢分析や戦略立案にもアクセスが得られるのでなければ、政府の方針がそのまま押し通されやすくなってしまう。そこで、議会はどのように軍に対するべきかを考えよう。

まず、開戦の決定は、議院内閣制であったとしても、アメリカのような大統領制と同様に、議会の承認を得ることが望ましいだろう。もちろん、アメリカでは戦争権限法があるにもかかわらず大統領が最高指揮権者として、事実上軍事行動を決断しがちなのだが、それが緊急時を除き望ましい方策ではないことは明らかである。安全保障は国家の命運を左右しうるため、開戦の判断においては、事前あるいは事後に議会の関与を持たせておくことが正しいと思われる。

次に、代議士は選挙区の人びとを代表するだけでなく、外交軍事の専門的知見を蓄えていく必要がある。民主国家において、専門性と機密性が高い軍備調達をどうチェックするかは共通に悩ましい問題だが、メスを入れるにしても、反軍的な雰囲気を盛り上げるだけではむしろ細部を精査する妨げになり、統制を及ぼすべき場所が放置される可能性の方が高い。軍の能力に関心を持たずに、予算の総額縮減の圧力をかけるだけでは、いざというときに充分な軍備がないまま困難な戦争を軍に戦わせてしまう。そのため、行政府はもとより、議会には軍事予算の効率的な使用に役立つ知見を提供する調査スタッフをおくことも必要だろう(10)。

なぜ軍は特別なのか

ここまでの提言をまとめるとすれば、行政府の自制と議会の役割の拡大に加え、軍のプロフェッショナリズムを涵養しつつ、組織相互の抑制と均衡を担保する競争構造を埋め込むということになる。このような複雑なシビリアン・コントロールの制度を提案するのは、軍というものはそこまで特別に扱うべき存在だと考えるからだ。

国家主義的な存在である常備軍を残すということは、カントが十八世紀末に思い描いた永遠平和のための共和政の理想像よりも一歩後退し、国家主義的でエリート的な要素を残しておくということを意味する。他の省庁もそういった要素があるとはいえ、軍だけが他の省庁と違い、そのような特別な扱いが必要とされる。なぜかと問われれば、軍は軍だから、戦争は国運を左右するから、としか言いようがない。軍人とは、不合理な犠牲を要求される、力ある存在である。それゆえに特別な保護と特別な監視を必要とする。また、戦争はひとたび間違うと国力を大きく損ない、多くの人びとの命を犠牲にしてしまう。ゆえに、たとえ永遠平和の夢を共有しない人であったとしても、慎重な判断が求められるのである。

民主国家における軍の存在は、簡単には割り切れないところがある。近代化の過程では、権力者が軍を使って政治運動を弾圧することや、軍がクーデターを引き起こすこともたびたびあった。そうした記憶の名残から、進歩を信じる人びとのなかに軍は旧時代の遺物だと見る立場が生まれた。けれども、今日、依然として軍は必要とされ続けている。

必要とされ、雇われている志願兵は、国防の任務に加えて、国民としての投票の権利や納税の義務はもつが、他の国民と比べて権利の一部を抑制されている。公に異論を発言し、あるいはやりたくない任務にノーと言う権利だ。先に触れた通り、いまだ軍に市民的不服従の権利は確立されていない。

例えば、イギリスでは、任用された兵士は契約上四年を経ないと除隊できない。その期間に戦争が起きれば、それが正しくない戦争だと思っても行かなければならなくなる。アメリカでは、イラク戦争の時に選択的に命令を拒否しようとする兵士が生じた。ただし、シビリアン・コントロール下にある兵士が戦争の必要性を判断することはできないことになっている。したがって、選択的拒否が許されることはなく、およそ戦争一般についての信条が反戦主義、平和主義であることを立証しなければならない。言うまでもないが、そもそも募兵に応じた志願兵がこれを立証するのはほぼ不可能である。従って軍事法廷にかけられ、軍規に従って禁固刑などに処せられる。そこで、イラク戦争の際には多くの兵士が無許可離隊を選び、カナダなど脱走兵を受け入れてくれる国に亡命したのである。だからこそ、政権と国民が正しい戦争に関する判断を間違わないようにする必要がある。

兵士の抗命権について

戦争においては、兵士が独自に判断しなければならないことがある。ナチスによるユダヤ人のジェノサイドを経た現在では、兵士は上官の命令が法に反するものである場合は、抗命しなければならないと考えられている。次項で詳しく触れるアメリカの高名な政治哲学者のマイケル・ウォルツァーによれば、兵士には命のリスクを受け入れかつ暴力を集中させた責任ある存在として、仮に自分が処刑されることになっても戦争犯罪に加担してはならないという規範が生じているという[11]。

兵士に戦場での判断能力をそこまで要求しておきながら、国内では、国際法に抵触する疑いが残る戦争や、不必要な犠牲を生じせしめる戦争への従軍を、良心に従って拒否する権利は法的に認められていない。兵士という非常時に対処する「職業」の特殊性を理由として、権利の制限を説明することはたやすい。だが、軍人には納税の義務が課せられており、一方で選挙民としての投票の権利も認められている。それにもかかわらず、なぜ政策に異論を述べたり、開戦の是非を判断して自主的に発言したりする権利が与えられないのかは、必ずしも自明とは言えない。

ところが、現代の民主国家で軍人が自主的に発言すれば、多くの人がほぼ反射的に反発を覚える。その反発の根っこには、軍の発言が民主的な決定を危うくすることへの懸念がある。軍は専門的知識を持ち、巨大な武力集団を統制下においているのだから当然かもしれない。もし軍が無闇に好戦的な姿勢を示すのであれば、そのようなシビリアンの反発も役に立つだろう。だが、その反発は軍が政権や国民の求める戦争に反対したときにさえ生じていることに注意が必要だ。民主的決断に対する軍の批判を封じるからには、政治家がまず抑制的であるべきだろうし、開戦を求める民意が正当なものなのか、よく考えてみなければならない。

兵士にとって、どれほどの正しさであれば、命を懸けるに値するのかというのは、当事者でないと判断しにくいものであるはずだ。しかし、国内社会の側に、当事者であった場合を考えながら判断する習慣は身についていない。開戦をめぐる議論においては、兵士の権利を不当に侵害していないかという観点が盛り込まれることが必要だろう。そのようなことを可能にするような仕組みが、いま社会に求められている。

2　正しい戦争の定義を再考する

正しい戦争に関する正しい問いを定義する

次に、正しい戦争の定義を改めて考えてみたい。先にも触れたが、現代の「正戦論」を展開した思想家に、マイケル・ウォルツァーがいる。ウォルツァーは正しい戦争はあるし、外から倒すべき政権はあり、そうした戦争は戦われるべきだと考えていた。

彼は、共同体ごとに個別の価値観や正義があるとしたが、それでもやはり普遍的な正義というものが世界に存在すると考えた。「世界には一つの正義しか存在しない」という入り口から正戦論にたどり着くのはたやすい。しかし、国家ごとに異なる価値観や正義があることを認めつつ、なおかつ正戦を論じるというのは、アクロバティックな論理を必要とする。なぜなら、識者個人の判断、共同体の判断、国際社会の判断がバラバラの方向を向いている中で「普遍的な正義」というものを構築しなければならないからだ。

また、共同体主義者として各人の平等に心を砕きながら、正しい戦争に一部の人びとを動員することを肯定するというのも難しい作業である。ウォルツァーはその著作において人間を「道具」として用いることを批判している[12]。それはまさにカントの倫理観を汲むものであった。

ここまでの説明から分かるように、ウォルツァーは決して片端から戦争を肯定するタイプの思想家ではない。むしろ、独自の正義に基づいて共同体の外に武力干渉することには抑制的であった。しかし、もし完全な価値相対主義に流れれば、明白に禁止すべき虐殺などが野放しになると考えていた。

すべての戦争を否定することが当たり前である戦後日本においては、なじみにくい議論だろう。しかし、ユダヤ人を虐殺するナチスドイツがヨーロッパを侵略しつづけたときに、対抗も抵抗もせずに宥和したならばどうだろうか。それは人間性に背を向けることだという考えには理がある。大西洋戦線での経験は、米欧の社会にそのような認識を醸成した。他方、太平洋戦線の経験とて、正戦の可能性を排除するものではない。ナチスのジェノサイドとは位相が異なるものの、日本が勢力を伸ばしていく過程で、蔣介石が日本に屈し続けたならば良かったのか、という問いも生まれる。蔣介石には明らかに日本の侵略に反撃する権利があったはずだ。

ウォルツァーの正戦の定義には苦悩の跡がうかがえる。彼が考える正戦の詳しい定義については、彼の主著『正しい戦争と不正な戦争』(Just and Unjust Wars) などで確認していただきたいが、西洋発の「人間の理性は何が正しい戦争か判断できる」という確信がいったん揺らいだあとの時代にたどり着いた、抑制的な定義だった。[13] もちろん、それでも論理の矛盾や粗をつくことはできるだろう。彼自身も、不正な要素のない戦争など現実にはあまり観察されないことは認めているところである。戦争はすべて結果から判断される部分がある。いかに正しいように思われた戦争も、犠牲を多く出した後では疑いをもたれる。

したがって、これまでの議論を踏まえれば、正しい戦争は裏側から、つまり正しくない戦争を定義することで浮かび上がらせていくというやり方がもっとも適切なのではないかと考える。それは、兵士一人ひとりに任せるべき作業ではなく、共同体がすべき作業である。しかも、それは政府単独の判断ではなく、共同体全体で議論し判断を下すべきだ。そこで提示された理屈にウソがないかも検証していく必要がある。

そこで、以下では正しくない戦争について歴史的に試みられたいくつかの定義をおさらいしながら、それらにおいて判断基準に欠けているものがないかどうかをあらためて検討してみたい。

戦争の犠牲は正当化しうるか

「正しい戦争」の障害としてまず立ちはだかるのが、戦争の悲惨さだ。兵士たち、そして戦争に巻き込まれる無辜の人びとの被害を果たして正当化できるか。戦後の日本は、この問いをもっとも重視してきた(14)。国家が命じた武力行使や平和構築のPKO活動で自衛隊の死者を出すことは、「禁忌」となっている。それは、第二次世界大戦で、指導者の無謀な命令によって戦地で多くの兵士が斃《たお》れたこと、そして本土空襲や沖縄戦等で多数の民間人も命を落としたことによるものだと考えられるだろう。

日本人はこれを日本の特殊な事情だと思うかもしれない。けれども、日本が飛び抜けて敗戦の影響を残している国とはいえ、こうした犠牲を厭う感情は日本に限ったことではない。悲惨な戦争や内乱の後には、きまって平和主義的な思想や保守思想が生まれてくる。目的によって正当化することが難しいほどの被害が生まれるからだ。そうした被害の直後は、いかなる場合にも大戦争は許されないと考える立場が強くなる。

例を挙げよう。十字軍の度重なる敗退ののちには、敵側の財産権を尊重し、共生する思想がヨーロッパ内部に生まれた。ネーデルラントの人文主義者エラスムスは、平和の象徴たるべき十字架が掲げられた戦いを憂慮して『平和の訴え』(原著一五一七年)を著し、どのような不公正な平和であっても、最も正しいとされる戦争よりは良いものであるとした(15)。フランス革命を断固批判したイギリスの政治家かつ思想家のエドマンド・バークは、『フランス革命についての省察』(原著一七九〇年)で、内乱を「戦争」と表現し、避けなければいけない最悪の事態であるとした(16)。

伝統的な保守思想では、正義は複数ある、国の数だけあるかもしれない、と考える。近現代における代表的な保守思想家のドイツ人法学者、カール・シュミットは、正義を追い求めると必然的に大国同士が軍事衝突すると主張した。シュミットは、第一次世界大戦の悲惨な経験から、正義に基づく戦争を認めれば、必ず英米とドイツのあいだに殲滅《せんめつ》戦争が展開され、破滅的な結果になると考えたのであった[17]。

ところが、チェンバレン英首相が侵略の意図を隠さないナチスドイツと妥協的な協定を結び、結果的にナチスの増長を許したとされる「ミュンヘンの宥和」への反省から、仮に相手国がどれほど強大であったとしても、自衛戦争を放棄すべきではないという考えが生まれる。その論客の一人であるウォルツァーは、『正しい戦争と不正な戦争』（原著一九七七年）で、侵略された共同体は必ず抵抗しなければならない義務があるとした。しかし、第二次世界大戦後に発展した正戦論は、ナチスドイツに対する宥和の反省に過剰に規定されすぎたと言えるかもしれない。なぜなら、相互核抑止が安定的に成立した後の世界では、大国間の殲滅戦争の懸念は当たらないからだ。

そして、冷戦が終われば核戦争の危険さえ遠のく。そのため、第二次世界大戦への反省から、長らく自制してきたドイツでさえ、冷戦後に変化が起きてきた。シュミットの戦争の正当性をめぐる相対主義を批判しつつ、正戦論を擁護する人が現れたのだ。代表的な論者としては、ユルゲン・ハーバーマスが挙げられる。ハーバーマスは、普遍的な正義を戦争に導入することを認めて「軍事的ヒューマニズム」を支持、セルビアからの分離問題で紛争が勃発していたコソボで、NATOによる空爆に賛同した[18]。

ところが、コソボ空爆では介入側が誤爆を繰り返してしまう。付随的被害（コラテラル・ダメージ）が大きかったことが、国際的に非難の的となった。イラク戦争でもアフガニスタン戦争でも、戦争が長引き、アメリカが主導する有志連合諸国軍の被害および付随的被害が拡大するにつれて戦争批判が高まっていったことは記憶に新しい。やはり、戦争での甚大な犠牲は、どんなに正しいと思われた戦争であっても、事後的に正当性を疑わしくする効果を持つといえるだろう。

戦争に訴えることは不正に照らして妥当か

犠牲をある程度限定できるような戦争であったとしても、開戦の根拠について考えてみなければならない。開戦の根拠は相手側の何らかの不正である。国家間の戦争ならば「攻撃」(aggression)を受けたことがそれにあたる。

次に、不正とされているその開戦根拠に比して、加えられた攻撃の程度は妥当なのだろうか、という問いが生じる。自衛目的での戦争ですら、古くから「釣り合う規模の報復」にとどめるべきという考え方がある。簡単に言えば、殴られたからと言って相手を殺してはいけないという、過剰防衛を戒める考え方である。日本で話題になった安保法制での新三要件には、この考え方が取り入れられている。第三の要件は、「必要最小限度の実力行使にとどまる」ことである。それは必ずしも「平和国家」を標榜する日本独自の基準というわけではなく、国際的な規範や慣習として取り入れられてきた原則だということだ。

このような例に典型的だが、日本が特殊であると思い込みすぎると、日本政府の取る考え方が「正しい戦争」を限定していこうという国際社会全体の試みの一環であることを見失ってしまい、日本だけが特別に抑制的であると誤解する原因となりうる。

正戦論者があらゆる不正に対してことごとく開戦したいと考えていると仮定するのは間違っている。とりわけ、遠く離れた地域に対する介入は、正戦論者でもブレーキをかけたくなる場合があるようだ。ほかならぬ前出のハーバーマス自身、イラク戦争に直面して「軍事的ヒューマニズム」の立場を修正することになった[19]。ハーバーマスは、自身の立場の変遷を国際法上の手続き的合法性によって説明している。手続き的合法性を満たしたと解釈しうるコソボ介入を支持し、それが疑わしいイラク戦争に反対した自分の立場に矛盾はないという主張だ。だが、ハーバーマスがイラクの民主化目的の介入を支持しなかったのは、どう見ても手続き的な合法性より、イラクという地理的にも文化的にも遠い地域への介入に対して、現実主義的な抑制を働かせた結果だと考えざるを得ない[20]。実際、力あるものの側が、そのような自制や熟慮を働かせることは、現実社会に必要なことだ。

また、小さな不正に対しては介入が正当化されるべきではない。国連が授権する軍事介入は、集団安全保障の一環として攻撃国を攻める場合や、看過しがたい人道的危機が生じている場合にのみ行われる。無政府状態の世界においては、国家主権を平等に認め、それを侵さないことがもっとも重要な原則の一つである。

国際社会が協働して行う介入では、「正義」という名分のために、介入される国の同意はある程度ないがしろにされている。湾岸戦争（一九九一）は、米ソ首脳が協調行動をとり、冷戦の文脈にのらない大規模な多国籍軍介入が実現した戦争だった。それ以降、ブトロス・ブトロス＝ガリ国連事務総長の「平和への課題」において提唱されたような、積極的平和創出の試みが行われるようになった。殊に国連のソマリア介入では、暴力的な武装勢力に直接懲罰が加えられ、介入される側の同意原則がもっとも曲げられた活動事例であった。そうした極端な事例でなくとも、ボスニア・ヘルツェゴビナ紛争介入では、交戦している両勢力の統領を和平合意させることができなかったため、それを支援していたセルビアやクロアチアに圧力や制裁が加えられて交渉が妥結した。

このように平和創出を目的とした武力行使は、和平交渉後の兵力引き離しや選挙監視に従事するのとはわけが違い、その正当性の検証により慎重でなければならない。実際、北朝鮮の強権的な抑圧体制など、かなりの不正が見過ごされている背景には、主権を侵してまで行う介入には、それを正当化できるほどの圧倒的な不正が存在しないといけないという理由がある。なお国内に争いがあれば、たいてい外部からの介入を引き込もうとする勢力が出てくるので、注意が必要である。

戦争の動機に悪意が潜んでいないか

次なるテストは、戦争の動機に悪意がないかどうかだ。悪意とは、敵愾心や邪な動機が混じることである。これは、戦争を宗教やイデオロギーなどに基づく正義と使命感によって行ってきた社会でないと、重視されない原則といえるかもしれない。

十三世紀イタリアの神学者トマス・アクィナスは、正しい戦争の定義を行うにあたって、戦争を行うべき権威をもつ君主による判断であること、戦争原因となった不正と懲罰との間に均衡がとれていることと共に、戦争の意図を問題視した。それは、戦乱の世の中で、正しい意図に基づかない無秩序な暴力行為が多発していたことの裏返しでもあった。トマス・アクィナスに大きな影響を与えた、四世紀から五世紀にかけて活躍した聖職者アウグスティヌスは、「真に神を崇拝する者達の許では、戦争さえも平和的であって、欲望や残酷さによらず、悪を抑え、善を支えるように、熱心に平和を求めて遂行される」と述べている[21]。

それは、旧約聖書の神が悪徳の町ソドムを破壊したときのような「正しい行い」としての戦争形態であり、正戦論者がそうあってほしいと願うものであろうが、実際には戦争がそのように行われることはきわめて稀だった。けれども、戦争の意図が正しく純粋であることは、現実の不正な戦争に加担しないようにするためには、きわめて重要な要件だったのである。

前出のウォルツァーは、共有された規範に基づく国家間での限定戦争の他に、民族自決の支援や人道的介入などの意図を持つ戦争を正しい戦争として挙げている。だが、同時に彼は現実には純粋な人道的介入があまり多く観察できないとして厳しく判断している[22]。

戦争に国家が国民を送り出すことは正しいか

日本においては、この小見出しの問いが、最初の犠牲を厭う考え方と並んで、もっとも訴求力のあるものだろう。第二次世界大戦の悲惨な体験から、国民は政府を徹底して信用せず、政府が国民を戦争に送り込むことへの忌避感が圧倒的に強い。そこでは、冒険主義的な戦争に乗り出すかもしれない「お上」と、血のコストを負担する国民との間に明白な線が引かれている。けれども、軍人が志願兵で構成されていれば、この問いの重要性は減じてしまう。彼らは契約に署名しているからである。しかし、契約に署名した時点ではどのような戦争が行われるのかを彼らは知らない。

これまでに挙げてきた正しくない戦争は、犠牲が正当化できないほど大きい場合、相手側の不正が小さい場合あるいは不正の大きさに照らして攻撃規模が大きすぎる場合、正しくない意図が紛れ込んでいる場合であった。けれども、これらすべてをクリアしたとしても、個別の戦争に従軍するかどうかの選択権を持たない人びとを戦場に送り込むことは正しいかという疑問が残る。政府（共同体）の信じる正義のために、リスクの高い戦場で国民の一部を道具として使うことは正しいのだろうか。現実には、一部の政府は平和創出の目的で軍事派遣するときには、作戦ごとに志願を募ることで、この問題を部分的に解決しようとする。[23]ただし、これは小規模なPKO部隊派遣の場合などにしか適用できない。

そこで、この問いを共同体主義の正戦論者がどのように処理しているのかを見てみよう。ウォルツァーは、政府と国民を二分する論理構成は取らない。[24]国民には共通善のための目的に従う義務があると考える立場だ。個人の自由を極大まで重んじるリベラルの態度とは対照的である。共同体構成員よりも国家権力に注目し、エリート層による深慮に基づく判断を重視する保守主義とも対照的だ。国家の権力支配と法を受け入れることを説いたホッブズでさえ、個人の自由を尊重するがゆえに、国民が国家に命を捧げることは求めなかったわけだから、ウォルツァーの共同体主義はかなり踏み込んだ思想だと言えるだろう。

そのような共同体主義においては、若者の純粋さに期待した義勇軍の発想が生じやすい。ここでウォルツァーは現実的な必要から、若者（男性）に血のコストを負わせることを想定している。ウォルツァーは、徴兵制が常に正当化されるべき義務とは言えないが、国家の安全上必要な場合にはコミットした市民たちには志願する義務があるとした。そのため、徴兵制は国家の危急存亡のときにのみ望ましいシステムであるとし、そのほかの場合は志願兵によって構成されることが望ましいとした。[25]ウォルツァーは、志願兵を戦場に送り込むことについて、彼が正しい戦争であると考える場合においてはためらいがなかった。彼は、いったん自由意思で志願した兵士に反抗したり反対する自由がないことを分かったうえで、なおかつそうした判断を下している。正義の要請がコスト認識とバランスされないからこそ、こうした態度が生じるのである。

そうした議論に対しては、兵士とそれ以外を線引きしてよいのか疑問視する立場から、異論が唱えられている。[26]特にウォルツァーが、一方では危急存亡のときに現場の超法規的判断による敵への無差別爆撃を行うことを求めつつ、他方では共同体のために戦争犯罪を犯した兵士を非難することを推奨していることについて、その矛盾と偽善を批判する声は大きい。兵士に依存しつつ切り捨ててしまうご都合主義な態度は、正義のために許されるのだろうか。

ウォルツァーの主張は、個別事例においてあまりに融通無碍に思える。その一方で、現実の戦争に即して正義の問いを検証してきた強みや迫力が存在することも確かだ。彼の議論に矛盾と偽善があるのは、戦争においては一つも悪をなさないことは不可能だからであろう。そこには、大きな悪と小さな悪のどちらを選ぶのかという選択肢しかない。その上で、彼は「正しい戦争はある」というところからスタートしているのだ。結局、ウォルツァーの欺瞞を指摘しようとすれば、あらゆる戦争すべてを否定しなければいけなくなってしまうのである。

そこで、あくまでも正しい戦争は存在し、抵抗する権限のない兵士を戦場に送り込むにあたっては、それが正しい戦争かどうかを事前に子細に検討しているという仮定を認めたうえで、ウォルツァーの議論に含まれる問題点を一つだけ指摘しておくとすれば、それはやはり若者の情熱と義勇軍に期待しながら、年長者の方が抑制的であるという仮定に基づいて議論を展開していることだろう。ウォルツァーの発想には、戦争を遂行する者はそれと一体化して熱狂しやすく、逆に開戦を判断しその是非を提言する者の方が戦争から距離を置きやすいという予断が紛れ込んでいるからである。

そうした発想に酷似しているのが、映画『アラビアのロレンス』で、ファイサル王子がロレンスに投げかける次の台詞だ（字幕翻訳・太田国夫）。

――戦士の仕事はもうなくなった。取引は老人の仕事だ。若者は戦い、戦いの美徳は若者の美徳だ。勇気やら未来への希望に燃えて。そして平和は老人が請け負うが、平和の悪は老人の悪であり、必然的に相互不信と警戒心を生む。

台詞の本来の趣旨は、老獪な政治的取引による濁った平和を揶揄するところにあるのだろうが、そこには意図せざる結果として、青年が正義の戦争を望み犠牲を払う一方で、老人は不正を許容することができ、それゆえに平和を作ることができるという思い込みが顕れている。

このような考え方は、意外に根強く人びとの意識に浸透している。限られた個人的経験や、あるいは根拠のない「常識」によって形作られたものだろう。たとえば前出のエラスムスは、君主は開戦の是非について、戦争を楽しいものと思いがちな若者に諮問すべきではなく、慎重で確固とした祖国愛を抱いている年取った人びとを呼んで意見を聞くべきだと助言している[27]。

けれども、それは老人たちの世代が大戦争を経験している場合にのみ言えることなのかもしれない。戦争の悲惨さや付随する悪を経験することで、相手方の不正を看過し自制できるという理屈である。だが、ロレンスの活躍した第一次世界大戦の時代は、若い頃に総動員を経験した指導者はいなかった。すでに第二次大戦を経験した世代が鬼籍に入りつつある現代において、年長者の方が抑制的であると考える根拠は薄い。

コミュニティの決定を重視する正戦論の弱点が、青年の戦争派遣を決定する親世代・祖父母世代の抑制性という薄弱な仮定にあることを、ここで指摘しておきたい。

戦争を決断する人はその犠牲を払っているか

前項の問いかけによって、新たに重要な問いが浮上する。正戦を擁護するにあたって立ちはだかる最後の障害は、仮に共同体が信じる善が看過しがたいほど悪によって損なわれているのだとして、その善の回復のために戦争を決断する人びとは、そのコストを負っているのかどうかという問題である。戦争のコストを負わないことによって、本来働かせるべき抑制が緩んでしまってはいないか、という問題である。

ウォルツァーは、そもそも戦争の善悪をめぐる判断にコスト認識を持ち込むことに否定的だ[28]。しかし、現代の民主国家において、戦争をするかどうかを判断する際に、コストの認識が介在しないことはあり得ないだろう。問題は、コストの大小に加えて、そのコストを誰が負い、またそれを認識するか、ということである。

国際政治学者ジェームズ・フィアロンは、戦争はそのコストが甚大なので、開戦よりも外交交渉による妥協の方が常に合理的であるとまで述べている[29]。それはその通りかもしれない。だが、それでも戦争は起きる。指導者個人の動機に着目した場合、戦争は本当にコストが利益を上回るのだろうか。また兵役に就かない市民は、戦争のコストを自分のものとして捉えるのだろうか。

これらの問いに対する答えは必ずしも自明ではない。

たとえばイラク戦争などでは、国民は開戦前に軍が戦争に反対していた事実を目にする機会は当然あったはずだ。しかし、それによってコスト負担の不均衡をめぐる問題が焦点となることはなかった。それは「市民社会的な論点」ではなかったからだ。経済的格差、人種問題、あるいは政府による情報隠し……これらは市民社会的な論点たりうる。けれども、市民が「正戦」だと考える戦争に対して、軍人の側が「血のコストを払いたくない」と拒否することは、市民の共感を呼ばないのだ。

戦争のコスト負担に不均衡が存在することは疑いがない。だが、平時の生活を享受している圧倒的多数の国民が、一部の兵士に「命を懸けて戦って来い」と命ずることの倫理的な問題は、正面から見つめられていない。およそ徴兵制のある国において、「徴兵逃れ」は社会的に問題となる。だが、徴兵制がなくなり、志願兵による常備軍が設けられてしまうと、社会における負担の不均衡の議論は不思議と表舞台から消えてしまうのである。

オバマのアフガニスタン戦争

ここまで、正しい戦争か正しくない戦争かを見分ける問いかけを行ってきた。ここからは、自衛戦争として戦われ、当初はほとんど異論を呈されることのなかったアメリカのアフガニスタン戦争を、正しい戦争の基準と照らし合わせて見ることにしよう。

バラク・オバマは二〇〇八年の大統領選で、初の黒人大統領として当選を果たした。オバマは同じ民主党のヒラリー・クリントン候補とは異なって、当初からイラク戦争に反対しており、撤退を訴えて頭角を現した。オバマ大統領は、二〇〇九年に就任すると早速戦争の見直しを進める。ブッシュ政権が、すでに大規模増派を通じてイラクの戦況を好転させる先鞭をつけて効果を上げつつあったため、その路線を事後承認し、撤退のめどをつけるよう指示を出した。しかし、アフガニスタン戦争については異なるアプローチをとった。

当時のアメリカ国内では、すでにイラク戦争を、大量破壊兵器を保有しているという間違った情報に基づき政権が世論を誤誘導した「悪い戦争」だとする考え方が根付いていた。ただし、イラク戦争が「悪い戦争」であったという認識に社会が落ち着いたのは、イラクに大量破壊兵器がなかったからでは必ずしもない。大量破壊兵器がないことが分かってからも、治安が極度に悪化し苦戦が濃厚になるまでは、世論の戦争支持はかなり高かったからである。世間が問題視したのは、イラク戦争が「勝てない戦争」だったことだ。

他方、アフガニスタン戦争については「良い戦争」であるという言辞がそこかしこで見られることになる。[30]私がイラク戦争を研究していたときも、多くのアメリカ人の外交専門家から、「アフガニスタン戦争は明白な自衛戦争だから、君も『正しい戦争』だと考えるだろうね」と念を押されたものだ。私はそんなとき、きまって、「時が教えてくれるでしょう」と答えた。

仮に勝てない戦争が悪い戦争なのだとすれば、アフガニスタンはまさに悪い戦争への道をたどっていった。[31]オバマは、政権第一期にはアフガニスタンで当初のイラクと同じような目標、つまり体制を転換させて民主国家を建設することを戦争目的として導入した。当初、オバマは最小限の兵力で戦争目的を達することを志向したが、実際には思い通りにはいかなかった。四年の任期内に撤退を始めることを前提に増派を決め、その後は段階的にエスカレートさせていく形で小刻みに増派を繰り返した。

このような経緯を辿ったオバマの戦争指導の過程において、介入の方針をめぐって政軍間に対立が生まれていた。当初指揮をとっていたマキアーナン司令官は、戦争中にもかかわらず司令官を首になった。戦争中の司令官更迭は、マッカーサー解任以来の例であった。解任の背景にあったのは、マキアーナンが、ブッシュ政権の頃から中規模の兵力増派を要求し続けていたことである。ブッシュ政権が始めた当初の戦争目的は、アルカイダをかくまうタリバン政権を、部族の寄せ集めである北部同盟を利用して倒し、新政権を支えることだった。イラク戦争に資源を割かれる中でないがしろになったアフガニスタンでは、タリバンが再興し、米軍兵士の犠牲が増えていった。そこで、マキアーナンは政治に与えられた戦争目標、つまりタリバンを滅ぼし、治安を維持するという目標を達成するために、イラクと同等とはいかないまでも、大幅な兵力の増強を望んだのである。

しかし、より「劇的な」戦略転換を望むオバマ政権の意向を受けたゲーツ国防長官によって、マキアーナンは解任される。なぜそのようなことが起きたかと言えば、より少ない人数で、政治からの命令に対して文句や注文を付けずに、高い目標を独創的な手段で達成してくれる司令官をオバマ政権が望んでいたからだった[32]。これはイラク戦争でブッシュ政権が軍に押し付けたことと変わらない。イラク戦争では、軍人たちが開戦に反対したにもかかわらず政治の側が押し切り、また戦争のやり方をめぐっても、少人数による省コストの戦争計画を政権が軍に押し付けて失敗したという経緯がある。

マキアーナンは、イラク戦争の時にも当初は想定していなかった占領任務を上から押し付けられ、しかもそれを少ない人員規模で行えと命じられて抵抗している。[33] 彼は、アフガニスタン戦争の司令官に異動してのちも、政権が立てた目標を実現するのに全く不十分な資源や人員しか得られないことでずいぶんと苦しんだ。

アフガニスタン戦争は必要だったか

オバマ大統領が退任した現在も、アフガニスタン戦争は相変わらず全体としては正しい戦争だったということになっている。オバマ自身、アフガニスタン戦争は成功だったと位置づけている。その理由は、端的に言えばオサマ・ビン・ラディンを殺せたからだということになるだろう。

しかし、本当にそのような評価は正しいだろうか。オバマ政権が当初立てた目標は、アフガニスタンの治安を確保し、正統な政府を樹立して、それを支えて社会を安定的に発展させることだった。それはいまだ実現していない。同時多発テロへの自衛措置としてアルカイダを殲滅する目標は達成したかもしれない。しかし、タリバンを体制から追い落として、安定した親米政権を樹立する目標は道半ばだ。むしろ、現在のトランプ政権下での目標は、二〇一七年夏に決定された米軍及びＮＡＴＯ軍の増派を通じて戦況を好転させ、タリバンとの和平交渉を実現させるというところまで後退している。

占領地域の治安を確保し、新政権の腐敗を一掃し、タリバンの支配地域を狭める。そのためには、当然欧州をはじめとする同盟国からの継続的な支援も必要だ。始めてしまった戦争をどう終わらせるのか。その方法論は、トランプ政権に移行してから格段に影響力が上がった軍幹部の判断のほうが正しい可能性がある。

そもそも、アフガニスタン戦争は本当に必要だったのだろうか。ブッシュ政権が行った軍事作戦、あるいはオバマ政権が着手した新たな軍事作戦は、目標を達成するには不十分な規模だったという見方と同時に、実現できたことに見合う規模のものだったのかという疑問も生じさせる。アルカイダの根拠地を殲滅することだけを目指すのなら、大掛かりな対テロ戦争は要らなかった。体制転換を目指さないのであれば、本当は特殊作戦と情報・諜報戦だけで十分だったのではないか。

ここでは、戦争の原因となった不正に対して、それに釣り合う規模の攻撃であったかどうかがまず問われている。また、戦争の正義がその過程で生じたコストを正当化するほどのものかという疑義もある。当初の目的――アルカイダをかくまうタリバン政権を、部族の寄せ集めである北部同盟を利用して倒し、新政権を支える――がコストを正当化しえなくなると、戦争の目的はしだいに女子教育の権利を守り、アフガニスタンを成熟した民主主義に近づけるという壮大な使命に置き換えられてしまった感がある。戦争目的は揺れ動く。犠牲の大きい戦争や、目的遂行に失敗した戦争においてよく見られる現象だ。アフガニスタンでの戦争は、残念ながら双方の典型例となってしまった(34)。

オバマは二〇一六年九月のインタビューで、アフガニスタン戦争をこう振り返っている。

「アフガニスタンは我々が介入する前から世界の最貧国の一つであり、最低の識字率の国だ。そしてそうありつづけるだろう。(中略)(この国は)我々が介入する前から、あらゆる意味で民族的にも部族的にも分断されており、今もそうだ(35)」。

ところが、オバマは、大統領に就任して一年目の二〇〇九年のベトナム退役兵の記念レセプシヨンではアフガニスタン戦争についてこう述べている。

「我々は決して忘れてはいけない。この戦争は選べた戦争（War of Choice）ではないということを。この戦争は必要な戦争だったのだ。9・11同時多発テロでアメリカを攻撃した連中は、再び同じような攻撃を試みるだろう。もしアフガニスタンを放置しておけば、タリバンの攻勢によってアメリカ人を殺そうとするアルカイダにより大きな聖域を提供してしまうであろうことは目に見えている。だから、これは戦う価値のある戦争だというのに止まらない。根源的に我々自身の国民を守ろうとする戦争なのだ[36]」。

この年、米軍の死者数は前年から比べて倍増している。

世論に基づいて戦争を決めることの危険

先にも触れた通り、現在のアメリカ国民は、アフガニスタン戦争についてまだ曖昧な態度をとっている。二〇一七年夏の時点で、トランプ政権の増派政策に賛成するのは二十％に過ぎず、三十七％が兵力レベルを下げたいと答え、二十四％が現状維持を望んでいた[37]。そもそもアフガニスタン戦争でアメリカが勝っていると答える人はわずか二十三％で、負けていると答えたのが三十八％、よくわからない、意見がないが三十九％だった。問題は、彼ら国民の意思に基づいて長期的に戦争継続の如何を決めるのは良いとしても、増派のような軍事作戦上の決断を世論調査に示された国民の気分で決めてよいのか、ということだ。十七年間も長引いているこの戦争に対して、アメリカ国民は軍ほど真剣に我が事として考えてはいない。したがって、直接民主制的な、例えば国民投票のような要素を通じて、いったん始めてしまった戦争を抑制しようという発想には無理がある。

　オバマ政権は、自分の道を強引に突き進んだブッシュ政権に比べれば、国民の期待により敏感な傾向があった。けれども、国民の意思を忖度して介入の度合いを定めるのは、場当たり的で合理性がない。イラク戦争のあと、中東地域は民主化の期待がしぼんでいく中で、次第に混乱と暴力が支配するようになっていった。徒労感や民主化に対する幻滅が次第にアメリカの人びとを覆っていった。アメリカ国民は、自らコストを負わない戦争に兵士を強制的に送り込んでおきながら、その戦争に飽きてしまっている。開戦の動機が必ずしも間違っていたとはいえないが、アフガニスタン戦争は結果的には正しくない戦争の定義にぴったりあてはまる戦争となってしまった。

　二〇一六年の大統領選で、ドナルド・トランプが軍事予算や軍人福祉の拡大と同時に、「帝国」による介入の低下を訴え、軍人の圧倒的な支持を受けて当選したのは示唆的であった。ミリタリー・タイムズのサーベイ調査によれば、予備選中の二〇一六年三月時点で軍人にもっとも人気があった大統領候補はトランプ氏であり、大統領候補二人の間ではヒラリー・クリントンに対し、二対一の割合という大差で支持を勝ち取った。トランプは新産業分野の技術開発も軍事費に含めて予算を拡大させる一方で、地域紛争にはなるべく関与したがらない。トランプの思想にはちぐはぐな点が多いものの、その態度自体はアメリカの世論の孤立主義的傾向への揺り戻しを反映している。シビリアンが冷戦後に正しい戦争を求めて繰り返し失敗してきたために、軍の良識と影響力が復活した局面として捉えることもできよう。

3　国民国家の復権

国民国家の復権をグローバル化の時代に行うには

ここまで国民の負担共有のあり方と常備軍の処遇について問題提起し、正戦の定義を再検討した。本章の最後に、グローバル化の時代にどのように国民国家を復権すべきかについて述べたいと思う。

国民国家の復権は必要なことである。それは何よりも、平和のための五次元論でいうところの最後の次元である、望まれたグローバリゼーションを続けていくために、人びとの支持を更新し続けなければならないからだ。

平和は当たり前に維持されるわけではない。例えば、人びとが国内の格差にのみ目を向けて、海外の人びとの安全や福祉の向上に関心を失うとき、国際的な平和の維持に圧迫が生じる。また、公共財が失われ、シーレーンの安全や、明日の経済取引が安定的になされるであろうという期待が壊れてしまうとき、これまで当然のように享受してきた平和な生活は長続きしないことを私たち自身も思い知らされることになるだろう。

国民国家が復権しなければならない理由は、戦争や介入の正義を形作る単位も、分配を行う単位も、基本的には国家しか存在しないと考えるからだ。国境を越えた富の再配分は、民間の慈善活動や政府間協力の結果であって、それを他人にも行うよう強制する仕組みは、いまだかつて存在したことがない。いくつかの先進国ではＯＤＡが削減圧力に晒されている。国民国家が弱くなれば政府間協力の続行さえおぼつかない。だとすれば、平和を作り出すグローバリゼーションを、民主国家が民意によって阻害したり、あるいは新興国を排除したりする形で進めてしまわないように、まず足元を固める必要がある。
では、どのように国民国家を復権するのか。注意点をいくつか述べておこう。

グローバル化時代への適応と移民政策

まず注意すべきは、現代の新しい環境に即して社会を組み立てようとしても、実は私たちの多くが近過去の冷戦時代の経験に縛られてしまっているということだ。つまり、強い明示的な外敵の存在、その敵との対立均衡を前提とした兵器体系と戦略、陣営内に閉じられた経済関係などの要素を前提として、思考してしまいがちだということである。ところが、冷戦が終わって四半世紀後の現在の世界は、政治的・軍事的に競争関係にある米中が、最も緊密な経済関係を結んでいるところにその特徴がある。よく「政経分離」というが、政治的・軍事的にはもっとも国家主義的な対立関係を有しながら、経済的・文化的には個人や企業などの民間レベルの切り離し得ない互恵関係を維持し、そのような複層的な共存関係が続くことを前提に、私たちは生きていかなければならない。

グローバル化は全体的に見れば平和にプラスに働く力である。しかし、現在、グローバル化が急激に進展しているために、それが生み出す圧倒的なプラスの要素よりも、マイナスの要素に敏感に反応する政治現象が起きつつある。グローバル化の中でもとりわけ人の移動、すなわち移民問題が様々な政治的摩擦を引き起こしてしまった。そして、それこそがここ数年の欧米先進各国における内政の激動の主な要因だった。グローバル化を進めるなら、それに伴う手当てが必要である。

その手当ての内容は、人の移動の自由はなるべく確保しつつ、連帯感を醸成し、経済的な負担を共有する仕組みを再構築していく方向でなければならない。人の移動による負荷を吸収するのは国民国家でしかありえないからだ。移民の受け入れに関しては、近視眼的な使い捨てでもなく、かつ国民国家の財政収支にプラスのインパクトを及ぼすような選抜を前提とした、長期的な受け入れ政策の立案を目指していくべきだろう（もちろん難民については、人道的見地から別枠で考える必要がある）[38]。なぜならば、労働経済学者のジョージ・ボージャスが指摘するように、移民はどのような受け入れ方をしてもすべて受入国に利益をもたらすという主張は当たらないからだ[39]。元々いた国民からの所得移転という形で富の再配分が起こる場合、欧州の経験が示すように国内政治上の反動が生じる。その結果、グローバリゼーションを丸ごと否定したり、自由主義的な政治風土を突き崩すきっかけを提供しかねない。グローバル経済と資本主義を民主主義から守るためには、「望まれたグローバリゼーション」でなければならないゆえんである。

税制の見直し

経済的な負担共有についていえば、グローバル経済を深化させつつ、一方で課税政策での取りこぼしを防ぐ必要がある。しかし、現状で行われている越境的な徴税強化の努力の効果には疑いが残るし、そもそも主権国家体制とグローバル経済の双方になじみにくいものになっている。パナマなどのタックスヘイブンに集中砲火を浴びせるよりも効果的なのは、むしろ、国としてのまとまりにおいて完結する税のあり方を考えていくことである。例えば、「法人」に対する税収依存を減らし、一方で自国に住んでいる住民個人への直接的な累進課税を強化して、全体の税収を賄うような大胆な発想が必要となるのではないか。すでにアメリカは、これまで自国に利益をもたらしてきた属人課税的な考え方が時代に合わなくなってきたことを察知し、早くも課税の仕組みを属地主義に切り替えつつある。アメリカ発の多国籍企業が国外で稼いだ利潤には今後課税しない代わりに、本社機能を海外に移転することを防ぎ、経営幹部や従業員からしっかり税収を得ようという発想である。

税制は、再配分強化と競争力強化を両立させるものでなくてはならない。法人税にばかり頼ることは、本社機能の流出につながるし、それはその国の競争力を低下させ、人びとのマインドセットを「鎖国」に向かわせるだけだろう。そうなれば、不透明な非関税障壁が横行し、人びとの自由な選択肢を狭め、国全体が成長できなくなる自縄自縛に陥ってしまう。国が提供する福祉の充実した豊かな国内環境と公平な税負担との健全な関係性を取り戻していく必要がある。

日本では「グローバル化が国際関係を不安定にし、安全保障を脅かしている」と指摘する論者が後を絶たないが、安全保障政策というものは、本来、国民の生命だけでなく、自由などの諸価値を守るための手段である。そのせいで、個人の自由が奪われたり、企業が国家の中に閉じ込められたりするようなことがあっては、本末転倒であろう。先に述べた通り、グローバル化は全体的に見れば平和にプラスに働く力である。グローバル化が進む世界で平和が望まれる理由は、その上に初めて安定した経済的取引と文化的活動の余地が生まれ、個人の可能性を最大化するからだ。そこをはき違えてはならない。

もちろんグローバル化を進めるうえで、国民の理解を得ながら漸進的に進めていくことが必要である。国民の理解を得ずにグローバル化を進めることの問題点は、いざ世論のバックラッシュが起こると、一つ一つの技術的な懸案事項を解決しようとするのではなく、その土台になっているものまでをも一挙に否定してしまう危険があることだ。英国のＥＵ離脱国民投票しかり、トランプ政権による中国との貿易紛争しかり、バックラッシュの中では合理性のある選択肢が選ばれるとは限らない。それでも、これら二つの事象は反動としてはまだ比較的小さいものにとどまっているというべきだろう。より根本的なグローバリゼーションの土台を破壊することがないよう、国家は慎重かつ賢明に振る舞わなければならない。

これからの国民国家の課題は、グローバル化を肯定しながらも、きちんと国家のすべき仕事をすることである。国家の仕事は分配であり、制度設計である。来るべき時代において、このことを各国政府が正面から見つめることができるかどうかにより、それぞれの国の運命はひどく変わってくることになるだろう。分配を企業まかせにすることはできないし、移民の受け入れの制度設計ができるのは国家だけだからだ。

国内の平等や正義に目を配りつつ、国家としての競争力と平和志向を保つ。そのためには、豊かな社会環境の提供と、真に苦しむ弱者に対する再分配の強化に加え、先に述べた通り、血のコストの負担共有も行うことが必要である。そこまでして初めて国民国家にカントが理想とした共和国性が育まれ、永遠平和のための一歩を踏み出すことができるのである。

国民国家と負担共有の変遷を読み解く

ここまで本章では、第一章の理論的考察と第二章の歴史的考察に基づき、血のコストの負担共有から正しい戦争の再定義から、グローバル化時代の国民国家の強化にいたるまで、幅広い提言を行ってきた。しかし、それらの複雑な要素が一国の中でどのように展開するのかをすぐに想像することは難しい。そこで、次章からは各国の徴兵制の事例を取り上げて、これまで述べてきたことを可視化することを試みたい。本書の目的上、世界の徴兵制を網羅的に比較研究することはしないが、ここで取り上げる六ヵ国の意味について、以下、簡単に説明しておこう。

まず、民主化以前と以後では、徴兵制の意味合いはまるで違うことについて、韓国の歴史を見ながら示していくことにしたい（第四章）。そもそも十分に民主化していなければ、国民の意思が国家の開戦判断に影響を与えることはできない。本書が提示する戦争抑止の「最後の砦」としての平等な徴兵制というものは、歴史的にはなかなか成立しなかった概念なのである。しかし、韓国の数十年にわたる経験は、民主化後の徴兵制は戦争抑止の砦として実際に機能し始めていることを示している。

同じく徴兵制により国民が戦争に関わることで、個別具体的な戦争について反対運動が起きるようになった国が、イスラエルである。ただ、近年は新たな変化に伴う懸念も生じている。経済発展と軍務負担をめぐる考え方の変化により、平和運動の中心を担っていた人びとがしだいに軍務の中心部から退出しはじめているのだ。それによって、血のコストを負う軍の抑制的な判断が歪められる危険や、徴兵制が軍にもたらしてきた民主的諸価値や規範が揺らぐ可能性がある。そこで、イスラエルの建国以来の社会変化について軍務負担を中心に論じていきたい（第五章）。これら二つの国の経験は、血のコスト負担共有と平和についての洞察を提供してくれるだろう。

ただ、この二つの国は厳しい安全保障環境に日々直面しているという例外的な国である。第二次世界大戦後、多くの先進各国は、一定の平和を享受するなかで、国民に不人気な兵役の年数を短縮または廃止する傾向にあった。安全保障上の懸念を抱える台湾でさえ、兵役を廃止することを決定した。現在、世界を見渡したとき、特に先進工業国においては、実質的な兵役制度を続けている国は少数派である。(40)

そこで、第六章では、日本と置かれている状況がより近いと思われるスウェーデン、スイス、ノルウェー、フランスの徴兵制をめぐる現状を解説する。スイスとノルウェーは、第二次大戦後もずっと徴兵制を維持してきた先進民主主義国である。一方、スウェーデンは二〇一〇年に徴兵制を廃止したものの、二〇一八年に復活させた。またフランスも、ここへきて象徴的な徴兵制度を復活しようとする試みが出てきた。これらの制度変更の動きは、冷戦の終わりとグローバリゼーションの進展と密接に関係している。日本が位置する東アジアよりも早く、大陸欧州は冷戦終結とグローバリゼーションの影響を受けているのである。イメージの中ですぐには結び付きにくい負担共有と国民国家の復権の関係性を捉えるためにも、これら四ヵ国の試行錯誤の経験から学ぶことにしたい。

第Ⅱ部　負担共有の光と影

第四章　韓国の徴兵制――上からの徴兵制に訪れた変化

民主化後にも、実戦的な徴兵制のスタイルを保持し続けている国に韓国とイスラエルがある。韓国もイスラエルも境界を接する地域との紛争が絶えず、戦時体制が保持されている。このような場合、徴兵負担が戦争をめぐる国論に確実な影響を与える。まずは、韓国における徴兵制の歴史を見てみることにしよう。

二〇一〇年の哨戒艇沈没事件

朝鮮半島を分断する軍事境界線の韓国側には、およそ二年間の兵役を務めている韓国人兵士を主体とした、数十万の陸軍部隊が駐屯している。板門店《パンムンジョム》が韓国北部でもっとも有名な南北の軍事境界線に位置している村だとすれば、延坪島《ヨンピョンド》は北方限界線（ＮＬＬ）の海域にもっとも近い西北島嶼の一部である。この海域では、韓国海軍の艦船が警戒を続け、地上部隊も駐屯している。

二〇一〇年三月、この黄海海域で、北朝鮮による魚雷攻撃により韓国の哨戒艇「天安」が沈没し四十六人の死者が出た。そして、十一月には北朝鮮による延坪島砲撃事件が起き、二名の兵士と二人の住民が死亡、他十数人が負傷した。ことに民間の住民の犠牲を出した十一月末の砲撃事件は、実際は南北間での戦争に発展しかねないほどの緊迫した状況を生んでいたことが、今ではわかっている。

当時、韓国では李明博《イ・ミョンバク》政権が三年目に入り、与党内野党の朴槿恵《パク・クネ》派、民主党をはじめとする野党各党が大統領批判の隙を窺っていた。そんな折、哨戒艇の沈没事故が起きた。当時、海中での魚雷攻撃という事の性質上、すぐには沈没の原因が分からなかった。しかし、北朝鮮はこれまで幾度も韓国に軍事攻勢をかけてきた経緯があり、また前年の十一月に両軍は黄海で交戦して北朝鮮側に犠牲が出ていたことから、疑いはすぐに北朝鮮に向いた。事実、まもなく、国防軍と民間の合同調査団により北朝鮮の潜水艦から魚雷攻撃を受けたという調査結果が明らかにされた(1)。李明博政権は国連安保理に制裁を提起したうえ、北朝鮮に対する人道援助物資の停止、開城工業団地以外での南北交易の中断、米韓合同の大規模軍事演習の実施などの政策を取った。しかし、直接的な軍事報復に出ることは思いとどまった。

そもそも、李明博政権は事件が起きる前からすでに北朝鮮に対する歩み寄り政策を転換し、態度を硬化させていた。金大中《キム・デジュン》、盧武鉉《ノ・ムヒョン》の進歩派両政権による「太陽政策」を批判し、北朝鮮の方から自発的に核開発に関して譲歩してくることを待つ姿勢を取ることにしたのである。したがって、「天安」沈没後も、政策に大きな変化があったとはいえない。李明博政権が大規模な報復攻撃をしなかった背景には、大手新聞による世論調査で、哨戒艇攻撃に見合う規模の反撃をすることに、六割程度が反対していたことがあった(2)。

現代では自衛戦争以外の戦争は禁止されており、古典的な戦争、つまり外交交渉が行き詰まって、互いが宣戦布告するような戦争はあまり起きない。相手国による「攻撃」があったと見なして報復を行うところから戦争が始まるパターンが一般的である。問題は、攻撃を加えたのが誰なのかがすぐにわからない場合、そもそも事故ではなく本当に攻撃なのか、あるいは事前に警告はあったのかなど、経緯があいまいな場合である。そうした事例では、憶測によって世論が激昂して開戦が決まってしまう例も少なくない。歴史的に見て、一隻沈むだけで人的被害が拡大しやすい艦船の沈没は、そのひとつの典型であった(3)。

もっとも、事故か故意の攻撃かわからないような沈没事件には、報復の政策決定まで当然タイムラグが生じる。だから、金大中政権下の二〇〇二年におきた延坪海戦(第二次)のように、結果的にひっそりと闇に葬り去られる交戦や攻撃も存在する。もともと戦争の機運がない場合は、両国の関係維持のために見過ごすべきという判断が働き、政権やメディアも犠牲や被害を言い立てない傾向にある(4)。

しかし、二〇一〇年の「天安」の沈没事件は、政権も対決姿勢を顕わにし、大いに耳目を集めていた。それにもかかわらず、不思議なことに、韓国国内の批判は「主敵」である北朝鮮には向かわず、むしろ大規模に反撃しようとする青瓦台(大統領官邸)と、被害を防げなかった国防軍とに集中したのである。

若者の反戦

事件直後の二〇一〇年六月に行われた統一地方選では、投票率が日頃きわめて低い若者たちが大挙して投票所に向かい、「戦争ではなく平和を選ぶべきだ」というキャンペーンを繰り広げた野党の民主党に投票した。政権の大事な中間評価である地方選挙で、李明博派は大苦戦することになった。当時もっとも勢いがあり、余裕で再選するだろうと思われていた呉世勲《オ・セフン》ソウル市長さえ、韓明淑《ハン・ミョンスク》候補に一%の僅差まで迫られた。

これまで、韓国の若者は投票に行かないといわれ、全国的にも年々落ち続ける選挙の投票率が反転することはないだろうと思われていた。しかし、沈没事件による軍事情勢の緊迫により、流言蜚語が飛び交う状況が生まれると、若者たちは保守派が自分たちを戦場に駆り出そうとしているという不安を感じるようになった。例えば、哨戒艇が沈没した後、まず中高生から「北朝鮮が戦争を宣言した」という内容の虚偽メールが広まり、インターネットに、戦争をめぐる不安を表す書き込みが次々に掲載された。さらには国防部を騙り「北朝鮮が戦争を宣言したので緊急徴集を開始する」という内容の複数の虚偽メールが発信されて広まった(5)。そのような中で戦争への忌避感が高まったことで、普段は投票に行かない若者の多くが投票に行ったのである(6)。

もとより、若者の戦争忌避の傾向は、徴兵制に対する応召率の低下からも見て取ることができる。韓国兵務庁の調査では、徴兵検査・入営無断忌避や国籍変更による徴兵逃れはかなりの伸びを示している。兵務庁が二〇一一年に行った調査によれば、投獄の厳罰が下される徴兵検査・入営無断忌避は、二〇〇八年の二百三十一人から二〇一〇年には四百二十六人へと増加している。韓国から外国に国籍を変更して兵役免除を受けた事例は、二〇〇八年には二千七百五十人だったのに対し、二〇一〇年には四千百七十四人に増えている(7)。徴兵に対する忌避感は、近年ますます高まっているといえるだろう。徴集兵が過酷で悲惨な軍隊環境に放り込まれるのに対し、一般市民の社会は急速に豊かになっているからだ。社会には自由主義的な思想が浸透し、軍と民間とのギャップがさらに広がっていった。

　付言すれば、二〇一〇年当時の韓国の若者は、軍を攻撃的だとみなしたが、実際に軍の行動を確認してみると、そのような不信感は当たっていない。国防軍は「天安」沈没の原因を北朝鮮からの攻撃と早期に断定することには慎重であったし、攻撃に対して即時に怒りを露わにした李明博政権に、参謀本部は一定の距離を置いていたからである(8)。その背景には、もちろん軍自身の組織防衛もあっただろう。魚雷攻撃を受けて沈没してしまった失態を責められることを軍は恐れていたのだ。けれども一方で、南北間で交戦がエスカレートしないように慎重に振る舞った様子も観察される(9)。

延坪島砲撃事件を乗り越える

　すでに述べたように、この年の危機は、沈没事件では終わらなかった。十一月の延坪島砲撃事件では、朝鮮戦争の際、国連軍が黄海海域に設定して以来韓国が守り通してきた北方限界線を北朝鮮が越えたのみならず、韓国支配下の領土への攻撃にエスカレートしたのである。北朝鮮の攻撃により、兵役服務中の兵士に加え、民間人の死者も出た。このような事態を受け、住民全員に避難命令が出される事態となった。

　当時の様子は、アメリカ国防長官ゲーツの回想録に赤裸々に描かれている。ゲーツによれば、李明博大統領はもっと攻撃的な反撃を北朝鮮に加えたいと主張していたという。ゲーツやクリントン国務長官、マレン統合参謀本部議長、そしてオバマ米大統領自らによる電話による複数回の韓国政府・軍首脳に対する説得で、李大統領はようやく反撃の度合いを限定したのだった(10)。とはいえ、韓国の国内世論も全体として見れば戦争を求めなかった。あからさまな攻撃に直面した民主国家の中では、例外的ともいえるほど、国民は慎重な姿勢を貫いたと評価できるだろう。

こうして、二〇一〇年の一連の大きな危機を乗り越えたことは、民主化以後一貫して抑制的な姿勢を保ってきた韓国が、もはや攻撃国に転じる可能性は少ないだろうという印象を国際社会に与えた。かつては重武装の軍事国家であった韓国と、民主化後のソフトな対応を見せる韓国との落差は、いったい何に由来しているのだろうか。それは民主化や太陽政策だけで説明できるのだろうか。

そこには、成熟した民主社会における徴兵制の影響、つまり血のコスト負担の影響を考えに入れなければ説明できないような変化がある。韓国では、若年男性に限定されているものの、血のコストがほぼ平等なかたちで負担されている。流言蜚語が飛び交ったことにも、戦争を我が事として捉えた人びとの恐怖が窺い知れる。

もっとも、韓国は民主体制と徴兵制がセットになった共和制下でも、何回か海外派兵を経験している。朴正熙《パク・チョンヒ》（朴槿恵前大統領の父）の民政時代に起きたベトナム戦争では、韓国は米軍に次ぐ規模で本格的に派兵している。また民主化が定着してからも、二〇〇三年からのイラク戦争や、アフガニスタン戦争に軍を派遣している。しかし、よく見てみると、ベトナム戦争とこうした対テロ戦争への参加は、アメリカの強い意向の下で行われた「例外」だ。ベトナム戦争は、民主化定着以前の貧しい韓国社会において、韓米同盟上の利害に基づく、上からの判断として下された参戦決定だった。さらに、イラク戦争をはじめとする対テロ戦争への参加は、基本の国防任務とは異なり小規模で、しかも軍の中から志願を募って行われている。つまり、平たく言えば、民主化後の韓国は世論の洗礼をくぐり抜けなくてよい事例でしか軍事介入を決断できていないのだ。

世論の影響を考えるにあたり、民主化の次に重要なのは、国民の戦争に対するそもそもの関心レベルである。戦争のリスクやコストを感じ取るにも、関心がなければ成り立たない。国民の多くにとって、遠方のイラクやアフガンでの戦争は、同盟国アメリカとの「お付き合い」であり、我が事としての関心は持ちにくい。一方、北朝鮮は、韓国が逃れようとしても逃れられない敵であり、現実の脅威であることは間違いない。北朝鮮と戦争しようとすれば、互いの存亡を懸けた全面戦争にエスカレートするリスクが高く、当然世論の影響は避けては通れない。

以下では、韓国社会の戦争に対する態度を徴兵制と絡めて理解していきたい。まずは、ベトナム戦争の時代の韓国社会を振り返る。そのうえで、近年急速に進んだ韓国の民主化と経済発展、民主化後の金大中・盧武鉉ら進歩派政権下での政軍関係と徴兵制の運用、進歩派運動家が牽引した社会運動の成熟と若年層の変化、そしてイラク戦争派兵というここ二十年にわたる歴史を繙いていこう。

分配なき戦争状態

先にも触れた通り、韓国のベトナム戦争は、一時的にだが、民主的な政体に区分される時期（第三共和国）に参戦が決定された。にもかかわらず、なぜこの戦争が「例外」なのかというと、それは「みんなで決めた戦争」ではなかったからだ。当時は一般国民と支配階層の間には圧倒的な格差があり、市民社会が成熟途上で、反共のための言論弾圧や政治的抑圧が存在していたのである。

今では先進民主主義国である韓国も、その民主的な市民社会が成熟する時期は、他国に比してかなり遅かったことを確認しておきたい。独立後、一九八七年の民主化宣言に続く選挙に至るまでのあいだ、韓国においては安定した民主的な政府が根付くことはなかった。他方、国民の生活レベルは目覚ましく向上していった(11)。

多くの先進工業国と韓国がはっきり異なるのは、第二次大戦後に朝鮮戦争が起こり、その戦争がきちんと終わらなかったために、国民への富の再配分が足りていないという点である。日本の植民地統治下において富がある程度蓄積したにもかかわらず、独立の経緯から、大規模な復員制度を整備する機会がなかった。第二章で述べたように、多くの先進工業国では、戦勝国と敗戦国とを問わず、終戦後の復員制度により、大規模な富の再配分がおきて格差が縮小した。しかし、韓国は独立と同時に南北分断を経験し、絶え間なく朝鮮戦争の再開に備え続けざるを得ず、その結果復員制度が十分に施行されることはなかった。しかも、厳しい経済情勢のために、徴集兵に対する給料も低く抑えられてきた。このように韓国は、幾世代にもわたって、特別な報償なしに男子のほぼ例外なき徴兵動員が続いた、異例の国なのである。

韓国にとって、「分配なき戦争状態」の唯一の例外は、ベトナム戦争参戦による米国からの富の移転であった。ベトナム戦争の特需や米国による援助が外部から押し寄せたことで、「漢江の奇跡」と呼ばれる目覚しい経済成長をもたらし、戦争に伴う出稼ぎ労働者や志願兵に対する給与として、相当量のお金がばらまかれた。

一九六一年にクーデターを起こして実権を掌握した朴正煕は、一九六三年に一度は民政移管を実行するものの、徐々に逆戻りして独裁を強めていく。経済発展と国防強化を目指したが、当時の国家予算は韓国経済の二倍規模に及んでおり、外国からの投資や援助によってその差を補い、軍や官僚制度を維持するにしても、大規模な徴兵や代替任務としての公務員調達に頼るしかなかった。そのため、朴政権は容赦なく国民を使役し、またベトナム戦争に駆り出して米国から多くの富を国家として得た。

格差と公務員優遇

韓国の民衆は当時、政府から過酷な扱いを受けていた。支配階層の庶民に対する眼差しは、同胞に対する温かなものでは必ずしもなかった。権威主義体制になって国が発展しても、多くがまだ中学さえ卒業することなく、最低賃金の保証もないまま僅かな給金しかもらえない奉公に出て、不均衡に搾取されていた時代である。しかも、一九六五年以降の経済成長過程においては、韓国政府は明確に低賃金政策を採り、輸出主導型経済の競争力を維持しようとしていた。

二〇一三年、金龍夏《キム・ヨンハ》前国民年金財政推計委員長が「六十五歳になって基礎年金を受取るようになるならば、人生を間違って生きたのだ」と指弾したことがニュースになった。貧困層は人生の落伍者であり社会の恩情にすがっているのだというイメージである[12]。しかし、現在では世界トップレベルの大学進学率が注目される韓国でも、一九八〇年時点では中学への進学は七割を超える程度で、中学が無償義務教育化されたのはようやく二〇〇四年のことだった[13]。朝鮮戦争に戦時徴兵で参戦した世代から、ベトナム戦争に駆り出された世代までは、金龍夏前委員長が指摘する貧しいままに老いた六十五歳以上の世代とちょうど重なる。彼らは国家に貢献した分の見返りを十分には得られていない。

韓国社会には、依然として貧しく学歴のない高齢者が数多く存在する一方で、国内の年金などの制度において、公務員と軍将校に対する過剰な優遇があり、その間には圧倒的な待遇格差がある[14]。韓国政府は、限られた財力で六十万人以上もの大規模な兵力を擁し続けるために、安価な徴兵で兵力を維持し続け、徴集兵にはごく僅かな手当しか支払ってこなかった。

このような韓国の公正さを欠く徴兵制は、政府による人的徴発や社会における国防義務であると捉えられはしても、自ら構築に参画し判断する市民兵としての制度とは捉えられてこなかった。その点が、民主主義の歴史が古いアメリカの民兵制度や、建国期の革命軍エリートにルーツがあるイスラエルの徴兵制（後述）と大きく異なるところである。

世に多数出ている体験記から推し量ることができる韓国の徴兵制は、特権階層ではない男性にとっては苦難の記憶でしかない。そして集団内の年次による社会的な上下関係を象徴するものでもある。だとすれば、人びとはシステムに順応して駒として働くか、または何とかしてそこから逃れようとするしかないだろう。

ベトナム戦争参戦の経験

先にも触れた通り、韓国社会が自由主義を成熟させ、豊かになったのは比較的最近の事であり、ベトナム戦争当時の韓国国民は、まだ権威主義的動員に駆り出されるだけの無力な存在であった。しかも、ベトナム戦争は、韓国政府がアメリカとの同盟の維持・強化と、その見返りとして得られる経済的利益のために、わざわざ選んで参戦した、いわば「他人の戦争」であった。のちに米上院で、韓国軍は傭兵でありそれを用いたことは不道徳である、とまで非難されたような性格を持っていた。

　ベトナム戦争への軍事協力では、陸海兵隊延べ三十一万人以上の韓国兵がベトナムに送られた（最大常駐人数は五万人規模）[15]。一九六四年の医療部隊派遣から始まり、翌年にアメリカが正式に軍の戦闘部隊をベトナムに投入してすぐ、韓国も陸軍と海兵隊の戦闘部隊を派遣した。この際、参戦決定は朴正熙個人のイニシアチブから始まった[16]。軍事動員は九年間にわたった。兵役期間中以外の動員は一応「志願」の形を取っていたとはいえ、現実には圧倒的多数が給料目当ての貧しい若者による志願であった。当時、韓国社会の富のピラミッドは上に行くほど締まっており、大多数がいまだ非常に貧しい社会だったからである。

　参戦決定当時の韓国は、第三共和国と呼ばれる民主政の時期にあった。一九七二年にはいわゆる上からのクーデターにより、朴正熙政権は独裁への道を歩むことになるのだが、ベトナム参戦時は野党政治家にある程度の活動の自由が許されていた。けれども、野党勢力からの派兵反対の声は限られていた。朴大統領は反共主義と同盟重視を政策の中心に据えたため、反対派の声高な言論は「反共法」に抵触する恐れがあった。結果的に、韓国政府は大した雑音もないまま、アメリカとの経済・軍事援助との取引に基づく派兵を実現させた。

　朴政権は、アメリカから当初の目論見通り援助やコミットメントを引き出すことに成功し、国民生活はベトナム戦争特需で潤った[17]。総額十億二千二百万ドルの特需の七割以上を占めたのは貿易ではなく政府取引と雑用役であり、軍納品や建設請負費に加え、将兵や出稼ぎ労働者の賃金の九十％以上が母国へ送金された[18]。ほぼ対価なき徴兵制をとりつづけてきた韓国からすると、ベトナム戦争は貧困者を経済的利得で惹きつけて戦場に送り出すという稀な事例であった。ちなみに、ベトナムに送られた師団は、一般兵卒が徴集兵と志願者で、将校が職業軍人であり、低い給料しか出ない本土防衛任務とは異なり、米国から支払われた財源から、加算手当が出た[19]。韓国軍で兵卒が受け取ったのは、およそ月給五十五ドル前後であったという[20]。

兵士はおよそ一年から二年間にわたりベトナム戦争に従軍し、帰国した。韓国では枯葉剤後遺症の認知がなかなか進まず、一万二千人しか認定されていないので、その実態は定かではないが、米国の従軍者数と後遺症者数の比率をそのまま適用すれば、少なくとも三万人が枯葉剤の後遺症を抱えているのではないかと考えられる。ベトナム戦争のダメージは戦場の死傷にとどまらなかった。派兵の結果、韓国の本土防衛の手薄さに乗じた北朝鮮が攻勢を強める結果を招き、南北間の軍事衝突が極端に増えるという副産物ももたらしたからである[21]。従って、本国において兵役に従事していた徴集兵も戦争の影響からは必ずしも逃れられなかった。動員の母集団である学生は、七〇年代に朴正熙政権が反動を強めた時期には、徴兵前の強制的軍事教練に反対を表明している[22]。

ベトナム戦争の指揮官を務めた将校は韓国の支配層を占め[23]、韓国軍の残虐行為や戦争の負の側面は伏せられてきた。そうしたなかで、いわゆる「キル・レイシオ」の最大化に資するために、死者数が少なく報告されているのではないかという現場の疑念は完全に拭い去られることがなかった[24]。

韓国のベトナム戦争参戦に関しては、二極化された言論が存在する。共産主義に対抗するために必要不可欠な正義の戦争であったという認識と、上からの不条理な動員により五千九十九名に及ぶ戦死者と、現地での殺戮を生んだ不正な戦争であったという認識が対立している。この対立は、のちに民主化後の韓国において噴出することになる。その戦場の記憶は、映画化されて大きな話題になった退役兵による小説、『ホワイト・バッジ』において克明に描きだされている。そこで、登場人物の口を借りて著者はこう言わせている。

「我々が命がけで稼がざるを得なかった血まみれの金で、国の現代化と発展を成し遂げたのだ。我々の貢献ゆえに、韓国は、もしくはその上流階層は、世界市場に大きな一歩を踏みだした。命売ります。傭兵国家。[25]」

民主化がもたらした影響

韓国では、朴大統領が突然部下によって暗殺された後も、軍人が主導する権威主義体制を持続させてきた。だが、全斗煥《チョン・ドファン》大統領から後継指名を受けた盧泰愚《ノ・テウ》が一九八七年に民主化宣言を行い、直後の選挙で野党が分裂したために盧泰愚が大統領に当選する。その後、一九九二年に文民政権である金泳三《キム・ヨンサム》政権が誕生し、民主化定着を印象付けた。さらには、初めて全羅道地域出身者として大統領に選出された民主化運動の闘士、金大中政権の誕生（一九九八年）、そして高卒ではじめて一般兵卒として兵役を務めあげた大統領である盧武鉉政権の誕生（二〇〇二年）と続いていく。

民主化宣言以後の韓国は、国連平和維持活動（PKO）や多国籍軍に参加したが、軍事行動の規模は小さくとどめられた。一九九一年の湾岸戦争の際には、民主化後、野党・平和民主党の党首として政界で無視できない人気と影響力をもっていた金大中が、戦闘部隊派遣に繋がらないよう担保するならば、と条件を付けて軍の派遣を容認する姿勢を見せていた[26]。結局、盧泰愚政権は戦闘部隊の派遣は見送り、医療部隊と空輸部隊のみを派遣した。僅差で選挙に勝利し大統領になった盧泰愚としても、自らの正統性に傷をつけるような決定を下しにくかったのだろう。いずれにせよ、ベトナム戦争の記憶が残るなか、国民の厭戦感情が、民主的なプロセスを通して発露していたと評価できる。

そして、軍事政策に「民意」がより反映されるようになったのが、つづく金泳三政権である。すでに盧泰愚政権が成立した時点で軍は政治的中立を宣言していたが、金泳三が政権につくと、より徹底的に軍の非政治化改革を断行する。金泳三は軍内の政治派閥（ハナ会）をつぶし、幹部人事をほぼ総入替えした。ハナ会とは、政治化した軍人の組織、軍の政治分子である。退役将校で現在アメリカ在住のチャン・ソギュンは、ハナ会を「ドグマと幻想の中で軍隊が執権してこそ安保・秩序を維持でき国を救えるという、真に国民軽視の偏見の病巣」であると批判している[27]。本来は安保に専念すべき軍が政治に関与することで、官僚主義的で非効率な国家運営が行われていたことが問題視されてきたが、本書の視点から見れば、そのことによって軍自身のプロフェッショナリズムが損なわれていたことも、大きな問題だったとも言える。

金泳三によりハナ会がつぶされた結果、韓国の国防軍は次第に専門職業的なプロフェッショナリズムを高めていった。金泳三政権下では、まだ安保政策をめぐって政権が国防軍と対立するようなことは稀であった[28]。しかし、その後、政権交代が複数回行われる過程を通じて、政権優位の構造が出来上がっていくと、徐々に政権と国防軍との間で認識のずれが生じるようになり、両者の対立が常態化していく。

現在の韓国では、大統領府が何かしらの決定を下す際に、常にメディアや民意の動向が意識されている。しかし、日々揺れ動く民意を意識しながらトップダウンで決定した結果が、外交や国防のプロの出した結論と同じものになる保証はない。大統領府と軍が二分化し、大統領府の政策運営に世論が影響を与えるようになったことの変化は大きい。

そこで次に、政策に対する世論の影響が高まるということは何を意味するのかについて見ていこう。

民主化後の軍隊派遣

民主化後の韓国で、派兵をめぐる意思決定は多くがPKOに関するものだった。まず、金泳三政権においては、盧泰愚政権から引き継いだかたちで、ソマリアでのPKO（UNOSOMⅡ）参加をめぐる判断が行われた[29]。自国の防衛と直結しない任務を行うことについて国防部は慎重で、戦闘部隊を送りたがらなかった。そのため、このときは任務をインフラ工事などごく狭いリスクの少ない範囲に限定している[30]。西サハラでの選挙監視活動も、アンゴラでの活動も、地雷除去などの危険任務を含んでおらず、インフラ建設や医療・教育などのコミュニティ奉仕に限定し、派遣人数も少人数に絞られた。そのため、国会でもメディアでもほとんど論点とはならなかった[31]。

一方、戦闘部隊の派遣を行ったのが、金大中政権が主導して歩兵部隊を出した東ティモールPKO、盧武鉉政権によるイラク戦争への戦闘部隊派遣、アフガニスタン戦争への第二次派兵である。東ティモールの事例では、金大中政権が歩兵部隊の派遣に積極的で、保守の野党ハンナラ党及びそれを支持する保守系メディアが否定的であった[32]。イラク戦争とアフガニスタン戦争に関しては、世論調査では国民の大多数が戦闘部隊の派遣に反対しており、殊にリベラルなメディアからの反発は大きかった[33]。三千人規模のザイトゥーン部隊派遣に踏み切った盧武鉉大統領は、進歩派を裏切ったタカ派として非難されることになる。しかし、イラク派兵が国内で不人気だからといって、盧政権の命取りにはならなかった。派兵反対運動は、あくまでも対米ナショナリズムの観点で盛り上がったものであり、北朝鮮問題のように国民にとって我が事の問題とはいえなかったからである。

米軍によるイラク戦争開始時、韓国は多国籍軍に参加する形で、インフラ復旧と医療支援活動のための工兵と医療部隊計六百六十人をイラクのナシリヤに投入していた。これは、独仏などが開戦に強く反対し、カナダが多国籍軍不参加を決める異例の事態において、アメリカができるだけ多くの国に協力を取り付けたい事情から強く要請したものだった。ところが、韓国政府にとって、この派兵時期は国内政治上、最悪のタイミングだった。前年の二〇〇二年六月に、女子中学生二人を在韓米軍の装甲車がひき逃げする事件が起きていた。罪なき少女を不注意でひき殺したのに、米軍の軍事法廷で米兵二人が無罪放免されたため、韓国の反米感情は頂点に達していた。ところが、それにもかかわらず、イラク派兵自体は、国会審議で百七十九対六十八の多数で可決されることになる。

さらにバグダッドが陥落したのち、アメリカの占領政策が機能せず、ゲリラ戦が始まると、アメリカは二〇〇三年九月、韓国に追加派兵を求めた。これを受け、盧武鉉政権は派兵の是非を議論する。当初、アメリカの意向を受けた外交通商部や国防部は一万人の増派案を提言していた。一万人は、少ない人数とはいえない。この提案に対し、青瓦台のスタッフたちは、当初、NSC（韓国国家安全保障会議）も含め派兵自体に反対していた。(34) しかし、盧武鉉大統領は北朝鮮情勢に鑑みて国益を考慮し、平和再建目的で三千人規模の派兵を決定する。うち戦闘部隊は千八百人であった。国防部の提案の三分の一以下の規模ではあるものの、戦争の正当性が曖昧な中、民主化以後もっとも思い切った派兵であったことは間違いない。国会審議は四ヵ月間にも及び、最終的に百五十五対五十で可決された。進歩派の大統領自身による派兵決定に失望した活動家は訴訟を起こし、またイラク派兵反対非常国民行動が結成された。けれども、派遣が決定された後は、野党も反戦運動をほとんど支持しなかった。米国との同盟はそれほどに、韓国の国政から見て価値のあるものなのだということができるだろう。

当時の世論調査を見ると、約八割がイラク戦争参戦に反対しており、殊に進歩派が強く反対していた。大規模な集会が組織されたが、多くの集会は二〇〇二年六月の女子中学生轢死事件と抱き合わせのテーマで動員を図ったことで、かなりの動員力を誇った。

しかし、結局のところ、イラク戦争参戦をめぐる議論は、血のコスト負担をめぐる国民的なものではなく、アメリカとの距離感や同盟の利害関係とシンクロしていた。つまり、功利主義に基づく派兵の是非を問う、アイデンティティをめぐる政治問題だったと言ってもいい。賛成派は、正しい戦争だと思ったから賛成したのではない。反対派も、徴集兵が戦場に送られることに反発したのではなかった。国民の側には、自らが血のコストを負担させられるかもしれないという危機感はなく、あくまでも反米か親米かをめぐるイデオロギーの問題だったのだ。実際、イラク派遣部隊結成のために将兵とともに志願を募ったところ、あれだけ反対運動が盛り上がったにもかかわらず、応募が殺到して高倍率の選抜となった。三千人程度であれば、プロの将兵の中から、特別な手当てと引き換えに血のコストを負担することを厭わない志願兵を集めるのは容易なのだ。イラク戦争参戦をめぐる世論とは隔たりのある、軍の現実の一面である。

太陽政策とその終わり

韓国において、戦争をめぐる本質的な論点は、あくまでも北朝鮮に対する態度であった。金大中政権は北朝鮮に対する宥和政策、いわゆる「太陽政策」を推し進め、後を継いだ盧武鉉政権もそれを継承した。太陽政策の骨子は、当事者として北の存在を認めるところから始まり、韓国からの人道・経済支援を含めた働きかけを通じて、南北で核危機などの懸案を解決して平和的に共存し、将来的には統一を見据えていこうというものである。この太陽政策は、北朝鮮が頑なで核開発やミサイル開発を断念しなかったため、効果を挙げなかった。しかし、韓国の国内政治においては、二つの意味で大きなインパクトを残した。

ひとつは、政権交代が常態化した民主化定着後の韓国において、プロの軍が望むラインよりもはるかに宥和的な対北政策を、初めて「野党」ではなく「政権」として推し進めたことである。その結果、政治と軍のあいだに安保政策の根本的な理念をめぐって亀裂が生じる。金大中政権は、軍や諜報のエスタブリッシュメントにとって脅威であった。よく知られているように、金大中は、情報機関のＫＣＩＡに、かつて日本滞在中に拉致されて、あわや殺されかけたことがある。金大中は就任後、ＫＣＩＡの流れを汲む国家安全企画部を国家情報院に改編するなど、既存の機構を解体あるいは改組していった。リベラルな政権でも万全に統治できるように、安全保障や治安を掌握する必要があったからだ。こうした政策に対して、保守派からの反発があるのは当たり前だった。

もうひとつは、金大中の太陽政策と盧武鉉政権による継続政策が、多くの人の支持を得たことである。この時期、韓国社会には怒濤のようにポップカルチャーなどの大衆文化が流入かつ生成し、豊かさがマイホームや自家用車、電化製品などといった物質だけでなく、精神生活における自由という形でも波及していった。金大中は九八年に来日した際、大衆文化受入れ解禁の方針を表明して自由化政策を進めるなど、この流れにおいても旗手だった。反共感情を抱く保守派は、一方で社会における自由に対する許容度も低かったが、物心ともに豊かな生活を送りたいという人びとの希望は止められなかった。

この時期の韓国国民は、北朝鮮に対する危機意識が薄く、非常に楽観的だった。例えば、世論調査を見ると一九九八年の金大中政権発足時に北朝鮮が武力統一の機会を窺っていると考えている人の割合は四十六％に上っていたが、二〇〇〇年の南北首脳会談後、太陽政策の効果が上がり軍事的脅威が減ったと考える人の割合は回答者の七割にまで達している[35]。

その後、北朝鮮が核保有を目指して強硬な態度を取り続け、二〇〇二年に高濃縮ウランの製造を公言してＮＰＴから脱退する騒ぎが起きても、韓国国民の楽観的な認識は引き続き残った。北朝鮮が断固として核開発をやめないことが明らかになり、二〇〇五年の世論調査では北朝鮮に対する危機意識が高まったものの、それでも北朝鮮の核保有を韓国攻撃のためだと受け取る人は十四・八％にとどまっていた[36]。核危機により、韓国国民の怒りの矛先は、むしろ北朝鮮と直接対話を避け、彼らを追いつめたと思われたアメリカの政策へ向かっていた[37]。アメリカは、九三年に金日成《キム・イルソン》が引き起こした第一次北朝鮮核危機において、韓国の頭越しに北の核施設攻撃計画を立てて韓国国内に不安を巻き起こした過去があった。韓国国民からすれば、アメリカが太陽政策の足を引っ張っているように見えたのである。

二〇〇六年七月に北朝鮮は大掛かりな短・中・長距離ミサイル実験を行い、十月には初めての核実験を行った。そのたび、保守派は激しく進歩派を批判した。そうした批判に効力がまったくなかったわけではないが、それにもかかわらず進歩派が行った太陽政策は一貫して国民の高い支持を受けてきた。政権の命運はむしろ経済政策と紐づけられていた。盧武鉉政権は同年五月の統一地方選の惨敗ですでにレームダック化が進んでおり、経済政策の行き詰まりや、戦時作戦統制権の引き渡し時期、ＦＴＡ交渉をめぐる米韓関係に対する不満が高まる中で、政権の終わりを迎えることになる。その経緯は、現在の文在寅《ムン・ジェイン》政権が二〇一八年に入ってからの南北の劇的な宥和で支持率を上げたにもかかわらず、経済政策で躓いて支持を減らしたのと重なって見える。

保守の揺り戻しと再びの融和

二〇〇八年には、北朝鮮が行動を変化させない限り援助は与えないと主張する保守派の李明博が政権に就く。おりしも、政権交代まもない同年七月に、観光名所の金剛山をツアーで訪れていた五十代の女性観光客が北朝鮮兵士によって殺害される事件が起きた。すると、対北脅威認識はまた高い水準に回帰する。非武装の民間人が殺されたことで、北朝鮮はやはり攻撃的な国なのだというイメージが一気に実感され、世論は、対北感情悪化に振れた(38)。二〇〇二年の延坪海戦や核危機が十分な注目を浴びなかったのとは対照的だった。そして、悪化する両国関係の中で迎えたのが、本章の冒頭で述べた二〇一〇年の一連の北朝鮮による攻撃だったのである。

哨戒艇への魚雷攻撃と延坪島攻撃のいずれのときにも、李政権は危機を軽く見ることなく、すぐさま反撃の姿勢を取っていた。それにもかかわらず、二〇一〇年の国民世論が一貫して反戦であったことは注目に値する。イラク戦争のように選び取ることができた「他人の戦争」とは異なり、対北戦争は自身や自らの身内の動員に直結する。そのような極限状態に置かれて、はじめて国民の中に真の反戦世論が生まれたのだった。

つづく朴槿恵政権では、二〇一五年に地雷爆発による兵士負傷事件をきっかけにして、北朝鮮との間で緊張が高まったものの、その後の交渉で六項目が合意され緊張が緩和されると、支持率は急上昇した[39]。その後、北朝鮮の核ミサイル開発によってふたたび両国の関係が険悪化すると、朴政権は側近の汚職と機密の取り扱いをめぐるスキャンダルで支持率が急低下し、崩壊してしまう。

民主化後の韓国世論はやはり戦争リスクに敏感であり、北朝鮮の数々の挑発に対してかなり抑制的な傾向を見せている。二〇一七年、アメリカのトランプ政権は北朝鮮に対する先制攻撃の脅しを強めたが、それに対して韓国政治や世論の多くは反対であった[40]。このことは、二〇一八年に入ってから南北融和が進展したことで裏書された。盧武鉉大統領の下で二〇〇七年の南北首脳会談の実務に携わった文在寅は、北朝鮮とトランプ政権への働きかけを通じて、米朝首脳会談開催にまでこぎつけることができたのである。

融和が進んでからの韓国世論の変化は早かった。北朝鮮の金正恩《キム・ジョンウン》委員長に対する好感度は、二〇一八年二月の時点の調査では十％程度にとどまっていたのに対し、四月の第三回南北首脳会談後の別調査では七十八％に達し、文在寅大統領の支持率は八十六％にのぼった[41]。入営を控えた若者の間では、終戦宣言が出されるならば志願兵制に移行するのではないかという期待が高まり、兵務庁には「入営を延期できるか」と問い合わせが相次いだという[42]。まさに、コストを負う者ならではの融和志向であることが分かる。

徴兵制度の概観

ここで、韓国社会の感覚を把握するためにも、徴兵制を概説しておきたい。二〇一六年末時点で約六十二万五千人の兵力規模を有する韓国では、うち約四十万人が徴兵応召者である。兵役は憲法第三十九条一項で定められた国防の義務に則り、兵役法第三条により韓国国民の男性すべてに課せられた義務だ。女性は徴兵されず、志願兵のみが受け入れられている。男性は十八歳になると徴兵検査を受けなければならず、三十歳まで応召の義務を負う。

歩兵の重要性が高まった近代の徴兵制では、軍はなるべく広い母数に徴兵検査の義務を課し、そこから能力の高い者を必要な数だけ選抜して集めようとする傾向があった。そして、現代の徴兵制では、実際の戦争に兵役期間中の兵士を投入する国はごく少ない。多くの国では冷戦期に徴兵制が形骸化し、ほぼ起こらないであろう総動員型有事に向けた国民訓練、あるいは日々の郷土防衛や平等負担の擬制を取るためのものにとどまっている。ところが、朝鮮戦争が休戦状態のまま、圧倒的な陸軍力を持つ北朝鮮と対峙してきた韓国は、兵役義務を負う若年男子のほとんどを前線勤務を含めた任務に現役兵として投入する方針を取ってきた。兵役を終えた人は郷土予備役に編入され、その後四十五歳まで有事の際の「民防衛」に所属するため、男性社会全体が広い意味での国防に組み込まれている。

もちろん、なかには補充役に回される人もいる。身体的・精神的に兵役の任務に耐えられない人や、家計をすでに担い、その人なしでは残された家族が立ち行かない場合などは、戦時には動員するが平時には兵役を務めないでよい補充役や第二国民役として除外されてきた[43]。また、「エホバの証人」を典型として、投獄されることをも辞さない徴兵忌避者も毎年五百人程度いるため、すべての男性が兵役を経験しているわけではない。近年では、若年男性の七割弱程度が兵役を経験している[44]。

これとは別に、陸海空軍にはじめから入隊する将校育成制度を通じた任官者が数千人いる。士官学校卒業生は（大学二年次以降に入学者を募集する陸軍第三士官学校を除き）十年の服務義務があるが、一般の大学における予備役将校訓練課程（ＲＯＴＣ）や、奨学金をもらえる代わりに大卒後規定年限（五〜七年）服務する学士士官と呼ばれる制度もある。これら一般大学での将校養成プログラムを通じた任官者の多くは、規定の年限を終えた後に企業や官公庁へ就職する。軍隊に残り高級将校として昇任していくことを選ぶ士官は制度全体の半分以下にすぎない[45]。

二〇一八年七月に文在寅政権で国防改革２・０が決定されたため、韓国国防軍の定員は大幅に減少する見通しとなった[46]。兵役については、陸軍と海兵隊の服務期間を二〇二一年末までに二十一ヵ月から十八ヵ月に短縮することを決めた。海軍は元々二十三ヵ月の服務期間をもっていたため、二十ヵ月となる。空軍は二十四ヵ月から二十二ヵ月へと短縮される。兵役年限の短縮は盧武鉉政権の時から検討されていた課題だったが、二〇一八年四月の南北首脳会談での宥和を通じてようやく実現したのである[47]。兵器の自動化をはじめとした軍の装備の現代化と省人化による兵員規模の縮小はおそらくこのまま進んでいくであろうし、世論の影響に鑑みると、だんだん兵役期間が短くなっていくことは必至であろう。

韓国の厳しい徴兵制度への不満

右の記述から分かるように、韓国の徴兵制度の特殊性は良心的兵役拒否の制度がなく現役認定率が高いことである。各国に比べても約二・四％という免除率の低さは際立っている。したがって、特権をもつ者の兵役逃れが発覚したときの社会の批判はすさまじい。

政府高官の兵役免除率の高さは、近年ますます問題視されるようになっている[48]。これまで、エリート層が外国滞在や偽りの疾病申告などさまざまな方法により兵役を逃れた過去があることが明るみに出てきた。例えば、兵務庁によれば、盧武鉉政権の閣僚二十五人のうち十人が兵役の免除を受けていた（うち七人疾病、三人が長期待機）。それらの閣僚が、中流以上の家庭出身で、心身ともに健常で高卒以上（すなわち現役対象）であることを考えると、やはり不自然な免除率の高さだと言わざるを得ない[49]。続く李明博政権でも高官やその子息の兵役逃れが問題となり、朴槿恵政権でも兵役逃れの疑惑で閣僚人事がつぶれた。年々、国民の目は厳しくなっていることが分かる。

兵役逃れ批判への対策として、軍は政府高官やその子息の兵役履歴を公開している。また、制度改革を通じて兵役負担の平等性を確保することで民意をなだめる方策を取った。例えば、陸軍芸能兵という芸能人特有の制度は二〇一三年に廃止された。また、以前は、中卒が最終学歴の人は身体等級が四級となり自動的に補充役に回され、また外国人労働者の子息などのいわゆる多文化家庭出身者は第二国民役として認定され兵役につかなくてよかったが、中卒者は二〇一二年から、多文化家庭出身者は二〇一四年から徴兵の対象となった。このように、国民が社会の平等性に敏感になるに従って徴兵対象者は拡大している。

より大きな社会問題になっているのは、軍の中の凄惨ないじめや体罰、そしてその隠蔽体質である。いじめや体罰が告発されても、その六割以上が不起訴処分となるなど、不祥事がうやむやにされていることが窺える。[50] 最近でも、自殺者や精神に異常をきたした兵士による銃乱射事件が相次いだ。国防部は韓国国防研究院（ＫＩＤＡ）で作成した性格検査評価書に基づき、兵士たちを定期的に識別し、通常の軍務に堪えられないいわゆる「関心（要注意）兵士」をＡ級、Ｂ級、Ｃ級に分類している。[51] 最も深刻なＡ級は前線配備しないことが規定されており、Ｂ級は目を離さないで保護・監視対象とすることが求められる。Ｃ級は入営間もない兵士すべてが対象とされ、それに加えて虚弱体質など必要以上の負荷をかけてはならない兵士である。

自殺や自隊への加害の恐れが高いＡ級関心兵士は、徴集兵の約三・六％、およそ一万七千人いるとされる。ところが、こうした関心兵士がいじめを苦にして自殺する例は後を絶たない。規定を曲げて前線に派遣された元Ａ級関心兵長が、二〇一四年に前線の兵舎で乱射事件を引き起こしたことは記憶に新しい。[52] 乱射事件が起きた陸軍第二十二師団に限って言えば、Ａ・Ｂ級だけで兵員の一割弱に達していたことがわかっている。少子化による人員の不足が、関心兵士に前線勤務をさせるという甘い判断に繋がったとみられる。

とはいえ、以前ならば闇に葬られていた虐待や自殺などの事件が明るみに出るようになったのは、人権意識の高まりによる前向きな変化とも言える。民主化後、国防部の説明責任は重くなった。軍は、自殺問題が関心を集めた二〇一四年に、仲間や上官からの暴力を受けて自殺した兵士は殉職者とする方針を決定した。[53] その当時の発表では、過去十年間の間に自殺した徴集兵は八百二十人に上ったとされている。[54] 徴集兵の母親による訴えや、入営拒否を呼びかけるウェブサイトが立ち上げられるなどの運動が起きている。二〇一六年の統計では一年あたり四千人程度にとどまるが、国籍の変更により静かに韓国社会から退出していく者も増えている[55]。

よりリベラルな社会へ

韓国が民主化し、社会がしだいにリベラルになるに従い、世代間の意識の差が明確になってきた。対外強硬派の運動の中心を担うのは高齢者である[56]。そうした実情の一部を象徴しているのが、少し前のことになるが、ハンギョレ襲撃事件である。退役兵グループ、枯葉剤戦友会の二千人を超える人びとが中堅新聞社のハンギョレを襲撃したのは、金大中による太陽政策が功を奏したかに見えた二〇〇〇年のことであった。

ハンギョレ（邦語で「偉大な一つの民族」＝つまり南北統合を目指していることを象徴する）は、保守系の朝鮮日報や東亜日報と対立してきた進歩系の新聞社である。『ハンギョレ21』という週刊誌も刊行している。その週刊誌に載った、ベトナム戦争参戦時の韓国軍の暴行や破壊の調査報道が、戦争に従軍した枯葉剤戦友会の怒りを買ったのである。このグループは、枯葉剤後遺症の補償を求めて運動しているいくつかの組織の中でも、かなり保守派寄りの陣営に属していた。彼らは、ベトナム戦争を共産主義に対する正義の戦いであるとし、韓国兵の行った残虐行為の告発を否定していた。

保守派は、国民の愛国心の低下や徴兵忌避感情を警戒している。それは軍事政権から続く支配エリートの理屈を代弁している。国防と対米外交、国家主導型経済を担う者こそが優れているという価値観が基礎にある。だから将校の暴挙には甘く対処する一方で、兵卒や貧困層には冷たい。けれども、民主化が進み、経済や文化セクターの比重が強まっている社会においてそのような見方を持ち続ければ、現実から乖離していく一方だ。

韓国では近代国家建設と民主化、自由化が急速なペースで起きた。そのため、世代間の認識が大きく隔たっている。一方に人権やライフスタイルに新しい感覚を持つ世代（＝いま徴兵されている世代）が生まれており、他方ではベトナム戦争の野戦を戦った老人たちがいる。ベトナム退役兵の枯葉剤戦友会は、ベトナム戦争関連の運動だけでなく、あらゆる保守派のキャンペーンや進歩派集会への対抗要員として利用されてきた。朴槿恵政権のときも、経済界にこうした右派団体への献金を半ば強要した事実が特別検察官チームの捜査で明らかになっている。しかし、ハンギョレ襲撃事件のときは壮年だった彼らも大半が七十代を迎える高齢者となったいま、号令一下で田舎からソウル都市圏まで動員され、手弁当で抗議活動を続けるには、体力的にも資金的にも限界が来ている。運動員に取材し、そのような苦情を取り上げた報道も散見される[57]。

保革が北朝鮮への敵対度やアメリカとの距離感を対立軸としていた頃は、論争は激しく見えても、論点が限定されていた。しかし、民主化後に社会が成熟してくると、争点は多様化する。いまの韓国の有権者にとっては、経済政策と経済セクターの民主化なども重要な保革対立軸となっている。そして、進歩派は対北融和から人権問題、女性の地位向上に至るまでの広範な論点を扱っている。

そうしたなかで、軍隊内の徴集兵の待遇が注目を浴びているのは良いことであり、社会のリベラル化の結果と言えるだろう。民主化後の二十年余で韓国社会は激変した。以前は明るみに出なかった出来事や情報がSNS等を通じて瞬時に伝わり、国民全員がそれを共有することができるようになった。民主化によって政府には透明性と説明責任が求められるようになり、危機において瞬時に発信されるコミュニケーションの是非が、政権の命運を分けるようになった。朴槿恵大統領の失脚はそのことを象徴していた。

そして、徴集兵を派遣するに値する戦争とはどのような戦争なのかという議論も可能になった。民主化と情報化が進んだことで、韓国社会が安全保障についてコストを含めて我が事として捉えるにいたったのである。韓国の若者は、兵役に行きたくない気持ちと、国防責任を自覚する態度を併せ持っている。高官の子供や、高学歴で専門性が高い人は、一般的な陸軍の兵舎には行かずに、比較的リスクの低い兵役形態を選び取るチャンスも多い。けれども、コネもなく平凡な多くの若者たちは、前線へ派遣されていく。しかし、幸せな日常生活を送れたであろう若者が戦死または虐待死することに、韓国社会は次第に耐えられなくなってきているように見える。

このように急速に変化した韓国社会において、「血のコスト負担」が瞬間風速的に「平和」に結び付く現象が生じている。それが、先に触れた哨戒艇沈没事件直後に行われた二〇一〇年の統一地方選挙であったと考えられる。二〇一八年の南北融和へ寄せられた高い支持も、その系譜に連なると言えるだろう。考えてみれば、徴兵制を維持しながら民主化した時点で、北朝鮮に対する融和志向の種はすでに蒔かれていたというべきなのかもしれない。

そう遠くない将来に韓国が徴兵制をやめる日が来るかもしれない。しかし、イラク戦争での先例を見る限り、徴兵制をやめたとき、韓国がこれまで通り武力行使に抑制的でいられるかといえば、必ずしもそうとは言えないだろう。シビリアンの戦争は、まさに民主化と徴兵制廃止の対価だからである。

第五章　イスラエルの徴兵制――原理主義化の危機

韓国と同じように徴兵した兵士を最前線に送り込んでいる国に、イスラエルがある。

この国はほかの多くの国と違って、革命軍の基礎の上に成り立っている。一九四八年、独立宣言の二週間ほど後の五月三十一日に発足した国防軍は、英領植民地時代に結成されたユダヤ人の自警団ハガナーをルーツに持つ。それ以来、建国者の意識を持ったエリート集団と国民が血のコスト負担を分有して、その共和国としての一体性を保っている。

イスラエル国民になる要件のひとつに、変わった規定がある。ナチスドイツが迫害した定義におけるユダヤ人の血統を持っていること。これは必ずしも生まれながらのユダヤ教徒として認められる要件ではないのだが、迫害されてきた「選民」としての要件を備えていると見なされる。建国者は、離散したユダヤ人の一部にすぎない。けれども、その建国理念は迫害されてきたユダヤ人全体の祖国を創るというものだった。その意味で、ナチスドイツによって消滅させられようとしたユダヤ人の歴史はアイデンティティの核となっている。

イスラエルは人口が八百六十八万人程度と少ないが、徴兵応召はユダヤ人の男女のみの義務である。アラブ系のパレスチナ人などを中心としたムスリムの国民はその義務を負わない。ドルーズ派という、ムスリムの中でも他宗派から異端視されている少数派だけが、地位向上を求めた結果、兵役制度に組み込まれている。つまり、この国において、兵役はユダヤ国家としてのアイデンティティと極めて密接な関係にあるということだ。そのことには良い部分と悪い部分の両面があるのだが、それは後に譲ることにして、なぜイスラエルではそのような強固な共和国が出来上がったのか、そしてそれは現在も盤石なものなのか、見ていくことにしよう。

貧しかったイスラエル

今でこそ、ハイテク産業などのスタートアップの集積地として知られる先進国のイスラエルだが、建国当初は貧しさのなかで歯を食いしばってぎりぎりの生活をし、ゲリラのような軍隊に持てる資金のほぼ全てを注ぎ込んでいたというのが実情であった。イスラエルは、社会主義的な経済政策と軍事偏重型の国家運営をしながら、独裁制や寡頭制を採らず、初めから民主主義を選んでいたところにその特徴がある。

イスラエルが建国されたとき、そこにはソ連から迫害されてきたロシア系移民や、ドイツをはじめとするヨーロッパからの避難民、中東地域にもともと住んでいたユダヤ系住民など、さまざまな集団が入り乱れていた。イギリスからの独立、アラブ諸国との戦争の過程を通じ、シオニズムと呼ばれる思想を中心に政治と軍のエリートが形成されていった。

先にも触れたが、イスラエル国防軍は自警団ハガナーを基礎としているため、初めからかなりの一体性と秩序を有していた。ゲリラ戦を得意とし、無駄な形式をそぎ落とし、幹部の階級もみな佐官クラスで、政治とも関わらず、プロフェッショナリズムを重視した軍隊であった。イスラエルは、戦う民兵と政治エリートとの関係が当初から秩序だっており、守るべき価値も明確で、軍が国家の防衛に専念していた稀なケースなのである。共同体の存立を支えていたのは、まさにそのような一人一人のイスラエル人の献身であった。

建国時の最有力指導者であったダビッド・ベン゠グリオンは労働党を率い、首相と国防大臣を兼ねた。ベン゠グリオンら労働党幹部が採った政策は、「第三世界」の貧しい国であるイスラエルを民主国家として構築し、社会主義的経済運営を行い、軍事力を最優先にして周囲の外敵に備えることだった。そのため、彼はアデナウアー西独首相と合意したドイツからの賠償を、ことごとく軍拡とインフラなどの国家建設に注いだ[1]。一九五〇年代になると高齢者年金や医療などの公的保険制度ができていくが、国家建設を優先して、ナチスによるジェノサイド被害者に対する補償を放棄したため、貧しいままに老いる人びとも少なくなかった。それでも、長年にわたる離散民（ディアスポラ）を結集する祖国をつくるという意識から、政府は国民一人一人に献身を要求した。この時期、イスラエルの統治者は被治者と限りなく一体であるという自己イメージを持っていたのだと思われる。

キブツと労働党という主流派

政府の福祉が充実していなかった代わりに、共同体が社会保障を提供することがあった。その典型例が共同生活を営む集団としてのキブツである。キブツは、結束の固い共同体意識によって維持されてきた社会主義的な村落のことである。プラトンの『国家』が理想とした都市国家を想起させるこの共同体は、イスラエルを象徴するものとして知られ、憧れの念を抱く人も多く、海外からも体験希望者が多く訪れている。だが忘れてはならないのは、キブツで生活する人はイスラエル総人口の数％しかいないという事である。彼らは農業や輸出用製品の製造などに従事し、いわばイスラエル内での分業の一形態を担っているに過ぎない。国家がキブツでできているわけではない。

しかし、キブツは政治家や軍人などのエリート層の主要な供給源として、より大きな存在感を示している。幹部クラスほど、圧倒的にキブツ出身者が多かった。キブツが軍と労働党に統率力ある若者を供給し続けたおかげで、両者の人的ネットワークは密接であり、イスラエルは国家としての一体性をしっかり保つことができた。

労働党は、シオニズムを代表する政党である。シオニズムはユダヤ国家建設の運動であり、イデオロギーよりも生存を選び取る世俗的な国家主義だった。クネセット（議会）で労働党の主なライバルだったのは、ヘルートなどの右派政党である。建国以来、イスラエルの右派は経済については資本主義寄りで、政治的にはより急進的なユダヤ主義をとってきた[2]。領土については太古の昔にユダヤ人が居住していたとされる土地全てを傘下に収めようとする拡張主義的な傾向を持っている。彼らは建国期には主導権を握れなかったが、のちにメナヒム・ベギンが率いる野党リクード党のもとに団結して、ベギンは一九七七年に労働党以外からの初の首相の座を射止めることになる。

さらに、イスラエルには宗教右派勢力も存在する。正統派と最保守の超正統派は、国家中心の世俗主義である主流派の政治に対し、様々なユダヤ教的秩序の尊重を要求した。ただし、建国当初はまだ、世俗的な国家のあり方に正面から異議を唱える宗教家は少数だった。むしろ、国家とは別に宗教という人びとを治める枠組みが存在することを認め、政治が宗教の領分に介入しないように要求したといった方が正確かもしれない。ベン＝グリオンは兵役に関する法律を定める上で、ラビを目指す神学生は兵役を免除すると決定した。それは超正統派のユダヤ主義勢力との間で結ばれた妥協だったが、これが後に深刻な影響を及ぼしていくことになる。後述するように、国家主義のなかに宗教を吸収しなかったことが、かえって宗教的秩序による国家そのものへの侵食を許すという結果を生んでしまったのだ。

ベン＝グリオンは、アラブ住民の統治方法を軍政にするか否かをめぐる政争で挫折し、一九六三年に首相を辞任する。建国者であり大政治家のベン＝グリオンでさえ、他の政治勢力と競争せざるを得なかったという事実は、イスラエルの民主主義が健全であった一つの証左ともいえる。主流派とそれに寄り添う軍が、抑制的で一体性のある政府を築き、その右側に資本主義と安保タカ派を唱える勢力が、左側には共産主義勢力が対置され、また宗教右派の勢力が半ば孤立的に存在する。この構図はしばらくのあいだ労働党優位の政治状況を維持するとともに、与党勢力の価値観を健全に保ったのである。

与党優位の政治が展開する中で、国防軍は国民統合に大きな役割を果たした。軍内では愛国心や、合理性、負担共有を惜しまない精神を共有することができた。プロの軍人キャリアを送る将校たちは、第四代参謀総長を務めたモーシェ・ダヤン（片眼のダヤンと呼ばれる）の思想に従ってゲリラ戦術を実地で習得し、また海外の幹部養成学校への留学を通じて各種の戦略戦術を吸収し、イスラエル独自のエリート的で実務志向の軍のあり方を育んでいった。時折、アリエル・シャロンのように軍を飛び出して右派政党の幹部になっていくような人材も輩出したが、そうした右派さえもキブツと軍の経験を共有していたことで、イスラエルの共和国性は強固に保たれていた。彼らは思想的に右派ではあっても、無責任なフリーライダーではなかったからだ。

徴兵され、予備役としてまた戻ってくる人びとは市民的価値観を軍に持ち込むという役割を果たし、軍にプラスの影響を及ぼした。戦いに出る前の晩、焚火を囲みながら、下士官の歴史学の教授が大学出の若い少佐に昔の戦争の逸話を紹介し、これからの戦闘において起こりうる過ちについて水を向け、議論が始まるなどということが頻繁に起こったからだ。[3] それは多少なりとも美化された記憶であろうが、キブツや軍務が人びとの基礎的な共同体意識を養う役割を果たしていたことは間違いない。

一九六七年の転機がもたらしたもの

一九六〇年代に入るころには国家としての骨格を備えてきたイスラエルだが、一九六七年の第三次中東戦争、つまり「六日間戦争」をきっかけに、それまでの小規模な共和国としての性格は変質し、占領地の拡大へと大きく舵を切った。

「六日間戦争」は、エジプトを盟主とするアラブ諸国との緊張が極度に高まり、耐え切れなくなったイスラエルが先制攻撃に踏み切って始まったものである。この地方では、空軍力がほぼすべてだ。空軍基地やレーダー施設を先制攻撃されれば、翼をもがれ、目をくりぬかれた鳥も同然である。そんな極限状況のもとで「やられる前にやる」という強迫観念から始めた戦争の結果、イスラエルは東エルサレム・ヨルダン川西岸をはじめ、ガザ地区、のちにエジプトに返還したシナイ半島、ゴラン高原を次々と占領し、広大な占領地をもつことになった。

この決断はイスラエルの共和国性に今日まで大きな害を及ぼしている。国境線が揺れ動くと、国家はジレンマに直面する。安全保障のため、周囲の政情が不安定な土地や敵対勢力の根拠地を征服しようとし、あるいは敵国を併合する。そうすると眼前の脅威は取り除かれるが、拡大した支配地を守る防衛努力に多くの資源を割かねばならない。また異民族を統治すれば不満を持つ者が内乱を起こす可能性も高まる。イスラエルはそんなジレンマに陥ってしまったのである。

イスラエルが行ってきた占領地の拡大は、国際法に則っていない。周辺の敵対国と戦争をしたときに占領した土地に、なし崩し的に入植を進めて、領有の既成事実化を図っていく。そのような時代遅れな行動を支えているのは、ジェノサイドの記憶によって刷りこまれた、民族全体が消滅の危機にさらされているという意識と、二千年以上遡って先占の権利を主張する考え方だ。ユダヤ教の聖典にその地名が書かれているというだけで権利を主張する根拠になるというのだから、かなり極端な思想といわざるをえない。そのような違法な入植地が次々と建設され、それぞれの共同体が検問所などを設置して自衛を図り、有事においてはイスラエルの国軍が防衛するという形でイスラエルの勢力圏が拡大している。

入植者というトリップワイヤー

イスラエルは帝国主義と戦った建国の歴史をもつにもかかわらず、占領地への植民に限っては、自らが帝国主義と似た構造に囚われてしまった。それは自由や平等を掲げてイギリスから独立したアメリカが、奴隷制度や黒人差別を続けていたことにも似た、民主国家のダブル・スタンダードだった。

入植者たちは、ときにパレスチナ系住民を暴力的な手段で追い出し、排除した。入植者が過激になるという構造は、なにもイスラエルに限った話ではない。フランスのアルジェリアやインドシナへの入植でも、またイギリスのインドやケニアへの入植でも、紛争の際に主戦論が出てくるのは、大抵当事者である入植者の中からだった。最前線で苛烈な措置を提唱する彼らは、当然のことながら、独立勢力側が仕掛けるテロやゲリラ戦の犠牲となる確率も高い。

しかし、ひとたび入植者が犠牲になる事件がおこると、それまで傍観していた本国も色めき立ってしまう。政党政治の中で、彼らの犠牲を重く受け止める主張が勢いを増し、報復や制裁という形で戦争が拡大していくことになる。このような戦争もまた、シビリアンの戦争の一類型である。もともと植民の初期においては、その土地を本国の政府や軍が支配しておらず、入植者の自治や自衛に任せられていることが多い。イギリスにとってのインドもそうだった。植民地での紛争は、軍が引き金を引くのではなく、入植者によって、あるいは彼らに喚起された世論によって、軍が引きずり出されて泥沼化していくという構造がよく見られる。

つまり、イスラエルのように他者の土地を占領すると、その反作用で自国民に犠牲が出て、それに激昂した世論によって戦争が引き起こされ、拡大していくということが起こりやすくなるのだ。二〇〇六年の第二次レバノン戦争でも、戦争が泥沼化するきっかけとなったのはイスラエル兵ギルアド・シャリートがハマスに誘拐されたことだった。一度この構造が回り出すと、国全体が戦争からなかなか抜け出せなくなるのである。このような場合、戦争をやめるには、政府が軍などから現実的なアドバイスを聞き抑制を取り戻すか、国民の多くがコストの観点から反対するかのどちらかしかない。

一九七三年、エジプトやシリアなどのアラブ側がイスラエルに先制攻撃を仕掛けた第四次中東戦争、いわゆる「ヨムキプール戦争」が起こった。イスラエルは緒戦で苦戦したものの、結果的には互角以上の戦いを見せたが、「六日間戦争」ほどの圧勝は出来なかった。そのため、国内の強硬派の発言権も弱まり、再交渉によってエジプトと和平を結び、シナイ半島を返還することになった。さらにシリアのゴラン高原には兵力引き離しのための国連の監視軍（UNDOF）が派遣されることになった。けれども、ガザ地区、ヨルダン川西岸といった、歴史的にユダヤ教徒にとって重要性の高い地域は、手放されることなく占領が続いた。

こうした占領地の拡大がもたらした戦争を踏まえ、一九七八年にはイスラエルを代表する平和運動であるピース・ナウが結成された。主に予備役を中心に結成されているが、反戦団体ではなく、あくまで安全のために撤退を求めるための運動だった(4)。彼らは生存と安全、そして国家は人道主義的でなければならないという主張に基礎をおいている。政治の厳格な指揮下に置かれている組織だったプロの将校より、こうした「軍服を着た市民」の方が、本能的に血のコストを察知し、自由に平和を要求することができたのかもしれない。

けれども、イスラエルは周囲を敵対する国家や勢力に囲まれているため、ピース・ナウの主張は、従来から国民の大多数が支持している「安全保障のために占領地を維持すべき」という主張の前では、あまり力を持たなかった。しかし、一九八二年に発生した第一次レバノン戦争で、イスラエルはひとつの転機を迎える。

一九八二年的メンタリティ

第一次レバノン戦争は、それまでの国家の存立をかけて戦ってきた中東戦争とは異なる性格を持っていた。それはPLO（パレスチナ解放機構）によるゲリラ戦に悩まされていたイスラエルが、占領地を維持するために、レバノンに潜むゲリラの本拠地を攻撃しに行った戦争だった。レバノン内政の混乱に乗じた正当性が疑わしい介入戦争であり、しかもイスラエルが肩入れしたレバノンのキリスト教民兵の勢力に裏切られるという、二重三重に過ちを犯した戦争であった。

この戦争が起こった経緯と影響については、前著『シビリアンの戦争』で詳述したのでそちらをご参照いただきたいが、かいつまんで説明すると、この戦争が起きた背景には、それまで政治的には傍流だった政治右派のリクードが、連立を通じて政権を取ったことがある。

ヨムキプール戦争後にゴルダ・メイア首相から禅譲されたイツハク・ラビン労働党政権は、イスラエルがアラブの強国との力関係において見劣りしないことを示し、イスラエルに対する総攻撃を抑止することを政治目標に置いていた[5]。それは今ある一体性の高いイスラエルを守る事を最優先に考える態度だった。それに対し、リクード党を率いていたメナヒム・ベギンは大イスラエル構想を推し進める。そして、その路線は非主流派の国民に支持され、一九七七年のリクードの政権奪取につながっていく。

イスラエルの労働党とリクードの路線対立は、現実主義と理想主義の対立だったのではないかと私は思う。ソ連で厳しい民族的迫害に晒されたユダヤ人や、革命思想にかぶれて東欧を抜け出した若者などから成る「アシュケナージム」のコミュニティが、共産主義や社会主義、民族自決の夢を見て、中道左派の労働党のもとに集結した。彼らはナショナリストであり、当時の後発国家のナショナリストはみな社会主義的な要素を国家建設に注入していた。

それに対して、理想主義者の右派は、ヨーロッパの普通の右派が唱えるような国粋主義と拡張主義を体現していた。その運動は、自らはヨーロッパ的政治文化で育っていながら、前時代的な価値観を持つユダヤ主義に引きずられるという傾向を持っていた。彼らはディアスポラの民を集結させ、より大きなイスラエルを創ることを目指した。そして、新たに北アフリカや中東アジア地域からやってきた国民はこぞって占領地に入植し、そこでは宗教右派の影響力が拡大していった。ヨーロッパ的文脈を共有しないイスラエル人の爆発的増加により国家が変質していくのは時間の問題だった。

一九八二年、イスラエル軍がＰＬＯゲリラを叩くためにレバノンに軽々しく進軍したとき、ベギンが体現していた「一九八二年的メンタリティ」は、傲慢さと誤解に基づいていた。その最たるものは、地域における強国となったイスラエルが、介入を通じてレバノンに新政府を樹立できると思い込んだことである。結局、このベギンの試みは失敗に終わる。

この一連の経緯の中で明らかになったのは、イスラエル国内で宗教右派の存在感や新規移民の影響力が増していたということだった。それまでは右派政党にとって、超正統派などの勢力は、単に連立政権を可能にする頭数に過ぎず、いわば中道左派を抑えるために使う道具に過ぎなかった。しかし、この頃にはもはや国家エリートでさえ容易に制御できない存在になっていたのである。

「普通の国」論の登場と主流派の転回

当時ベギンを熱烈に応援していた人びとの中には、反社会主義的な中産階級の新規移民に加え、セファルディム系の労働者を中心とした新規移民が多くいた。モロッコなどの北アフリカやスペインからやってきた人たちを総称してセファルディムと呼ぶのだが、彼らは一般に宗教的には敬虔な傾向があり、後期移民としてイスラエルに無一文で渡ってきたことにより経済的に余裕がない人たちも多かった。そういう人たちは、ときにヨーロッパ系のアシュケナージムはお高くとまり自分たちを搾取する「白人」と見て、彼らの支持する労働党への反目もあって、リクードのタカ派な政策を支持するようになる。ついでに言えば、彼らはさらに「下の階層」にアラブ人の肉体労働者を位置づけて差別し、自らの誇りを満たしていた。また、彼らは力と富で尊敬される「普通の国」になりたいという衝動が強かった。その傾向は、世代を追うごとに強くなり、現在のネタニヤフ政権に受け継がれていく。

このようなイスラエルの共和国性の変質をいち早く察知したピース・ナウ運動を率いる予備役将校らは、愛国者としての立場から、ベギン政権批判を展開した。彼らが一九八二年に行った主張は、イスラエルは自分たちが受けたような圧政や虐殺をパレスチナ人に対して行ってはいけないという至極真っ当な主張だった。(6) しかし、その主張は左派系知識人に受け入れられはしても、タカ派知識人や宗教右派には受け入れられなかった。ヨーロッパ的ヒューマニズムにかぶれていると攻撃され、ユダヤ人が受けた迫害と虐殺の歴史を顧みず、聖書に書かれた特別な運命を無視する態度だと矢のような非難を浴びた。

第一次レバノン戦争によって、ＰＬＯの勢力は弱まったものの、彼らはチュニスに場を移して活動し続けたし、ベギン政権は親イスラエル政権をレバノンに打ち立てることもできなかった。さらに、イスラエルがかつて建国と防衛に徹していたのとは打って変わって、拡張志向の占領者として居座るようになると、パレスチナ社会の側からの反発が高まり、一九八七年にはインティファーダ（パレスチナの民衆蜂起）が始まった。当初はＰＬＯが煽動した大規模暴動だと勘違いをする人びともいたが、インティファーダは普通の主婦や子供までもが参加する民衆主体の抗議運動であった。アラブ諸国は、口では「イスラエル殲滅」を唱えてはいても、その裏ではさまざまな現実的な交渉が可能な組織であったが、インティファーダははっきりとした指揮系統も存在しない民衆蜂起だけに、対処するのが難しい。イスラエルは決して降伏しない敵を呼び覚ましてしまったのだ。

第一次レバノン戦争とインティファーダによって、イスラエルは大きな痛手を負い、国民の多くが軍事力の限界を思い知った。それを学びとして活かそうとしたのがピース・ナウなどの現実主義的な平和運動の活動家たちであり、彼らの地道な活動によってイスラエル国民の間に占領地からの撤退と共存を望む声が徐々に大きくなっていく。そのような世論の変化を背景に、労働党のラビン首相はタカ派からハト派に路線変更して、かつての敵アラファト議長と一九九三年にオスロ合意を結んだ。

しかし、その一方で、右派陣営では不寛容な勢力が日に日に力を増していった。彼らは、国際的な非難に晒されて逆に硬化し、タカ派路線をより赤裸々に肯定するようになっていった。このような考えの中心にあったのは、ユダヤ人だけが道徳的に優れている必要はなく、自分たちも「普通の国」としてやり返してよいのだという理屈だった。[7] 次第に支持者を増していったリクードは、オスロ合意を批判し、一九六七年以降に得た占領地のうち古代から由緒ある土地は手放さず、機会があれば拡大していこうとする戦略をとったのである。

しかし、そのような戦略は、高い死傷率を出す戦闘部隊の主力を担ってきたキブツ出身の若いアシュケナージムからすると、危険なものに映る。それゆえに、リクードの主張に対するピース・ナウの反対運動は、軍の予備役将校を中心に、根強く続けられていった。ピース・ナウの運動は、実際に数々の戦争に従軍し、今後も必要あれば自らが血のコストを負担する覚悟を持つ予備役が中心になっているからこそ、日本の反戦デモとは一味違う説得力と発言権を持っているのである。

しかし、現実路線の平和運動が盛り上がる一方で、不寛容で拡張主義的な右派陣営の勢いが衰える気配はないように見える。リクードのベンヤミン・ネタニヤフは二〇〇九年から現在に至るまで、政権の座に居続けている。なぜ民主主義と徴兵制が根付いているイスラエルで、平和主義的な路線が、拡張主義的な路線に対し、かくも苦戦を強いられているのであろうか。

テルアビブと都市文化

イスラエル国内における対立とは何なのか。分かりやすく対照させるため、国内の街を簡単にスケッチしてみたい。

まずは国内で人口第二位の都市テルアビブ。世界の主要国のほとんどは、テルアビブをイスラエルの首都として扱っている。[8] 明るい日差しの中で見るテルアビブは美しい。生きている経済と芸術文化の街だ。テルアビブを見ていれば、イスラエルがきわめて洗練された先進国であり、自由で活発な言論が存在する民主主義国であることが分かるだろう。経済的には、世界的なハイテクやヘルスケアのスタートアップの集積地として知られている。地中海に張り出したレストランのテラスに座れば、ひたすら青い海が照り返す日差しが白いパラソルに当たって眩しい。見かける人びとの多くは欧米同様の最先端のファッションに身を包み、超正統派のような伝統的な格好をしている人はほとんど見当たらない。イスラム諸国とは異なり、女性の服装も完全に自由だ。

テルアビブは文化でも最先端を行っており、テルアビブのネヴェ・ツェデク地区の劇場やカフェにいると、この国が戦争を繰り返しているとはにわかには信じられないほどだ。しかし、国を愛する思いと戦争を批判する思いの相克は、イスラエルの書き手に類まれな創造力と感受性を与えてきたともいえる。イスラエルの作家で世界的に有名なのはアモス・オズやA・B・イェホシュアだろうが、イスラエル建国後に生まれた世代の書き手ではダヴィッド・グロスマンが飛び抜けている。グロスマンは、第二次レバノン戦争の時に、徴兵され従軍していた息子ウリを亡くしている。二〇〇七年にエメット賞を受賞した時、当時のオルメルト首相と握手をしなかったエピソードは有名だ。

イスラエルの現代芸術が世界的に注目を集めるようになったのは、アディ・ネスというイスラエルの現代写真家のある作品によってだった。イエス・キリストが処刑の運命を知りながら弟子たちと食事をとる「最後の晩餐」の構図を借りて、戦いに赴く前に軽い夕食を取る兵士たちを撮影した作品だ。中央のキリストの座る位置についているのは、おそらくこれから仲間のために戦死することになる兵士。彼を明日待ち構えるのは死という運命だという設定なのだろう。この写真がサザビーズのオークションにて高値で競り落とされたのを契機に、アディ・ネスやイスラエルの現代アートは世界中から高い評価を受けるようになった。アディの親はイランと中央アジアからの移民だった。彼には、他にも同性愛の兵士を撮った作品や、聖書のモチーフを翻案して現在の貧困や苦難を表現した作品群などがある。ユダヤ人の受難という民族の物語に閉じこもらず、キリスト教世界における物語から、徴兵制や同性愛差別などの現代的モチーフにいたるまで、人間の苦悩を丸ごと扱ってきた。このような優れた芸術家や作家が、イスラエルにはたくさんいる。

エルサレムの急進化

一方、現代的なテルアビブとは全く異質な空間として対比できるのが、聖地エルサレムである。エルサレムはユダヤ教、キリスト教、イスラム教の三大宗教の聖地だ。そこにはかつて虐殺の悲運にさらされたアルメニア人が住むアルメニア人街もある。現在、エルサレムの旧市街の秩序はイスラエルの警察と軍の監視下におかれている。そこには実効支配する者とそれを認めない者との奇妙な共存がある。

それを象徴するのが、旧市街の聖地アル＝アクサ・モスクを訪れて目にした警備のあり方だった。私が二〇一二年にエルサレムを訪れた時、アル＝アクサ・モスクへの入り口の通路では物々しく武装したイスラエル人の警官三人がたむろし、通行人を見張り、明らかにムスリムらしい人だけを通していた。Tシャツにショートパンツ姿の一見して欧米人と分かる人は追い返されている。アル＝アクサ・モスクは、イスラム教で三番目に神聖とされる聖地で、第二次インティファーダの引き金となった曰く付きの場所だ。当時のイスラエル首相シャロンが、武装した兵士を従えてここを訪れたことがきっかけで、聖地を侮辱されたと感じたパレスチナ人が武装蜂起した。

その教訓を踏まえ、現在ではアル＝アクサを異教徒が訪れてパレスチナ人を刺激することのないよう、イスラエル警察が監視して、守っているのだ。

警官と礼拝に訪れるパレスチナ人との間で取り交わされる視線は冷たく、他人行儀なものだ。「われわれ」と「あいつら」は違うという明白な線引きを意識し、互いに日常的なやり取りをしながらも常に緊張感をもって共存している街がエルサレムだ。たまたまエルサレムを訪れた観光客は、ここでは「お客様」にすぎない。よく誤解されがちなことだが、イスラエル人でもパレスチナ人でもなく、またユダヤでもムスリムでもないという日本人の属性は、この地でプラスに働くわけではない。むしろどの集団とも馴染めないことを明確にするものでしかない。私たちは彼らにとって強烈に「他者」だということだ。そこでは集団は粛々と分かれて生き、その二つが交わって互いに染まってゆくことはない。

一九八〇年代の初め、イスラエルの国民的作家アモス・オズは、エルサレムのユダヤ社会が変質してきていることに警鐘を鳴らした。オズは一九八三年に『イスラエルの地で』（邦題は『イスラエルに生きる人々』晶文社アルヒーフ、一九八五年）というノン・フィクションを出版している。彼は、冒頭でエルサレムの地がかつては東欧などから逃れてきたアシュケナージムの知識層、熱を帯びた宗教家や革命家などが、実験的な理想社会を建設しようとしていた場であったことを振り返りつつ、八〇年代のエルサレムがまったく違う場所になってしまったとしている。「ヒトラーとメシア。この二つがこの場所の壁をうめつくしている。ここに住む人びとの心をうめつくしている」とオズは書く。固陋な因習に縛られたユダヤ主義に、人びとを啓蒙しようとしていた建国期のシオニズムは飲み込まれてしまったと言うのだ。

現に、政府の認可を得たラビ養成学校では、理科系の科目も教えていなければ、他国の歴史についても教えないという。[9]アメリカをはじめ世界中から集まるユダヤ人同胞を支援する国際的な資金が、その反知性主義的で因習的な教育に注がれ続けている。「エルサレムに住むユダヤ人」という象徴的役割を演じていることへの応援として。

それから三十年以上の時を経た現在、エルサレムの状況に改善の兆しは見えない。むしろオズが懸念した状況が占領地の植民エリアにも広がり、イスラエル全体の共和国性を蝕もうとしている。そして、この問題の核心にいるのが、ユダヤ教の超正統派である。

そこで、以下では近年大きな論争を呼んでいる超正統派の兵役免除廃止問題を手掛かりに、イスラエルにおける「平等な徴兵制」の限界について考えてみたい。

イスラエルの兵役のいま

イスラエルの兵役は十八歳から始まり、男性は二年八ヵ月、女性は二年の兵役を課される。徴集兵の人数は機密とされているが、おそらく二十五万人から三十八万人の間ではないかと報じられている。[10]

すでに述べたように、これまで神学校の男子生徒は兵役を免除されていた。また、男性と交じり合って暮らさないという厳しいユダヤ教の戒律の定めを守る女性も、その旨を申し出れば兵役は免除される。その場合、代替服務に就く場合が多い。二〇一六年時点で、七十二％が応召しているると国防省は公表しているが、応召していない二十八％のうち、数万人が超正統派の男子と見られる。超正統派で応召しているのは二千人強である。[11]

しかし、徴兵年齢に達した男性人口の十四％を占める超正統派の男子が免除されることは、血のコスト負担の平等性という観点から見れば、放置しておけない問題であった[12]。そこで長年の議論を経て、二〇一四年三月の徴兵法の法改正で、超正統派の神学生に対する兵役免除は廃止され、徴兵人数の割り当て制が導入された。超正統派の兵役免除制度を廃止することに二〇一二年時点で六十八％もの人が賛同していたことからもわかるように、国民的合意の結果であった[13]。

当時、ネタニヤフ内閣の連立与党に中道世俗派のイェシュ・アティッド党が参画しており、その党首だったヤール・ラピッドが率先して法改正を進めた。これにより、徴兵制の平等性が増すことになり、国家の制度や義務に服しようとしない超正統派を国家に組み込むことができると考えられていた。しかし、超正統派の抵抗も強かった。この時、法改正に反対する数十万人の抗議デモがエルサレムで組織された。伝統的な黒い服を着た超正統派を中心とするデモ隊が街路を埋め尽くすさまが新聞の一面を飾った。

二〇一五年の議会選挙でイェシュ・アティッドが議席を減らし、超正統派政党のシャスやトーラー連合を組み込んだ右派連立のネタニヤフ内閣が成立すると、超正統派の画策で、超正統派に対する兵役割り当て人数を大幅に削減してしまう。しかし、イスラエルの最高裁高等法院は九人中八人の圧倒的多数の判事の賛成意見によって、不公平な徴兵割当量を一年以内に改善するよう政府に命令する判決を出した。これにより、神学校在学を理由に徴兵猶予を得ていた超正統派に属する男子約五万人がすぐさま徴兵される可能性が出てきた。

それに対し、超正統派側は「世情から乖離した高等法院は神学者を忌み嫌っている。もう十分だ」と抗議を表明しており、シャスをはじめとする宗教右派政党も判決に従わない決意を表明している。さらには、アメリカやイギリスなどの国外の超正統派ユダヤ系住民も徴兵反対デモを展開した。そうした宗教を前面に出した抵抗を押しのけてまで国防軍が力ずくで超正統派の若者を召喚する可能性は低いだろう。

このように、超正統派の徴兵問題の行方はまだ予断を許さない状況にある。しかし、超正統派の「兵役逃れ」もたしかに問題かもしれないが、私から見ると、むしろ宗教面から偏った教育を施されている彼らが軍務につくことの方が、より大きな問題を引き起こすように思える。数年前に書かれたある本を参照しながら、そのことについて考えてみたい。

超正統派ユダヤ教徒の入植地

イスラエル国籍を選び取り、三人の子供をイスラエルで育てた作家のゲアショム・ゴレンバーグは、二〇一一年に『アンメイキング・オブ・イスラエル』という本を出版した。これは、「壊れていくイスラエル」とでも訳すべきだろうか。

この本はエリシャという町を彼が訪問するシーンから始まる。エリシャは政府の許可なく不法に占拠された入植地だ。しかし、そこには超正統派が運営する若者向けの軍事学校がある。不法入植地に存在する以上、その学校も本来は違法なはずだが、国防省ホームページの学校紹介リストにはその学校も載っているのだという。主にプレハブと移動式住居からなる粗末なエリシャの学校は、徴兵に従事する前の若者を鍛え、過酷な軍務の中でも信仰を揺るがせにしない心身を作り上げることを謳っている。彼らは、ラビの教えや厳格な戒律を守ることを叩き込まれ、旧約聖書に示された聖地や伝説の地を保持することの重要性を教え込まれる。彼らにとって重要なのは、その土地に関する世俗の法的権利などではなく、その土地が宗教的に意味があるかどうかである。彼らのような頑迷なタカ派が徴兵されて軍務に臨む際、たとえば不法占拠をしているユダヤ人入植地の撤去を命じられたらどう行動するのだろうか――ゴレンバーグはこう疑問を呈している。

イスラエルには、不法に占拠されたり拡大された入植地がいくつも存在している。これらの入植地の扱いをどうするかが、パレスチナ和平における最大の難問であり、イスラエル政治のアキレス腱となっている。

一九九二年、第一次インティファーダへの対処を通じてパレスチナ側との交渉の必要を思い知らされた労働党のラビンが首相に返り咲くと、植民計画の凍結を発表した。翌九三年には、イスラエルとパレスチナの「二国家の解決」を定めた歴史的なオスロ合意がPLOとのあいだで結ばれた。しかし、合意を結んだラビン首相は九五年に国内の平和集会で暗殺されてしまう。

一九九六年七月にリクードのネタニヤフが政権を握ると、植民計画の凍結が再び解かれることになった。しかし、それは象徴的な凍結解除であって、実際には内閣が全会一致して基準にふさわしい植民計画であると決定しなければ植民できないようになっていた。ところが、次第にそれをかいくぐって違法な植民地ができていくことになる。ネタニヤフや、二〇〇一年に労働党から政権を奪い返したシャロンは、オスロ合意に反し、かつ閣議決定を経ていない違法な入植地に補助金を使い、支援してきた。アモナーなどヨルダン川西岸の土地が次々と少人数の入植者によって占領され、不法な住宅や送電網が作られた。

二〇〇六年、脳梗塞で倒れたシャロンの後を継いだオルメルト首相は、一部違法入植地の住宅取り壊しに着手した。だが、あくまでも抵抗しようとする入植者たちの求めに応じて、超正統派の若者数千人が応援に駆け付け、バリケードを作って取り壊しを阻止しようとした。この騒動では、数千人の警察と国防軍が出動し、活動家と政府側双方合わせて二百人の負傷者を出すことになる。

事件の発端は、二〇〇五年にシャロン首相が命じたガザ地区を中心とするいくつかの占領地からの撤退だった。その当時タカ派で知られたシャロンが撤退を命じたことは思いがけなく、それを裏切りと受け止めた宗教右派や政治右派から大反対が湧き起こった。しかし第二次インティファーダに疲れた世論は、シャロンの撤退案を支持していた。シャロンの意思は揺るがず、撤退に抵抗する入植者やその応援に集まった人びとを、国防軍を用いて排除した。この時の、「ガザ撤退の屈辱を忘れるな」を合言葉に、超正統派の若者らは、シャロンの後を継いだオルメルト首相が命じたアモナーの住宅取り壊しを阻止しようとしたのである。こうした騒動は、たとえ少数者であっても、国益に反した行動によって、国を混乱や危険に引きずり込むことができるということを明らかにした。

軍人の一部の宗教化

二〇〇五年八月のガザ撤退のとき、宗教右派の教育を受けたプロの軍人が、命令を拒否する事件が起きた。政府の退去命令に加えて、インティファーダの恐怖にも駆られた不法入植者たちが引き揚げたあとの無人の街で、撤退着手命令をある大佐が拒否したのだ。これまでも超正統派の若者たちが反軍的な行動を取ることは何度もあったが、プロの軍人が公然と命令拒否をしたことは社会に大きな衝撃を与えた。

皮肉なのは、イスラエル社会が豊かになり、また予備役が中心となって展開した平和運動が功を奏したことで、イスラエルの平等な軍務負担の構図に綻びが生じつつあることだ。キブツで育ったアシュケナージムは、伝統的に軍務で評価される能力が高く、かつては軍幹部および戦闘部隊において際立って高い比率を占めていた。たとえば、一九六七年の「六日間戦争」においては、人口のわずか五％であるキブツ出身のアシュケナージムが、戦死者の四十％を占めたという(14)。

しかし、キブツで育つアシュケナージムの人数は年々減るばかりでなく、彼らの有能さは他の産業で活かされるようになってきている。アシュケナージムの予備役たちの平和運動によって若者の価値観は変化し、軍務を愛国心の対象としてよりも自分のキャリアパスとして見るようになっている。戦闘部隊に参画することが必ずしも重要ではないという風潮が強まった結果、若者が戦闘部隊への入隊と昇進を目指さなくなり、もっぱら軍の事務的作業に携わろうとするので、軍では事務人員が常に余る状況が九〇年代から生まれているという(15)。

キブツ出身者にとってかわったのが、正統派にあたる国家宗教派（ダティ・レウミ）などの勢力である。国防省で主席の心理専門家を務めたルーベン・ガルは、二〇一三年に、国家宗教派は九〇年代初めには国防軍の戦闘部隊の四％を占めるに過ぎなかったが、いまは四十％を占めていると警鐘を鳴らした(16)。彼らは人口比ではまだ十二％に過ぎないが、戦闘部隊に占める割合が飛躍的に増してきた。九〇年代半ばに行われたある調査によれば、すでに歩兵部隊の一等軍曹の階級に昇任したもののうち六十％が正統派の宗教教育を学校で受けていたという(17)。

つまり、世俗的な教育を受けている都会的な若者が後方任務に就くケースが増える一方で、これまで徴兵を免除されてきたような、宗教右派の影響を強く受けた入植者の子息たちが、前線の戦闘部隊の中心を担うようになりつつあるのだ。

予備役として年に一度軍務に戻る規定についても、以前は当然のように守られていたが、最近は守らない人が増えているという。第一次レバノン戦争に抗議する予備役兵が従軍を拒否した「イェシュ・グヴル（限界ってものがある）運動」や、病気などを理由とした消極的な軍務拒否が目立つようになった。第一次、第二次インティファーダのときは、ヨルダン川西岸地区やガザ地区での軍務を拒否する人びとが増えた[18]。若者たちが、支配の正当性が問われるような地域で、リスクの高い任務を引き受けたくないと思うのは、当然のことかもしれない。

しかし、そうなると、占領地を守ることに命を懸け、正当性に乏しい攻撃的な戦争であっても進んで戦う入植地出身者と宗教右派が、軍の中心を担うようになってしまう。このままリベラルな人びとの軍務への参加が減ってしまって良いのだろうか。

イスラエルの世論調査を見ると、徴兵制をやめるべきだという意見は二十％強にとどまっているとはいえ、確実に増えてきている[19]。しかし、徴兵制をやめればどうなるかといえば、それはすなわち特定の利益を持つ入植地出身者や、宗教的な軍事学校で教育を受けた若者ばかりが軍を占めるようになるだろう。血のコストを負担することが戦争抑止につながるという仮定は、彼らのような入植者、宗教右派の背景を持つ人びとに対してどこまで通用するのだろうか。辺境を守ることに国家全体が関わるのではなく、それを一部の辺境の人にアウトソースするとすれば、本書で見てきたような歴史に照らしても、間違いなく問題を生むだろう。イスラエルの共和国的性格は、いま試練に直面している。

第六章　ヨーロッパの徴兵制――スウェーデン・スイス・ノルウェー・フランス

ここまで、民主化した後に徴兵制の持つ意味合いが変化した韓国、革命軍を基礎として徴集兵を前線に立たせてきたイスラエルを見てきた。そして、それぞれが国民の負担共有を通じて平和運動を育んできた実例を見ると同時に、両国の徴兵制度が抱えている問題もまた把握することができたと思う。

しかし、これら二国の徴兵制が日本の参考になるかといえば、そうでない部分も多いだろう。日本は、彼らのように地続きの敵対国の脅威に直面しておらず、大量の歩兵部隊を用意する必要があるわけでもない。たとえ負担共有による戦争抑止のメカニズムを導入するにせよ、平等かつ大規模な徴兵制度に頼る必然性があまりにも薄い。

したがって、こうした前線国家の事例だけでなく、より安定した安全保障環境に置かれた国々における議論も参考にすべきだろう。とりわけ、国連の平和維持活動を中心に軍事行動を行っている中小国の経験は学ぶところが大きい。そこで、以下ではヨーロッパに残る徴兵制について紹介していきたい。

1　スウェーデン

スウェーデンの徴兵制廃止

およそ一千万人の人口をもつ北欧の先進民主主義国スウェーデンは、二〇一〇年まで百年余りの間、選抜徴兵制を維持してきた。スウェーデンの近代史の中では、徴兵制が民衆の権利拡大と結びつけられて自由主義者にも支持されてきたという歴史がある。[1] リベラルが推進した中立国の路線も、あくまで武装中立を前提として民主的な国民国家の建設を目指すものであり、そこにおける徴兵制は国民統合の観点からもプラスに捉えられていた。[2]

スウェーデンの中立政策を可能にした外部条件は、他国に蹂躙されにくい北欧の厳しい地理的要因に助けられたことと、各国が緩衝地帯としての意義を認めたことである。だが、中立を保つのはそれほど容易ではなく、自らの安全を守るために重武装をしなければならなかった。第二次世界大戦中、スウェーデン政府は参戦しなかったにもかかわらず、人口のおよそ十%にあたる五十万人規模の軍隊を準備している。十五歳以上の男子は短期軍事教練を課され、選抜徴兵に応じ、予備役にも動員された。それでも、ナチスドイツの猛威の前に、スウェーデン政府はドイツ軍に領内通過を認めるなど、さまざまな便宜を図らざるを得なかったことが知られている。

冷戦がはじまってもスウェーデンは中立路線を取り、ＮＡＴＯに加盟しなかったが、ソ連と地理的に近接していることから脅威認識は高く、自前の軍備を強化して武装中立政策を続けた。また、徴兵制は兵力供給のためだけというわけではなかった。冷戦下での厳しい情勢認識を国民が共有するためにも、あるいは民主主義を強化し、国民統合を高めるためにも利用された[3]。

スウェーデンの徴兵制は選抜制であり、軍務に組み込まれた若者の割合はそれほど高くはない。軍が近年必要としていた新たな兵員は五千人程度であり、徴兵適齢期に達した男子のおよそ十％を能力に応じて選別していた。第二次世界大戦後、軍事技術はハイテク化が進み、軍はかつてほどマンパワーを必要としなくなっていた[4]。職業軍人は専門化し、高度なスキルを必要とするようになった。スウェーデンは軍需産業でも世界的な競争力を持っており、これらの変化の潮流を考えれば、志願兵制に移行しても問題ないと思われた。冷戦が終わったことでソ連という最大の脅威も取り除かれ、安全保障上の危機感を国民の間で常に共有する必要も低下した。

こうした背景のもと、スウェーデンでは二〇一〇年に平時の徴兵制を停止した。だが、徴兵制を停止したもう一つの理由は極めて政治的なものだった。徴兵制存続下では、政府が積極的に推進しようとしていた、海外の国連平和維持活動（ＰＫＯ）や多国籍軍への軍の派遣について、国民的合意が得られにくかったのである。

「国際貢献」したい政府

第二次世界大戦後、スウェーデンは国連ＰＫＯやその他の平和や人道のための活動に積極的に貢献してきた[5]。朝鮮戦争が休戦となった後、北朝鮮と韓国が対峙する三十八度線の停戦監視活動に携わってきたことは有名だろう。国連の任務に関しては、一九四八年の第一次中東戦争の停戦監視団への軍事オブザーバー派遣を皮切りに、一九四九年には第一次印パ戦争の停戦監視団、一九五六年にはスエズ動乱の第一次緊急軍派遣で部隊を派遣し、コンゴ、キプロスなどでの任務と併せ、六〇年代には国連の平和維持部隊のおよそ十％の兵力を提供するまでになった。一九七〇年代にはヨムキプール戦争の停戦監視のための緊急軍派遣にも貢献した。その背景には、スウェーデン外交官出身のダグ・ハマーショルドが六〇年代に国連の事務総長を務め、国際貢献の場に自国のプレゼンスを求めたことも影響していた。

九〇年代のスウェーデンは、ユーゴスラヴィア内戦での国際連合保護軍としての展開に加え、同じくユーゴスラヴィアでNATOが指揮した多国籍部隊にも二千人規模の部隊を派遣した。任務内容は、兵力引き離しや和平合意履行、安定化と多岐に亘った。二〇〇〇年代に入ってからは、国連のリベリアでの任務、NATOのアフガニスタンでの任務に参画しているほか、コンゴ民主共和国では欧州連合部隊のアルテミス作戦に参加し、スウェーデンの特殊部隊がフランスの特殊部隊と協働した。

このように、スウェーデンは長らく、国際貢献における存在感をアピールしてきた。軍にとって、一義的な任務は国家安全保障だが、平時に即応態勢を維持するためには、平和維持活動への参加が役立つと受け止められたという背景もあった。国民はそれを支持してきたし、国際貢献は平和国家としての自画像を強化してきた。しかし、すべての紛争介入がもろ手を挙げて歓迎されたわけではない。とりわけ、冷戦後の国際環境の変化に応じて、スウェーデン政府が従来よりも他国との軍事協力に積極的に踏み込む方向へ舵を切ったことに対し、国民の意識は徐々に政府と乖離していく。

スウェーデンが冷戦後に経験したのは、PKOの変質と、多国籍軍への参画という二つの大きな変化であった。まずＰＫＯにおいては、地域的なライバル関係がスウェーデンの政策に影響を与えた。スウェーデンと海峡を挟んで向かい合うデンマークは、従来から北欧諸国の中でもスウェーデンと競い合うように平和構築に積極的であった。ブトロス・ブトロス＝ガリ国連事務総長が「平和への課題」を発表し、かつてのような停戦監視活動より踏み込んだ活動を国連の加盟各国に求めると、デンマークはいち早く呼びかけに応じた。一九九五年にデンマークは、柔軟で迅速な平和構築支援のための多国籍部隊の立ち上げを提案する。デンマークと平和外交で張り合ってきたスウェーデンとしては、このイニシアチブについていかないわけにはいかなかった。翌九六年にはスウェーデンを含めた七ヵ国が参加し、国連緊急即応待機旅団が発足した。

紛争介入においてスウェーデン政府が望むような高いレベルでの貢献を示すためには、迅速な意思決定が必要であり、軍の運用体制を変革することが必要だった。スウェーデンは、一九九三年の法改正で、部隊派遣に関わる要件を緩和し、三千人未満の派遣については政府に裁量を与えた。停戦監視や武力行使を伴わない事前展開などは政府の裁量でできたが、インパクトは小さかったからだ。通常のプロセスでは、国連から外務省へ派遣要請があると、内閣や軍による検討を経て、政府が何がしかの結論を出す。部隊参加には、三千人以上の派遣の場合に議会の賛同が必要とされるが、それ以外の場合でも、スウェーデン政府は任務の性質に応じてしばしば国会の事前関与を求めるようにしている[6]。貢献度を高めたい政府としては、ＰＫＯ派遣を政治問題化させないためにも、主要政党間の合意に基づいた広範な世論の支持を必要としていた。ちょうどＰＫＯが変質していく一九九四年からの十二年間は、社会民主労働党政権（カールソン政権、ペーション政権）が続き、両政権は共に国際貢献に対して積極的であった[7]。

一方で、スウェーデンは中立国としての建前を維持しつつも、ＥＵやＮＡＴＯと軍事協力を深める方向へ転換した。冷戦が終わると、スウェーデンの武装中立国としての存在意義は低下した。その結果、スウェーデンは九五年にはＥＵに加盟し、ＮＡＴＯとの関係性も深めていった。そして、多国籍軍への軍事協力にも踏み出す。ＥＵにとって近隣で起きたユーゴスラヴィア紛争、コソボ紛争は大きな転機であった。そうした時代性を背景に、積極介入主義と即応性が重視されるようになる。スウェーデンはＥＵの多国籍軍に積極的に参加し、ＥＵ向けの北欧戦闘部隊（ＮＢＧ）を二〇〇八年に始動させてその参加国となった。[8] 二〇〇六年には穏健党を中心とした中道右派連合が政権を奪還し、フレドリック・ラインフェルト政権が誕生したが、軍事政策のトレンドには継続性が見られた。

しかし、世論を見れば、一九九三年には七十五％もあったＰＫＯ参加への支持は徐々に低下し、二〇〇〇年代に入ると六十％付近になっていた。政府はＰＫＯや多国籍軍への貢献を増やすと表明したが、現状よりＰＫＯ参加を増やすことへの支持は三十％強にとどまっていた。[9] さらに、国連の部隊ではないアフガニスタンでの多国籍軍への参加をめぐっては、政界やメディアでも激しい議論となった。[10] ＰＫＯや多国籍軍への海外派遣は志願者のみで構成されており、徴集兵はＰＫＯにも多国籍軍にも動員されないのだが、それでもアフガニスタンでは軍に犠牲者が出たことで世論に動揺が生じた。[11] だが、保守とリベラルのメインストリームの海外派遣に対する合意は揺るがず、少数の極右と極左からの反対は、当時はマイナーな立場であると思われた。しかし、今になって振り返れば、後に二〇一八年の選挙で大躍進した右派のスウェーデン民主党が、この頃からアフガニスタン介入に反対していたことは示唆的である。

ともあれ、そうした政府と世論の乖離を背景に、二〇〇六年に成立したラインフェルト政権は、「いつか自分も危険な地域に駆り出されるのではないか」という国民の不安を解消するため、二〇一〇年に徴兵制の廃止に踏み切った。その代り、PKO任務が軍の本体任務に明記されることになった。それは、軍の任務が自前の国防から、国際貢献と多国間安保協力の重視へシフトしたことの表れであった。この頃はまだ、冷戦後の脅威は、「内戦」や「テロ」が主流となると思われていたからである。冷戦式の重厚長大型の軍隊ではなく、スマートでコンパクトな軍隊が目指された。

そして、政府は新たに志願兵を募るため、その供給源として、大量に受け入れてきた移民の二世に目を向け、リクルートに本腰を入れ始めた。

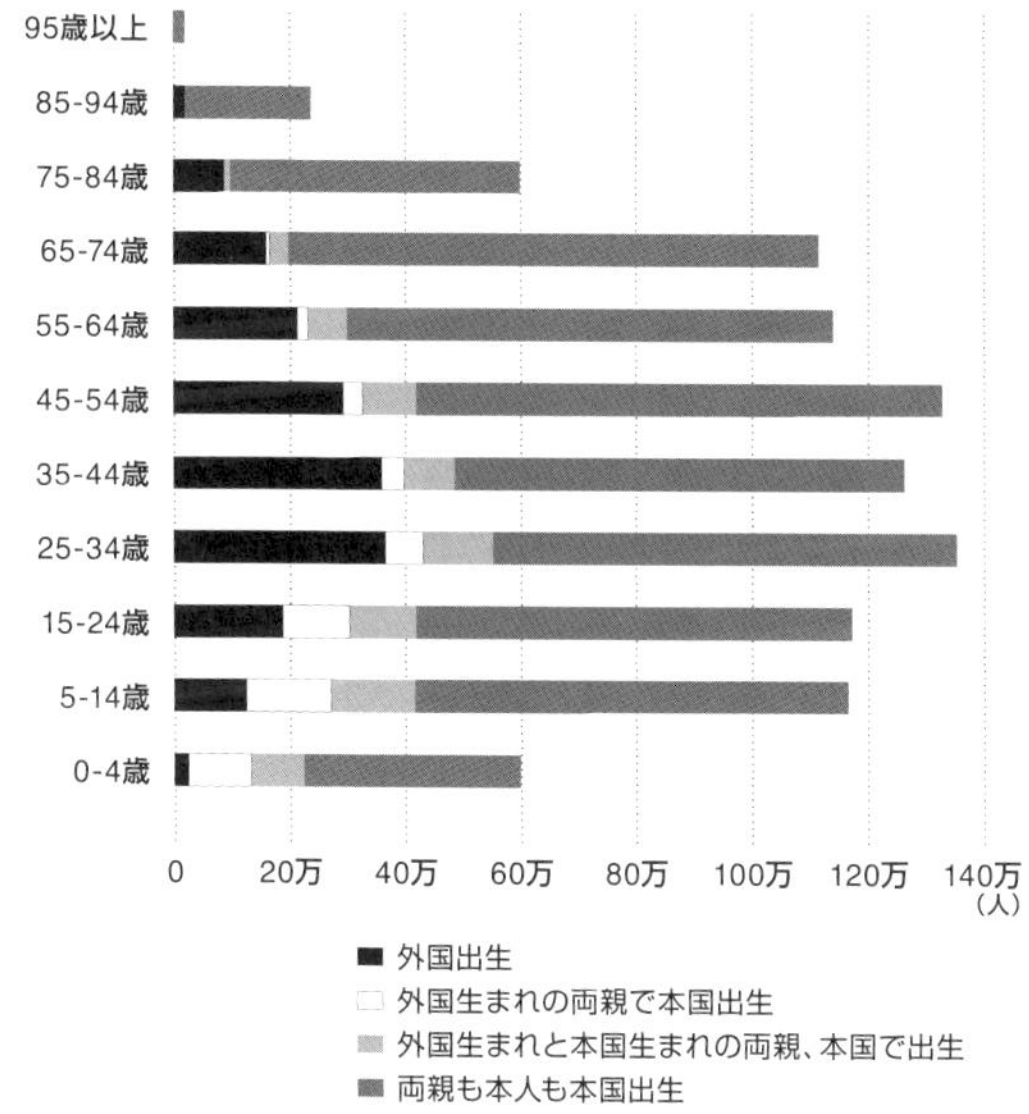

スウェーデンの人口構成（2017年）
スウェーデン統計局のHPより著者作成

軍は移民二世で組織できるか

これまで、スウェーデンでは軍務に服する能力の要件としてスウェーデン語能力を重視し、かつ移民や移民二世に対する積極的なリクルートをせずに来た。しかし、二〇一七年の統計では

（グラフ参照）、八十五歳以上の国民の九割がスウェーデン生まれの両親のもとにスウェーデンで生まれているのに対し、五十代ではその人口は七割にとどまる。さらに、二十五〜三十四歳の若年労働者の層では六割に下がる[12]。

先進工業国の例にもれず、出生率の低下により、スウェーデンでスウェーデン生まれの両親のもとに生まれる子供の数は減ってきている。そうした若年層の人口減少を補っているのが、移民だ。二十五歳から五十四歳までの働き盛りのスウェーデン人のうち、外国生まれの人口が四分の一を占め、両親ともに外国生まれの二世をいれれば三割に近づく。

九〇年代以降大量に受け入れた移民の二世がそのまま大人になるので、移民と移民二世が占める割合はさらに増えていくだろう。いまから新規移民を完全にストップしたとしても、二十年後には労働者人口の四分の一を、（現在まだ子供の）二世と併せて労働者人口の四割に届くのも時間の問題だろう。移民を今後とも受け入れ続けるのであれば、移民と移民二世が占めるからである。

では、移民はどこから来た人びとなのだろうか。スウェーデンが九〇年代以降に受け入れた移民は、イラクやユーゴスラヴィア、アフガニスタンなど、湾岸戦争やユーゴ紛争をはじめとする戦火から逃れてきた人びとが多い。国内にはおよそ八％のムスリム人口を抱えているといわれるが、その多くは九〇年代以降に移民や難民として渡ってきた人およびその子供である[13]。

当初、軍人の給料は、彼らニューカマーにとって十分魅力的であり、社会的に出世して頭角を現すためによいキャリアとして受け止められるのではないかと考えられた。しかし、スウェーデン軍の選抜条件は、各国と比べても特に厳しいものである。大学入学資格を取得可能な高校（専門学校ではないという意）でスウェーデン語と英語と数学を修め、微罪を含めて五年間犯罪歴がなく、心身ともに軍務に耐えられる健常な人であること、などの条件が課せられている。移民や移民二世の中には、スウェーデン語が不自由な者も少なくない。またスウェーデンの大学は狭き門であるため、そこに入学できるほどの学力を持つ者は、軍より給料が高く自由度の高い職業を選びたがる。したがって、徴兵制を廃止してから七年の間、リクルートは常に困難を抱えることになった。

そのため軍は、移民や二世をターゲットに、無料食事・宿泊を売りにした体験入隊プログラムを導入した。そうしたプログラムでは軍事教練と抱き合わせで勉学の授業も行い、高校卒業資格を取得することも可能であった[14]。移民や二世をターゲットにしようというのは、表向きは軍の多様性を高めるためと説明されたが、経済的格差や機会格差に軸足を置いた勧誘政策であることは明らかだった。より露骨な表現が飛び交ったのが、SNSやニュースへのコメント欄などを中心とするオンラインメディアでの言説である。そこでは、誰を志願兵としてリクルートすべきかという議論が盛り上がる中で、アフガニスタンからの移民をアフガニスタンの多国籍軍に派遣すればよいではないか、といった意見が頻繁に見られた。

結局、志願兵に頼る試みは壁にぶち当たった。軍は、年四千人の必要要員のうち約二千五百人しか集められなかったのである。そして、ロシアが再び勢力を拡張し、失地回復の動きに出始めた。クリミア併合やバルト三国への干渉、度重なるロシア発と思しきサイバー攻撃。冷戦後、「テロ」や「内戦」が主な脅威となるという考えは、やはり間違っていたのではないかという思いが次第に広まっていくことになった。ふたたび、強国ロシアを前にした自前の国防の重要性が高まったのである。

しかし、国防強化のために軍を増強しようにも一万七千人余りの常備軍の兵力すら、欠員が出て満たせない状況になっていた[15]。かつて花形であったはずの要衝を守る水陸両用部隊は人気がなく、志願兵たちは好みの配属先を「要求」するようになった。スウェーデンの志願兵制度は、契約上、たとえば二年間といった期間の義務付けがなく、通知すればいつでも辞めることができるため、十数%が毎年辞めていくという[16]。こうして、軍務を移民二世の志願兵に頼ろうという構想は、破綻が明らかになったのである。

徴兵制復活

欧州において、「冷戦後」のユーフォリアは明確に終わった。各国の軍事費は増加に転じ、国際平和維持活動を主体と考えてきた安全保障観は様変わりしている。志願兵制に移行してからわずか五、六年の間に、ふたたび憂鬱なリアリズムの時代がやってきたのである。

二〇〇六年の就任以来、ラインフェルト首相は金融危機からの回復に手腕を発揮し、財政均衡を目指して軍事予算を劇的に削った。二〇一五年にはスウェーデンの軍事予算はGDP比で一・一%まで落ち込んでいた[17]。ラインフェルト首相は、国際的にはオバマ大統領と良好な関係を結び、NATOやEUとの関係を深め、外交手腕を発揮した。しかし、ふたたび政権交代で中道左派連合政権が成立した二〇一四年には、内外の環境はすでに変わりつつあった。移民に排斥的なスウェーデン民主党が政治の表舞台に登場して、保守・リベラルの移民政策を攻撃し、またロシアがウクライナに軍事介入した。翌一五年には、ロシアはさらにシリア内戦に介入する。

ステファン・ローベン率いる社会民主労働党の連立政権は、政権発足当初からこうした環境変化に直面した。軍の欠員に危機感を深めた政府は検討委員会を設置した。そして、二〇一七年には翌一八年一月から平時の徴兵制を再開し、志願兵による欠員分を徴兵で充当する方針を決めた。再開初年度の二〇一八年は、一九九九〜二〇〇〇年に生まれた十八歳の男女約十万人から一万三千人を選抜し、適性検査でさらに篩《ふるい》にかけたのち、志願兵を含めて年間四千人を徴兵し、九〜十一ヵ月間の兵役に就かせることになった。選抜制であるため、適性があるとみなされた者しか実際には徴兵されないものの、規則上は徴兵逃れをした場合の罰則規定付きである。

徴兵制再開は、軍の欠員を補うだけでなく社会統合や政治的アジェンダ推進の目的にも利用された。例えば、フェミニズムや移民問題への対策である。二〇一〇年に平時徴兵制を停止して老若男女の全体国防義務を定めた時点で、戦時にふたたび徴兵を行う場合は女性も兵役対象とすることになっていた。実際、フェミニストで知られるマルゴット・ヴァルストローム外相は、二〇一六年一月の記者会見で徴兵制の復活を歓迎すると述べた。さらに、徴兵制が大量の中東難民流入への対処や自然災害に関して有効だとする見解を示している。[18]これに対し、国民の間では大きな反対運動は起きなかった。世論調査でも、七十二%が徴兵制の復活を支持し、反対は十六%にとどまった。[19]二〇一八年時点でのスウェーデンの兵力は現役が二万九千七百五十名である。

スウェーデンにおける平時徴兵制停止の失敗は何を教えてくれるだろうか。もちろん、そもそもスウェーデンが小規模な国であり、兵員を確保するのが難しいという背景抜きには語れないだろう。しかし、この経験は同時に、国民国家を創り、自前の軍でそれを守り維持することの難しさも教えてくれる。

軍務というのは必ずしも合理的な性格をもつものではない。兵士には高い能力だけでなく、国防に対する意識やプロフェッショナリズムが必要であり、移民やその二世にお手軽に負担を求めるのは難しい。彼らにとって、兵士という高リスクの職業につく動機は、経済的見返りだけでは十分ではないのだ。もしスウェーデン政府が十分な質と量の兵士を確保しようとするなら、息の長い取り組みとして彼らの教育や機会均等に力を入れ、出自に関係なく国民の統合を高め、多様性を担保しなければならない。この点で、二〇一八年の選挙で極右と見做されてきた移民排斥派のスウェーデン民主党が大躍進したことの意味合いは無視できない。スウェーデンの左右のメインストリームが合意してきた「国際貢献によるプレゼンス確保」「移民受け入れと多様性の推進」といったお題が、いまや争点化する時代になったということである。だとすれば、左右のメインストリームも国際貢献より国防重視、自国の利益重視を訴える方向に重心を移していくだろうと予想される。

国際貢献という理想を実現し、政府に外交上の利点をもたらすだけでは、現代の先進国において軍隊は十分な人員を集められない。ある程度のコストを伴った国際貢献を続けていくためには、やはりコスト負担の分有の意識が必要である。

スウェーデンが長年目指してきた国際社会における自律性は、いくらテクノロジーやグローバル化が進んだとしても、自前の軍隊なしには成り立たない。冷戦後の多国間協力に基づく介入主義も、結局は長続きしなかった。紛争介入の失敗が難民という形になって欧州に押し寄せ、また価値観も地政学的利害も異なるロシアが欧州の舞台に戻ってきたからだ。敵が強大な時には、安易な介入などできようはずもない。

軍隊の基礎はあくまでも国防意識に立脚する。その価値と労苦を十分知る者がある程度国民の間に存在しないと、軍隊という必要な装置を維持することはできないのだ。スウェーデンの試行錯誤は私たちにそれを教えてくれている。

2 スイス

中立を可能にする条件

スイスは最もよく知られた永世中立国だろう。この国もスウェーデンと同じく非同盟と徴兵を用いた重武装に立脚して自律性を守ってきた。スウェーデンは前節で述べた志願兵と選抜徴兵からなる常備軍のほかにおよそ二万一千人の国土防衛の民兵を擁しているが、スイスはさらに極端な政策をとっている。文字通り男子国民皆兵の制度を維持しているのだ。十八歳に到達すると、男子は十一週間の軍事教練を課され、以後三十四歳まで、一年に一回の短期訓練に戻る。軍事教練では、ライフルの使い方をはじめ基礎的な軍事技術を学び、そのライフルは訓練を終えた後、個人に支給される。女性は徴兵義務がないが、志願は自由であり、義務を課すかどうかが目下議論となっている。

現存する徴兵制の中では、スイスの国民皆兵制度が、辞書的な意味での「民兵」――常備兵に対して、平時は一般の職業に従事しながら定期的に軍事訓練を受け、有事の際に部隊を形成する兵のこと――に最も近い制度といえるかもしれない。そのように極端なまでに国民の間に国防意識を高める一方で、政治はあくまでも地方分権であり、現在は二十六のカントン（地方行政区）

ごとに高度な自治を行っている。連邦政府は、二〇一八年時点でコンパクトな約二万一千人規模のプロの現役将兵からなる陸空軍を保有し、司令、防空と国境の防衛に努めている。国民皆兵制の下で軍に組み込まれた約十四万四千人の予備役と、七万四千人ほどの民間防衛部隊がその軍を支える。中立国とはいえ、もしも敵に防空網が破られ国境内に侵入されたならば、スイス国民は全土でその敵に応戦するものとされる。第二次世界大戦中、スイスは中立を保ったが、国境警戒のため八十五万人の国民が軍に組みこまれた。同様に、いま一度国境が脅かされたならば、連邦政府はまた総動員を行うだろう。これは、兵器や戦術の高度化が進んだ現代において、軍事的には不合理であると思われる向きもあるかもしれない。だが、そもそも同盟に頼らずに小国が中立を貫くには、重武装と、全国民が血のコスト負担を共有する意識を絶やさないようにすることが欠かせないのだ。

もちろん、どの国でもスイスのようになれるわけではない。スウェーデンが北欧の厳しい自然条件に守られているように、スイスも自然の要塞に囲まれ、地理的特徴が永世中立を保つことに味方している。また、もっと赤裸々な現実もある。つまり第二次世界大戦中にスイスが中立国としての地位を維持できたのは、双方の陣営にとって便利な、とくにナチスドイツにとっては最も価値のある、都合の良い商売相手だったからに他ならない。

スイスは開戦前から戦中にかけて、枢軸国、連合国を問わず多数の国と武器輸出、金融取引を行い、その資金や物資はスイスを介して連合国から枢軸国へ、枢軸国から連合国へと渡っていった。ナチスドイツがスイスの国境を包囲すると、スイスからイギリスへの輸出は阻止されるようになった。[20]その代り、ドイツは軍需物資から乳製品に至るまでのあらゆる品をスイスから買い上げ、反対にスイスに輸出する石油や石炭の価格を吊り上げていった。その石油や石炭を買うためのスイスフランは、銀行が国債を買うことで市場に提供されていった。最終的にそうした構造を支えたのはスイスの国民経済であり、事実上彼らは国を挙げてナチスドイツの経済や戦争を下支えすることを強要されていた。スイスは独立を維持でき、第三帝国の戦車に蹂躙されることは免れたが、それはスイスがナチスドイツにとって軍事的脅威ではなく、また蹂躙するより利用することに価値があったからである。大国ではないスイスが国民を挙げて重武装しても、大戦争になればそこまでの効果しかなかったということになる。

現在のスイスも、他の国にはない独自の価値をもつことで中立国の地位を保ちながら繁栄している。欧州から見たとき、スイスは域内の金融自由特区のような特別の価値を持っている。スイスの銀行は顧客の秘密を最も固く守ることで知られ、資金洗浄の温床にさえなっているのが現実だ。また、つい最近まで国連にも加盟しておらず、現在もＥＵ非加盟国でありながら[21]、スイスはＥＵ市場に食い込んでいる。それはスイスが欧州自由貿易連合（ＥＦＴＡ）に加盟しているからだが、それが可能となった主な理由は、グローバルな金融業や製薬業などを中心とする強みを備えていることだ。スイスが自律性を保ってこられた背景には、このように様々な「好条件」が重なったうえに、国民皆兵制度を通じて共和国性を維持しようとする努力があることを指摘しておきたい。

戦わない徴兵制

これまで、スイスでは徴兵制の存続の是非をめぐる国民投票が三度行われている。毎回、圧倒的多数で存続が支持されており、国民からの強い支持が窺える。

　とはいえ、彼らが実際に戦争に従事する可能性はごく低い。軍の任務の一つに数えられている平和維持活動でも、スイスでは中立国たる憲法上の規定により、戦闘には従事してこなかった。これまで、朝鮮戦争後の中立国としての停戦監視をはじめ、紛争地域でのオブザーバーや医療支援など、比較的小規模な活動にとどまっている。前述のガリ国連事務総長の「平和への課題」提起で、平和維持活動の強化拡大の流れが作られた時も、スイス国民は一九九四年の国民投票で国連部隊への参加を否決した。

　先に触れたように、中立国であったスイスは第二次世界大戦の当事者ではなかった。また、冷戦期に受けた脅威もスウェーデンやドイツに比べれば少なかった。そのため、スイスには冷戦終結のインパクトはほとんどなかった。スイスがより積極的な国際貢献に目覚めたのは、むしろ同じヨーロッパで勃発したユーゴ紛争がきっかけだった[22]。近隣での紛争は、スイスにとって難民の大量流入を意味することに気づいたからだ[23]。政府は国際政治で言うところの「協調的安全保障」の考え方に基づく「安全保障協力」という概念を打ち出し、当時の国民もそれを支持した。協調的安全保障はテロや海賊への対策、紛争解決などを内容としており、同盟を忌避する永世中立国スイスにとっても、憲法との齟齬が生じない分野であった。

　そのようにして、一九九六年、ついにスイスはＮＡＴＯとのパートナーシップ協定に加入する。スイスは、ヨーロッパや世界に冷戦期のような敵対関係が生じていなければ、ＮＡＴＯの多国籍軍に参加しても中立を損なうことにはならないと考えたのである。一九九九年には、コソボへのＮＡＴＯの多国籍軍介入後に、二百名強の人員を非戦闘目的で派遣した。スイス軍のＰＫＯ派遣要員は、長らく護身用ピストル以上の武器携帯が禁じられていたのだが、二〇〇一年に要件が緩和され、正当防衛目的に限り、そうした武器を持つことが国民投票で認められた。これにより、スイスの要員が他国の軍隊に守ってもらわなくてもよくなった。二〇〇二年にはようやく国連加盟が実現する。

スイスの中立政策は、自国の安泰を図るための政策であった。それゆえに、自らの身に火の粉が降りかかりかねないユーゴ紛争のような事例に関しては、比較的柔軟な対応を取ったのである。その判断は国益上妥当なものではあったが、一方で、自国の安全にのみ執心し、自国と関係のない他地域での紛争解決には関心を払わないスイスの姿勢は、国際社会からはフリーライダーとして冷たい目で見られてきたことは確かである。

移民を統合しない国家

さて、イスラエルとスウェーデンの例で見てきたように、先進民主国家において共和国性を損ないかねない重大な論点は、一つは軍務負担の共有のあり方であり、もう一つは移民の受け入れとその扱いであった。

スイスは、およそ八百四十万人の人口を擁し、約二百十八万人の外国人を受け入れている。その意味では外国人受け入れの割合は多い方であるが、その一方で、スイスでは日本と同様、「外国人」という枠で居住者が語られる。スウェーデンが難民を多く受け入れ、公式の人口統計でも移民二世という表現を使わずに、宗教・地域を特定しない中立的な区分法を用いてきたのに比べて、スイスの内外の区別は、よりはっきりとしている。スイスにおける外国人は八割以上がヨーロッパ人であり、金融業や国際機関といったグローバルなビジネスマンから、商工業、サービス業に従事する労働者まで多種多様であるが、いずれも「外国人」と扱われる。

スイスは国際的ではあっても、移民労働者の国民化や統合は進めてこなかった。シリア情勢の影響で難民や移民が急増した二〇一四年、スイスは「大量移民反対」を問う動議を国民投票にかけた。投票結果はかなり拮抗したが、ぎりぎり過半数がEUの掲げる労働者の域内自由移動の原則に反対し、三年以内に移民制限を強化することを決めた。スイス国民はEUとの間に結んだ協定を覆す判断をしたわけだ。この結果を受けて、二〇一七年の法案では国内労働者の雇用確保の努力義務を設け、国内の雇用が打撃を受ける場合には移民制限を行えるようにした。

二〇一六年に行われたイギリスのEU離脱国民投票に際して、イギリス独立党（UKIP）の党首であり離脱派の急先鋒だったナイジェル・ファラージが繰り返し訴えたのも、「スイス的な待遇」をEUから得ようということだった。もちろん、人口比でいえば、スイスはイギリスとは比べ物にならないほど移民労働者を受け入れているから、イギリスとスイスを同列に扱うのはフェアではない。そもそもスイスは第一次世界大戦勃発時点で人口の十五％を外国人が占めていた移民受け入れ先進国である。人口の少ないスイスでは、移民の労働力が建設業や農業、工業を支えてきたのだ。

ただし、スイスの移民労働者の受け入れは多くのヨーロッパ諸国よりも圧倒的に先行していた分、制限政策の導入も早かった。一九三一年の移民法では移民労働者を一時的な受け入れ労働者として定義し、第二次世界大戦後も、その時々の景気に合わせて移民労働者の受け入れ量を調整するため、一九六三年には州ごとの季節労働者の受け入れ量に上限を設けることにした。

さらにシリア情勢の悪化後は、次々と前倒しで移民規制や彼らに対する恩恵の制限に踏み切っている。例を挙げるならば、求職中の外国人が社会保障を受けられなくする法律（二〇一六年）、ミナレット（モスクの尖塔）の建設禁止（二〇〇九年）などである。その移民制限の急先鋒を担うのがスイス国民党（SVP）であり、それを支えるのが地方の市民である。つまり、グローバルな金融都市で働くビジネスマンよりも、地方で製造業や農業などに従事する人びとの方が、移民労働者に対して警戒感を持っていることがわかる。他方で、移民三世が市民権を得やすくする動議も国民投票（二〇一七年）で可決されるなどしていることから、必ずしも移民排斥が主流派を占めているとまでは言えない。むしろ、移民政策の自主性と変更可能性を維持することが主眼なのだろう。しかし、イギリスのEU離脱意向を受けEUは硬化しており、スイスに対しても制裁的な意味合いが強い措置として、スイス国内の取引所におけるEUの株式取引を制限することを決定している。

スイスは移民に恩恵をあまり与えず、国民と移民の峻別を堅牢なものとする一方で、先進国では稀にみる厳格な国民皆兵制度を維持し、国民の統合を強化している。そして自国との利害関係の薄い域外紛争には無関心を貫き、最小限のリスクとコストしか負担しようとしない「自国民第一」の国家のあり方を続けている。それは孤立主義に流れがちな多くの日本人にとって、親和性の高いモデルであるかもしれない。しかし、スイスの人口は日本の十五分の一以下であり、また金融業をはじめとしたグローバルな競争戦略によって特異な立ち位置を確保しており、しかも比較的安全な地域に位置し、同盟に頼らず、国民皆兵制度を維持している。日本とスイスとでは、国家の置かれている条件に大きな違いがある。そこを見誤ってはならないだろう。

3　ノルウェー

ノルウェーにおけるリベラルな徴兵制

北欧の厳しい自然に囲まれたノルウェーは、日本と同じくらいの広さの国土に五百二十万人強の人口を抱える。二十世紀初頭にスウェーデンから独立し、第二次世界大戦中はナチスドイツに占領された。戦後はＮＡＴＯに加盟し、ＥＵには加盟していないが、ＥＵの基準の多くを受け入れて統一市場の恩恵に与っている。ノルウェーはその地政学的な位置からロシアを脅威として捉えてはいるが、イスラエルや韓国のように切迫した危険と隣り合わせの地域というわけではない。ノルウェーも徴兵制を採用しているが、その特徴は男女平等を貫徹している点にある。

一九七〇年代に、ノルウェーでは女性の軍への志願を認めた。七〇年代は欧米の多くの国で男女同権運動が広がった時代だった。ノルウェー軍の志願兵としてキャリアを歩んだ女性は次々と昇進し、戦闘機のパイロットも輩出し、一九九二年には潜水艦の女性艦長も誕生した。最近では空軍のトップが女性になった(24)。

女性の軍務志願者が増えて二割に近づくにつれ、徴兵制度で男女を同様に扱うべきではないかという意見が多数を占めるようになった。そこで、二〇一三年の法改正に基づき、二〇一五年からは女性にも徴兵制が適用されることになった。法改正の主な目的は、男女が平等な権利と義務を持ち、均等な機会を持つことで、性差別や性に基づく格差をなくすことであった。男女の格差を埋めていく上で、公的機関が積極的に女性の登用を進めることの効果は大きいが、それだけではなく、じつは軍がより広い母集団から最も有能な人材を採りたいという目的も存在した。軍事技術が進歩したことで、軍が女性に有能な人材を求める必然性はより増したということだろう。

毎年十九歳になる約六万人の若者のうち、実際に新兵として必要なのは八千人である。徴兵応召義務は四十四歳になるまで続く。能力に基づいて適格者を選抜した結果、二〇一七年の徴集兵のうち、三分の一を女性が占めることになった。彼らは兵舎の同じ部屋で寝起きし、共に肩を並べて訓練に参加する。

こうした徹底した能力主義に基づく徴兵が可能な背景には、二つの理由があるだろう。一つには、ノルウェーは豊富な政府予算で公務員を高給で雇える国であるということだ。二〇一五年に就業人口二百五十八万七千七百四人のうち、三十一・五%を公務員が占めていた（アメリカは二十七・二%、日本は十・七%）。ノルウェーの労働者の平均年俸はおよそ六万五千ドルであり、給与水準はヨーロッパでも飛び抜けて高いが、軍の給与も各国の水準から比べると並外れて高い。徴兵者にも民間と遜色のない高給を支払うので、優秀な人材が確保できるのである。それはノルウェーの有する豊富な石油と天然ガスという強みなしには成立しえない。ノルウェー政府は世界有数の石油ガス企業の一つ、エクイノールの株を六十七%保有しており、その収益を二〇一七年時点で保有資産一兆ドルの世界最大級のソブリン・ウェルス・ファンド、ノルウェー政府年金基金で運用するという体制をとっている。このような恵まれた環境によって、多くの公務員を雇うことができ、かつ社会保障を充実させることができるという事情があるのだ。軍自体は小規模ながら、GDP比一・六%もの予算が注がれている。

もう一つの理由は、やはり男女同権を追求する政治運動の強いエネルギーを吸収しているからだと考えられる。女性が軍に活躍の場を求める流れは、アメリカで黒人が地位向上のために軍に志願した時とは異なり、すでに女性の権利がかなり拡大した後に起こったのだが、それでも軍務につくことが女性の地位向上に資すると捉えられてきたことは間違いない。軍は七〇年代から継続的に女性が活躍できる環境作りをし、政治的にも女性兵士の増加が奨励されてきたことで、社会全体が女性の軍務参画をプラスのイメージで受け止めているという要因は無視できない。

こうした中で、徴兵制を停止したスウェーデンとは異なり、ノルウェーは士気の低い兵士や人員不足に悩まされることなく常備軍を維持することができたわけである。軍事大国ロシアを意識して、近年ノルウェーは北部の戦力を強化しつつあり、軍の任務の主体も北方の防衛にある。それによって、産業の少ない北部で軍や公務員の雇用が増え、軍の存在が地域経済を支えることにも一役買っている(25)。

同盟重視という選択

ノルウェーは、北欧諸国の中では例外的に同盟を重視しており、特にアメリカとの結びつきが非常に強い。また、ほかの北欧諸国と同様、伝統的に国際貢献や平和政策を重視しており、小国ながら国連PKOに多くの人員を派遣してきた。中東和平交渉でオスロ合意を仲介する役割を演じたことは、日本でもよく知られている。

このように外交と紛争調停に尽力してきた実績自体は、冷戦中も冷戦後も変わらない。しかし、冷戦の終結がもたらした効果も無視できない。冷戦期のノルウェーは、北欧諸国ならではの立ち位置を活かし、紛争に対してより中立的に振舞う傾向があった。米ソの二極構造が存在し、時に安保理が無力に陥ることを前提としながらも、あくまで国連などの国際機関のもとで埋想を追求するという性格をもっていた。しかし、冷戦終結で二極構造が解けたことで、その中立的性格は徐々に薄れていく。兵力引き離しや停戦監視とは違う、中立原則から外れるような多国籍軍の武力行使に協力することをためらわないようになった。もとより、スウェーデンやスイスとは異なり、ノルウェーは中立国ではない。そのため、多国籍軍への参加をめぐる国内議論はそこまで紛糾せず、政治における左右対立のメインテーマとはならなかった。

ノルウェーがさらに本格的に軍事政策を転換したきっかけは、コソボ紛争が起きたあとの二〇〇〇年である。一九九九年にコソボ紛争介入のためNATOが軍事介入を決めた時、ノルウェーの対応は著しく遅れた。これは日本における「湾岸戦争症候群」と同じようなトラウマをノルウェーに残すことになる。二〇〇一年に起きた政権交代でキリスト教民主党のボンデヴィークを首班とする保守政権が誕生すると、デボルド国防大臣が率先して軍制改革を行った。山岳地帯での偵察活動に長けた特殊部隊や高い地雷除去技術を活かし、NATOの軍事介入に積極的に加わる方向性を打ち出したのである。

ノルウェーはアフガニスタンで二〇〇一年から活動をはじめているが、その後に成立した中道左派連立政権のもとでもアフガニスタンに対しては関与を続けた。当該連立政権を率いた労働党のストルテンベルグ首相は二〇一四年にNATOの事務総長に転出し、アフガニスタンへのNATO地上軍増派を主導した。このことからわかるように、現在のノルウェーでは軍事タカ派とハト派による左右対立は存在しない。ノルウェーは、日本のように平和構築のための軍事関与を忌避する伝統がなく、左右ともに積極的な国際貢献を是としているのだ。ノルウェーは、アメリカやNATO諸国、ひいては国際社会に対するプレゼンスを保持することが国益に適うと考え、そのために行動している。実際、ノルウェー政府が任命した調査委員会によってアフガニスタン戦争参戦のレポートが出されたが、そこでも派兵の主目的は同盟強化であったことが明らかにされている。(26)

移民コントロールの強化

男女同権を重視する負担共有のシステムを持ち、分配の原資となる豊かな資源に恵まれてきたノルウェーだが、国としての一体性を維持する上での課題がないわけではない。それは、やはり移民の受け入れとその待遇である。ノルウェーでも、移民をめぐって政治変動が生じることになった。

二〇一三年はノルウェー政治にとって大きな転機であった。保守系連立政権の一角に、移民のコントロール強化と同化政策を訴える進歩党が初めて参画したのだ。従来、ノルウェーは移民の受け入れにも難民の受け入れにも寛容な国であり、多様化政策をとってきた。しかし、二〇一一年には世界を震撼させた乱射事件が起こってしまう。犯人はイスラム恐怖症の妄想に駆られた一人のノルウェー人青年で、彼は首都オスロの政府庁舎を爆破したのち、近くのウトヤ島に渡り、労働党青年部の集会を襲い、銃を乱射した。この二つのテロで計七十七人を殺害した。この事件は、ノルウェー社会に大きな衝撃を与えた。犯人に精神疾患診断の可能性が出てくると、それを理由とした無罪判決や減刑を恐れる人びとから、厳罰化の要請も相次いだ。

犯人がかつて進歩党に所属していた時期があることが明らかになると、同党が批判を浴びて勢力を失うかと思われたが、むしろ変化の方向は逆だった。国民の間では、犯人を批判しながらも、進歩党の言う通り、異なる文化やしきたりを持つ移民に対し、より積極的に同化政策を進めていかないと大変なことになる、と考える人の割合が増していったのである。その結果、二〇一三年に右派の進歩党がメインストリーム化することになる。

ノルウェーには、現在、二百七十万人程度の就業人口のうち約十五％にあたる四十一万人程度の移民労働者を抱え、移民二世までを含めると、移民全体の数は九十一万人超にのぼる。ただし、移民といってもイスラム圏よりも北欧や東欧からの流入が多く、八十％以上を欧州出身者が占める[27]。

ところが、移民二世に目を向けると、少し状況は変わってくる。欧州出身者は、母国に帰る人もいれば、ヨーロッパ系同士やノルウェー人と通婚が進む場合もある。しかし、中東を含むアジア・アフリカ出身者はルーツを同じくする集団内での通婚が多く、かつ多産傾向にある。したがって、アジア・アフリカ系が移民二世の六十五％近くを占めているのだ。つまり、言葉を変えれば、徐々に非ヨーロッパ移民にルーツを持つ独自の社会が出来上がってきているということだ。

いまノルウェーの街角には、同化政策を施すことなしに、ムスリム文化をそのまま受容することに反対するセンセーショナルなポスターが貼られている。表現方法はえげつないものの、一方で、今までノルウェー政治において大切にされてきた男女平等などの進歩的な価値観とは適合的であるとも言える。保守本流は決して極右になることはないが、極右が存在することによって保守本流が次第に変質していくことはある。ノルウェー政府は、ブルカやニカブのような顔を覆うヴェールを禁止すると決定した。

ノルウェーで、男女平等の徴兵制などの進歩主義的政策が実現したのも、移民に対して厳しい態度をとる進歩党が躍進したのも、等しく国民の政治選択によるものだ。それを矛盾と捉え「リベラルな多文化主義の限界」と指摘するのはたやすいだろう。しかし、ノルウェーは変質したと言っても移民とともに生きていこうとする姿勢を崩したわけではない。むしろ、そこにはカントの提示した「共和国」に向かって試行錯誤するノルウェーの人びとの苦悩が感じ取られる。負担を共有し分配を行う「われわれ」という対象、つまり「国民」の定義は、単にその国のパスポートを有するということだけでは十分ではない、と多くの人が考えているということだ。国境を越えて人びとが行き来するグローバル化の時代に、カントの言う「共和国」を維持するというのは、それ自体かなり難儀なことなのである。

4 フランス

徴兵制復活論

二〇一七年のフランス大統領選は極右が台頭した選挙であった。マリーヌ・ル・ペン率いる国民戦線（現・国民連合）が躍進する一方、既存の中道右派や中道左派の支持率が落ち込んだ。そうしたなか、新党「共和国前進」を率いる若きエマニュエル・マクロンが中道の票を引き付けて頭角を現した。決選投票で勝利したマクロンは、以前は社会党に属していたリベラル寄りの政治家である。九〇年代のヨーロッパに現れた、リベラルでありながらも政府の効率化と競争政策の導入を図る、改革左派の系譜を汲む人だ。そのマクロンの大統領選の選挙公約には、日本のリベラルからすれば驚くべきことに、「徴兵制の復活」の文字があった。

徴兵制を掲げる候補は親軍的なイデオロギーを持っており、軍にべったりなのではないかと受け止められがちだ。しかし、マクロン大統領は就任早々、軍と軍事予算をめぐって対立し、ピエール・ド・ビリエ統合参謀総長が辞任している。一方で徴兵制復活を目論み、他方では軍幹部と衝突するマクロン大統領とは、いったいどのような思想を持っているのだろうか。

日本ではあまり知られていないが、フランスは一九九六年まで徴兵制を布いていた。フランスは西側の先進国では珍しく、第二次大戦後にクーデターの危機を経験しており、不安定な民主主義の期間が長かった。フランスにおける徴兵制の意味合いと、政府と軍の関係を理解するために、戦後の歴史を振り返ることにしよう。

徴集兵のアルジェリア戦争

第二次世界大戦後、フランスが従事した主な戦争は、いずれも植民地独立を抑圧する戦争だった。インドシナ戦争（一九四六－五四）、そしてアルジェリア戦争（一九五四－六二）である。第二次世界大戦で従軍した人びとがふたたび駆り出され、戦争孤児がまた増えていくという、暗い戦争の時期だった。ただし、インドシナ戦争では職業軍人は別として、フランス本国からの徴集兵は使われなかった。フランスはディエン・ビエン・フーの戦いでベトナム軍に大敗を喫して継戦を断念する。本国から現地に派遣された常備軍に加え、植民地で大量に動員された兵士たちも含めると、フランス側の死者は四万七千人以上にものぼった。なお、この戦争のあとずいぶんと時間を経てからではあったが、第二次世界大戦から継続してフランスのために戦ってきたセネガル兵らを中心とした市民権を持たない兵士は、「血の贖い」と呼ばれた市民権付与を受けることになる[28]。

一九五四年に勃発したアルジェリア戦争は、それに比べるとフランスにとって内なる戦争であった。アルジェリア戦争に駆り出されたのは、フランス本国で召集された徴集兵らを中心とした兵士で、常駐兵力は二十五万人以上、延べ人数はなんと百九十万人にも上った。

アルジェリアで結成されたアラブ系のゲリラ組織、アルジェリア民族解放戦線（ＦＬＮ）による蜂起が起きたのは、一九五四年十一月一日のことであった。アマチュアのゲリラは、十分な武器も持たないまま小規模な戦闘から独立戦争を始めた。アルジェリアの軍や警察は蜂起の情報を事前に入手し、フランス政府内の所管大臣であるミッテラン内相に報告を上げたものの、さしたる手段はとられなかった。

しかし、アルジェリアに居住している白人であるヨーロッパ系植民者――「ピエ・ノワール（黒い足）[29]」と呼ばれる人びとで、この言葉には差別的な意味合いも込められている――は態度を一気に硬化させて、ゲリラに対して好戦的になった。彼らの利益を守る軍や警察当局も徐々に事態の深刻さに気付いて、慌ててムスリム弾圧に転じた。

そのような動きを見た本国のマンデス＝フランス中道左派政権は、アルジェリアはフランスの一部であって独立や自治が許されるべき地域ではないとし、反乱を鎮圧すると表明した[30]。議会では、極右はもちろんのこと、ＭＲＰなどの保守派、中道派もこの見解を支持、ミッテランをはじめとする左派もマンデス＝フランス首相を徹底的に支持する意向だった。マンデス＝フランスが「フランスのアルジェリア」を早々に宣言した理由の一つには、インドシナ戦争を終わらせた功績で得た世論の信任が、チュニジアとモロッコの自治の問題を巡って徐々に低下し、上院は反乱寸前だったという事情がある[31]。反対派や極右が、チュニジアとモロッコに自治を与えたことがアルジェリアの蜂起につながったと批判するであろうことは目に見えていた。そのため、もともと改革派のはずのマンデス＝フランスは、アルジェリア問題では植民者の圧力団体を恐れて保守化し、正しい選択肢を取らなかった。問題を先送りし、自らの内閣を延命させるために、ゲリラと戦う覚悟を決めたのである。

しかし、戦争はまったく思い通りにはいかなかった。当初ミッテラン内相は軍事攻撃の度合いを限定しようとしたが、それがかえってムスリムの蜂起に恐れを抱くアルジェリア議会議員やピエ・ノワール幹部らの不信を煽る結果となる。それに加えて、ゲリラ戦のプレッシャーにさらされた軍や警察、憲兵が徐々に独断的な行動を取るようになり、それが第四共和政の崩壊とド・ゴール体制下でのクーデター危機に繋がっていく。

情勢を十分把握せずにアルジェリア入りした軍隊は、現地入りしてから途方に暮れることになった。ゲリラ戦の内実や、アルジェリアのムスリムの貧困と彼らが植民者から受けている弾圧の現実は、本国にいたときの想像を超えていたからである[32]。要は、本国の人びとはここまで「汚い戦争」を想像していなかったということだ。

ド・ゴールは、国益を見定めてアルジェリア独立を認める方向に舵を切った。しかし、独立容認に反発する入植者に加え、一部の現地化した将校たちは先鋭化していく。アルジェリア問題はフランス国内に分断をもたらし、とうとう本国の独立許容派に対するテロまで起こってしまう。しかし、自らも暗殺の危機に晒されながら強い指導力を発揮したド・ゴールが、軍の掌握に努めた結果、独立反対派の将校たちの反乱を押しとどめた。軍内の良識は、かろうじて維持されたのである。

ここで注目すべきは、ド・ゴールがクーデターを防げた背景に、軍の中で多数を占めていた徴集兵たちの存在があったことである。リベラルな市民感覚を持つ彼らが率先してド・ゴールの命令に従ったことが、結果的にフランスをクーデターの危機から救うことになった[33]。こうしてアルジェリア戦争はその後も紆余曲折を経ながらも徐々に収束に向かい、一九六二年七月にアルジェリアは独立を果たす。この戦争におけるフランス軍の死者は、最終的に二万六千人に上った。

徴兵の形骸化と終了

アルジェリア戦争終結後、一九六二年十月から十一月にかけて米ソ間で発生したキューバ危機を経て、冷戦構造は徐々に安定化に向かう。それに従って、フランスで行われていた徴兵制も、また違った性格のものとなっていった。

ド・ゴール大統領の判断で核武装したフランスは、NATOの中でも独自の安全保障政策をとるようになる。通常兵力に限定して言えば、ヨーロッパではソ連軍が戦力で他を圧倒しており、西側諸国は一蓮托生の状況にあった。そこで、ド・ゴールは旧敵である西ドイツに急接近を図る。独仏の国境沿いを流れるライン川は、両国の共同防衛の象徴となった。今でも徴兵訓練を経験している四十代後半以上のフランス人の中には、ドイツまで行って共同訓練したことを懐かしむ人もいる。一緒に生活をしたことで、ドイツ人がもう悪魔のような人間だとは思わなくなったというのである。当時のフランスは、信頼醸成措置も含んだ共同訓練プログラムを通じて、有能な西ドイツ軍に徴集兵の訓練をしばしばアウトソースしていたとも言えよう。けれども、現実の世界では、ライン川をソ連軍の戦車部隊が越えた時には、すでに核戦争が始まっているはずだった。フランス国民の徴集兵はあまりアクチュアルな意味を持たない最後の砦でしかない。ゆえに、冷戦後期の徴兵制度はどこか牧歌的であったことも否めない。

冷戦が終わると、ソ連の脅威は消え、平和構築目的で積極的な地域紛争介入が行われる時代を迎える。フランスはルワンダ（一九九〇－九四）、コートジボワール（二〇〇二－〇四、二〇一一）、マリ（二〇一三－一四）に介入する。また、ソマリア（一九九三－九五）、湾岸戦争（一九九一）、ボスニア紛争（一九九五）、アフガニスタン戦争（二〇〇一－）、リビア（二〇一一）では、PKOや多国籍軍の一角として軍を派遣した。

そうしたコンパクトな軍事作戦が主流となる中では、常備軍はもはや徴集兵を必要としない。そこで、九六年にシラク大統領は、当時十ヵ月間に定められていた徴兵制を段階的に終わらせる決断を下した。冷戦後に必要とされたのは本土防衛ではなく、平和構築のための介入だったからである。フランス軍が完全に志願兵制に移行したのはその五年後の二〇〇一年だった。

テロと徴兵復活の声

ところが、その二〇〇一年以降、世界は次第に混乱期に差し掛かっていく。同時多発テロが起こり、アメリカのイラク戦争に端を発した中東の秩序の崩壊が、「アラブの春」と呼ばれた民主化への期待と相俟って、リビア、シリアなどで内戦を呼び起こす。そして、シリアではアサド政権に弾圧された反体制派の住民が難民化して、大量に欧州に流入し始めたのである。他方で、権力の空白地域にはＩＳなどのイスラム系過激派集団が勢力を広げ、グローバルにテロリストをリクルートして、先進国内でテロを引き起こした。

フランスは、シャルリー・エブド事件（二〇一五）、パリ同時多発テロ（二〇一五）、ニースのテロ（二〇一六年）と連続してテロに見舞われた。フランソワ・オランド大統領はパリ同時多発テロを受けて非常事態宣言を発し、それを延長し続けた。それとともに、二〇一五年には「市民役」制度を拡大して施行した[34]。市民役とは、十六歳から二十五歳の若者が経済的な対価を得ながら公共サービスに従事する制度で、消防士としての訓練からホームレスの救助まで多様なプログラムが含まれる。徴兵制の代わりにフランス国民としての自覚と連帯感を涵養する役割も期待されたが、この頃の市民役はむしろ、雇用対策としての側面が強かった。税金を投入し、職業訓練の機会と給料を若者に与えることができたからだ。二〇一四年には三万五千人の若者が市民役を体験していたが、オランド大統領は二〇一五年の制度拡大によってこの人数を十万人規模程度に引き上げたいと考えていたという。

このようにフランスの治安が悪化し、移民の排斥を叫ぶ政治勢力が頭角を現し、国民統合が危機に晒される中で、再び徴兵制を復活すべきだとの議論が高まってくる。シャルリー・エブドのテロを受けて行われた二〇一五年一月の世論調査では、八十％の国民が徴兵制に近い国民役の復活を望むに至った[35]。年齢別には高齢になるほど国民役復活に賛同しており、三十五歳以下は六十九％が、六十五歳以上では九十％が賛同した。それまでも、世論調査ではおよそ六十％の人が徴兵制の廃止を悔やんでいるという結果が出ていたことからもわかるように、徴兵制再導入に対する異論は少ない。

フランス社会はおよそ九%のムスリムがいるとされる。もちろん多くが移民二世や三世として定着しており、過激派を生み出す率はごくわずかだ。けれども、千七百〜二千人ものフランス国籍を持つ人びとがシリアに渡航し、テロ組織に加わった事実は重い[36]。移民の失業率が非移民の二倍の水準であることも社会不安を増大させている。フランスは国民統合ができていないのではないかという左派からの懸念、あるいは国民に愛国心を注入したいと考える右派からの要求が、徴兵制復活を後押ししているのだ。

二〇一七年の大統領選

二〇一七年の大統領選は、一連の難民流入やテロリズムの影響が色濃く感じられる選挙戦となった。最右派の国民戦線(当時)のマリーヌ・ル・ペンは、三ヵ月の兵役を提唱し、国防費の倍増を掲げた。大統領候補の中で最左派のメランションは、九ヵ月に及ぶ徴兵あるいは環境保護活動を公約に提示した。続いてマクロン候補は、「軍と国民のつながりを強めるため、短い期間であっても軍での生活を体験してもらいたい」として、一ヵ月間の兵役を提唱した。主要候補で唯一兵役の復活に反対したのは、共和党のフィヨンだった。彼は保守派であり、軍は国民の教育機関ではないとして、軍事的合理性から兵役の必要性を却下したわけである。

結果的にはマクロン候補が勝利を収め、大統領に就任する。すると、軍内の異論や閣僚の抑制的な意見にもかかわらず、マクロン大統領は積極的に一ヵ月の徴兵義務化を進めるとした。もちろん、欧州で一般的な良心的兵役拒否制度は認めたうえでである。徴兵制をとらないイギリスや日本など各国のメディアは、フランスの世論が軍事的に必要のない徴兵制を支持していることに、些か困惑気味である。けれども、それはフランスが直面する課題を、「我が事」として捉えていないからなのかもしれない。

マクロンの徴兵制復活は、軍の要望によるものでもなければ、軍備の経済的コストを節約するためでもない。むしろ、大幅な費用がかかることが見込まれている。[37] けれども、国民の六割はマクロンの提示した徴兵制復活を支持している。それは国民の多くが、危機に晒されている共和国を維持する必要を感じ、徴兵制復活をそのための連帯の試みとして受け止めているからであろう。

5　各国の経験に何を学ぶか

戦う徴兵制の経験

ここまで、各国の徴兵制と国民統合をめぐる経験を見てきた。民主化後の韓国は「戦う徴兵制」ゆえに融和的な世論が生まれやすくなった。それは、かつての韓国を考えれば実に驚くべき変化であるが、それを民主化だけで説明することはできない。民主化が進み、また経済的にも豊かになる中で、徴兵制が果たす意味合いが以前とは変わってきたという要素も考慮に入れる必要がある。

「血のコスト」の負担共有という点に照らせば、韓国の徴兵は男性若年層の中ではかなりの程度平等が達成されているが、それでも世代と性別に偏りがあるために本当に負担が広く共有されているわけではない。だが、第四章で見た通り、少なくとも徴兵制によって若年層に戦争を我が事として捉え、忌避する契機が生じていることは疑いのない所だろう。もとより徴集兵の家族や恋人などの存在を勘案すれば、さらに徴兵制の戦争抑止効果は強いものと考えられる。

一方で、朝鮮半島に関しては、大量の陸軍を常に臨戦態勢においておくことによる戦争準備効果があるという批判は当たっている面もある。戦争準備が過度に整うことで、徴集兵も戦争の道具となってしまう危険をはらんでいるからだ。しかし、たとえ戦争準備効果が否定できないとしても、少なくとも徴兵制ゆえに軍が好戦的になるという傾向が見られない以上、戦争準備から実際の開戦に突き進む前に、二〇一〇年に観察されたような徴兵制の戦争抑止効果が現れることが期待できるだろう。

イスラエルは、韓国と同様、先進国でありながら高い安全保障上の脅威に直面し続ける国家である。韓国と異なるのは、初めから民主制が敷かれ、上からの強制的な動員ではなく、自警団を基礎に持つプロフェッショナルな革命軍を組織していたことだ。ジェノサイドの生き残りを受け入れ、貧しさの中で国家建設をスタートしたイスラエルにおいては、国民の負担共有が初めから当然に想定されている。また、その社会主義的な国家建設の時期と、対外戦争に常に備えなければならない緊迫期とが重なっていたがために、メインストリームのアシュケナージムを中心とした社会の連帯が存在しやすかった。そして、そのような社会の中核的存在である予備役将校の中から平和運動が生じることになる。これは、徴兵制が戦争目的に疑義を差し挟む契機を提供した事例であるといえる。

しかし、そんなイスラエルでも、アウトサイダーであった宗教右派が新規移民の支持を得て台頭していくにつれて、徴兵制度が少しずつ変質しはじめている。国家の最エリートが最前線の戦闘部隊で戦っていた時代とは異なり、都市部のリベラルな若者たちは、徴兵されるとなるべく低リスクの配属先を求めるようになっていった。一方で、不法な入植地で宗教右派の影響を受けて育った新規移民や、これまで徴兵されて来なかった超正統派などの学校に通う若者たちが、召集されるようになった。両者の間では、何が国益であるかをめぐって激しい対立が生じるのみならず、軍の現場においても、宗教的態度をめぐる分断が悪影響を与え始めている。

最近では、イスラエルでもっとも意欲的に徴兵に応じる層が、主流派のアシュケナージムから宗教右派へと変わりつつある。宗教右派は、植民地戦争とも受け取られかねないような、占領地の拡大とその防衛を主張する。それに対するまっとうな反対意見は存在するが、それが軍全体の声として強く押し出されるためには、プロの軍人よりも社会と多様な接点を持ち、広い視野から柔軟な思考ができる予備役将校のプレゼンスが確保されていなければならない。

もしイスラエルにおいてこのまま社会の分断が進み、国民の負担共有の概念が揺らいでしまえば、平和へ向かう徴兵制のメカニズムが働きにくくなってしまう。利害が強く認識されないイデオロギッシュな平和運動は、熱しやすく冷めやすい。実際に血のコストを負担する徴集兵や予備役の中から自然発生的に生まれる平和運動こそ、平和に対する強い関心を広く惹起し、長く持続させる力を持つ。イスラエルの事例は、成熟した自由で民主的な社会と、高いレベルでの国民の負担共有を両立させることがいかに難しいかを示している。

イスラエルにおける徴兵制の戦争抑止効果については、これまでに取り上げてきたアメリカのベトナム戦争やフランスのアルジェリア戦争から得られる知見とも通ずるところがあった。民主化する前の国家とは違って、民主国家で国民を動員して戦争を行えば、彼らの判断いかんで時の政府は下野に追い込まれうる。それがまさにアメリカで起きたケースだった。フランスでは、クーデターから民主主義を守ったのは徴集兵たちであったし、その判断が植民地戦争の終わりを支えたのである。

象徴的な負担共有と理想

そして、安全保障上の高い脅威には晒されていないが、ＰＫＯなどの軍事的な国際貢献を行うヨーロッパの国々の経験も見てきた。徴兵制度は（よほど人口が足りないのでない限り）ほとんどの場合、軍事上の必要性はない。実際、第三次世界大戦に備えざるを得なかった冷戦時代が終結すると、もともと空洞化しつつあった徴兵制度はヨーロッパの多くの国で縮小や廃止の方向に向かう。

しかし、冷戦が終わり国民の安保意識が低下する一方で、一部の国々では、地域紛争に対応すべく多国籍軍による介入やＰＫＯなどの活動をより積極的に行うべきという考えが出てきた。その中で、各政府は手間のかかる民主的な手続きを迂回し、より迅速で柔軟な軍の運用を望むようになる。その結果、スウェーデンもフランスも徴兵制を停止した。

しかし、徴兵制の廃止は、スウェーデンでは国防意識のさらなる低下を招き、兵員が不足するという事態を呼んでしまった。そこで政府は軍務を移民二世に頼ろうとし、また軍務を通して彼らを国民として統合しようとしたが、その試みは失敗に終わる。軍務は、必ずしも経済合理性のある選択肢ではないし、安易に移民二世に頼ろうとすれば、国民の間にまた別のハレーションを生みだしうることが明らかになった。しかも、国防意識が低下するなかでロシアをはじめとする脅威は増大し、安全保障環境の不確実性はかえって増している。中核的な国民が軍務に対する関心を維持しなければ、軍の維持すら危ういということである。

もっとも、アメリカの歴史を振り返ればわかるように、黒人たちによる軍務貢献が、一定の平等に結びつくまでにかかった時間は、数十年のスパンの話ではない。マイノリティ出身の軍人が活躍することは、マイノリティにとってロールモデルの一つとなりうることは確かであるし、また軍務の負担共有が多様な国民を統合し、共和国性を涵養し、軍事力行使に対する抑制的な態度を生み出す潜在力は否定できない。この先、スウェーデンの徴兵制再開がどのような効果を生むのか、ある程度長いスパンで注視していくことが必要であろう。

スイスやノルウェーなど、独自の象徴的色彩の濃い徴兵制を維持してきた国々の経験も振り返ってきた。両国とも、自らの国際的な地位を検討したうえで、戦略的に徴兵制を維持している。それは彼らなりの解の出し方であり、どの国にも応用できるとは限らない。

スイスの徴兵制は、天然の要塞のような地形や独特な金融戦略上の位置づけに下支えされている。スイスは移民を多く受け入れながらも、決して彼らを「国民」として包摂しようとしない。スイスでは、スイス国民か外国人かの違いは明確であり、徴兵制が義務付けられているのは現在でもスイス人男子だけである。果たして、このような「自国民第一」主義を、この先、日本のロールモデルにすべきなのか、あるいは反面教師とすべきなのか、私たちはよく考えなければならない。

ノルウェーの徴兵制は、少ない人口と油田のもたらす圧倒的な富に下支えされ、また同国伝統の男女平等運動のエネルギーを推進力としたものである。その結果、NATOに貢献できる質の高いコンパクトな軍隊を維持することができている。しかし、この先、非ヨーロッパ系の移民二世の人口が増えていく中で、これまでと同様の特質を堅持できるのか。近年ますます支持されるようになってきた移民の同化政策、あるいは移民をコントロールしようとする政策の行方が注目される。

そして、フランスで新たに導入されることになった国民役は、目的としてはもっとも国民統合の色彩が濃いものである。フランスは頻発するテロや、多文化主義によって国民が共通の政治的文脈から逸脱していく危険に対処するため、中道左派が独自の共和主義の強化を進めている。そこにおいて定義されるフランス人性とは、極右が主張するようなキリスト教と白人の文化に基づくものではなくて、「人種」という概念など存在しないといったような苛烈な共和主義である[38]。こうした姿勢は、比較的同質性の高い閉鎖的な日本社会にはなかなか真似ができないものであろう。

ここに挙げた国々は、いずれもグローバル化の影響から国民国家を防衛しようという意志が強く見られる。だが、それらの国々は決して鎖国をしたりグローバル化を否定したりしているわけではないことに注意すべきである。言ってみれば、これらの国の辿ってきた道は、グローバル化の中で国民国家というまとまりをいかに維持し続けるかという試行錯誤であり、同盟や国際環境に翻弄されながらも、安全を保つための生き残り戦略を模索するものであった。

国際秩序が大きく変動するとき、国家は経済的にも軍事的にも生き残りをかけて適応すべく行動に出る。その行動を支えるのは国民の意志であり、危機意識である。とりわけ民主主義国においては、そのような国家の大事を、国民一人ひとりがいかに「我が事」として考え、慎重かつ賢明な選択ができるかが問われる。その時、国民の間に負担共有の感覚がなければ、正しい判断は生まれにくい。一部の国で試みられている徴兵制という負担共有の仕組みや、国民国家の再統合と強化は完全なものではないかもしれないが、二十一世紀の平和を実現するための努力の一つとして記憶できるだろう。

いずれにせよ、世界が今、実効的な安全保障、健全な民主主義、すべての階層に望まれるグローバリゼーションの三つを同時に成り立たせるための新たな解を必要としていることは確かである。私たちは思考停止してはならない。

おわりに――国民国家を土台として

なぜ国家という存在が必要なのか。最後に、「はじめに」で示したこの問いに立ち戻ってみたい。

国家の悪をあげつらうのは簡単だし、実際、国家が「正しい戦争」としたものは、事後的に見ればそのほとんどが正しくないものであった。それでも本書は、国民国家という枠組みを前提に、それを強化しながら、望まれたグローバリゼーションを進め、負担を共有し、戦争にかかわる判断をより抑制的にしていくための処方箋を示してきた。なぜなら、何をもって平和を築くかという土台の設定にこそ価値があると考えたからである。

平和の実現という課題を突き詰めて考えていくと、その最たる問題は、国家に、国際政治構造上も国内政治構造上も戦争をする権限があるという一点に行き着く。このことは、「人間団体に、正当な暴力行使という特殊な手段が握られているという事実、これが政治に関するすべての倫理問題をまさに特殊なものたらしめた条件なのである」とし、政治における特殊な倫理の問題を直言したマックス・ヴェーバーの指摘と呼応している。

この問題は、国家を解体して世界政府を樹立しても、じつは消え去らない。仮に世界共同体が実現したとして、そこに争いがあるときに、世界市民はどのような人びとをそこに調停者ないし制圧者として派遣するのだろうか。ヴェーバーの指摘における「人間団体」を「世界政府」として読み替えてみれば、実は、世界共和国の実現は暴力行使の正当性とその血のコスト負担という問題をいささかも解決しないことが分かるだろう。

したがって、人間の限界を踏まえながら、その進歩を図るという困難な道を、私たちは歩まなければならない。つまり、国民国家という共同体と、民主主義という不完全で不安定なものを前提として、さまざまな補強を施し、平和を築く方法を考えなければならないということだ。そこにおいては、細分化された専門分野ごとに設定された目標を寄せ集めるのではなくて、広い視野で課題を見抜く力が求められている。

本質的な課題は、ガバニング・ダイナミクス、つまりこの世の中の動きを支配する根本的な力に対する理解なしには見出すことができない。第二次世界大戦を受けて考え抜かれたガバニング・ダイナミクスは、アメリカが主導する抑止と制度構築による平和であった。アメリカは公共財を提供し、国家間協力を助ける一方で、力による抑止を働かせてきた。世界を把握するにあたって、リアリストはアメリカの相対的国力に応じて、勢力均衡や覇権による安定を使い分け、リベラルは国連の集団安全保障体制と自由主義諸国間の協力を基礎とした協調的な秩序を説いた。しかし、リベラルの国家間協力を前提としたモデルは、圧倒的に自由主義諸国間の連携を基礎に置いていた。歴史的に見て、アメリカなしには成立しえなかった連携である。一方、リアリストは、経済のグローバル化が及ぼす影響を軽視しがちだし、力による政治に不断に作用を及ぼす

「主観」の役割を捉えきれていない。

アメリカの世紀が真に終わりを告げるまでには次のガバニング・ダイナミクスを規定しなければならない。本書はその初期的な試みのひとつとして書いたものである。

変化に対応する変革の時代には、常に「保守的な変革者」と「革新的な変革者」がいる。本書で言えば、常備軍の処遇改善を選ぶのが前者であり、徴兵制による血のコストの負担共有を選ぶのは、後者の中でも最も革新的な部類ということになる。現実的に考えれば、この二つの路線を同時に追求し、その矛盾がもたらす緊張関係に耐えながら永遠平和の道を探っていくことが、本書のとりあえずの結論ということになろう。もしかすると、保守と革新双方の相克の上に、もっと制度的に止揚した解決策が現れる可能性もある。けれども現段階で見通せる範囲内では、ここで出した結論はしばらく揺らがないだろうと思っている。

本書を読んで、「国民」に随分と期待するものだと感じられる方々もいるだろう。たしかに世界的にポピュリズムが猛威を振るう中で、ナショナリズムのバイアスのかかった民意ほど当てにならないものはないように見える。しかし、権力機構としての国家の維持を自己目的にするのではなく、政治に参加する国民たち自身がその主権を動かすのでなくてはならないという原則に立脚するならば、最終的にはデモス（大衆）に運命を委ねざるをえない。ここに言う「国民」とは、あくまでも国家における政治に参加する人びとのことであって、特定の文化的属性の共有を前提とするものではない。政治エリートも、軍エリートも、常に判断ミスを犯す可能性がある以上、国家の存亡がかかるような軍事的決断は、せめてそのような開かれた国民の民主的な意志に託そうという覚悟である。結局のところ、私たちの運命は私たちの決断の中にしか存在しないのだから。

現実に立ち返ってみれば、民主国家が行ってきた戦争は、無知から来る異質なものへの敵意、指導者の政治的利益に基づく裁量、国民が我が事として考える想像力の不足、正義を武力で実現することのコストの低下、などの要素が働いた結果として起きた事象である。それらは抑制装置から零れ落ちた事象だからこそ、これまでに築きあげた既存の国民国家をそのまま土台として維持し、さらにその民主主義を良い方向へと導いていくための処方箋を考えるべきではないか。

人、物、情報が国境を自由に超えていくグローバリゼーションの時代を迎え、また一方で地域コミュニティや地方分権が重視される時代において、今さら国家の仕組みをさらに強化するという方向性に疑問を感じる人もいるだろう。しかし、国防と治安を提供し、人びとを統合し、徴税と福祉を循環させることの出来る枠組みは、見通せる限りの未来では、国民国家しかありえないだろう。国民国家に背を向けては、平和は訪れない。

あとがき

筆をおき、あらためてどうしてこの本を書いたのかを考えている。「戦争は権力者が始めるものだ。市井の人びとは平和を望んでいる。軍という存在自体が戦争を待ち構える、暴走しかねない装置だ」――とこう書けば、きっと大きな賛同が寄せられたはずだ。

実際に私は、権力者を監視し、軍を統制することは民主国家にとって不可欠だと考えている。けれども、実態としての民主的社会は必ずしも平和志向ではなく、そこにおける軍が好戦的でもないことを知ってしまった以上は、そうは書けなかったということだ。ブッシュ、オバマ両政権下でイラク戦争とアフガニスタン戦争を担当したゲーツ国防長官は「アメリカで一番大きなハトは軍服を着ている」と言った。

それにしても、なぜ徴兵制などを論じようと思ったのか。徴兵制は私たちの自由を一時的に奪い、日々の安定した暮らしを阻害するものとして働く。そんな徴兵制をプラスに評価するという「暴論」を立て、これまで違和感なく研究してこられたのには、やはり私の生い立ちも関係しているだろうと思う。

私の父は、私が小学生の時、定義上は自衛隊員になった。もともと人文系の研究者であった父が防衛大学校に教官として転職したのは、偶然の出来事にすぎなかった。しかし、それまで軍事とは何の縁もゆかりもなく、近しい親類にも出征した人がいなかった私の家族は、突然、自衛隊という「ファミリー」に接続したのである。知らなければ知らないで済ませられたはずの彼らの集団生活を聞くにつけ、そのプロフェッショナリズムの内側や、当時はまだ低かった社会的認知について、考えさせられた。そして、彼らが政治家と国民の胸三寸で運命が左右される境遇に置かれているということに気づいた時、それまで私が学校で受けてきた「平和教育」とは決定的に距離が生じてしまった。

こうして私の中に、民主国家には彼らをきちんと処遇し、死地に追いやらないようにする責任があるという発想が芽生えた。読者の中には、私が子供を持つ母親として徴兵制を論じることに忌避感を抱かないのかと、いぶかる方もいるかもしれない。けれども、子供を戦火から遠ざけようと思えば、やはり私はこのような形で本書を書くしかなかった。戦後秩序が崩れようとしている現代の世界において、民主国家が平和を守っていくためには、国民が戦争を「我が事」として捉える仕組みがどうしても必要だ。実際、それは私たち自身のことなのだから。

本書を国際政治学者の「机上の空論」として切って捨てることは簡単だろう。理論とはそもそもそのような性格を持っているものだ。けれども本書は、単に人目を引くための「暴論」ではない。アカデミズムの厳正な検証を経た前著『シビリアンの戦争』で発掘した問題を、さらに踏み込んだ形で考察したものである。その際、不確実な未来において徴兵制の維持や廃止が持ちうる意味を探ろうと、できる限り他国の事例を渉猟して裏付けに努めた。それぞれの国が抱えるストーリーと試行錯誤は、日本人にとっても学ぶところが多いはずだ。

それでも、本書が多くの弱点を抱えていることは確かであろう。私自身それを誰よりも痛感しているが、あとは読者諸賢のご判断に委ねるしかない。理論とはどこまでいっても不完全なものにすぎない。現在、戦後秩序が崩れようとする中で、大きな地殻変動が各国の内政においても国際政治においても生じつつある。平和国家とはかくあるべしという自画像が揺らぎつつあるこの時期にこそ、本書を世に問いたいと思ったのである。

＊＊＊

博士論文を仕上げてからの八年間、たくさんの方のご恩に恵まれた。研究室を巣立ったとはいえ、引き続き理解ある上司としてご指導いただいたのが、藤原帰一先生である。前著を初めに『AERA』で書評してくださった苅部直先生には、私の議論が一般に読まれるはじめのきっかけを作ってくださったこと、そして、シビリアンの戦争が解けない問題であるという点をご指摘いただき、感謝している。本書を仕上げる段階でも数々の有益で丁寧なご指導をいただいた。

二〇一〇年に博士論文を仕上げたときに主査として関わってくださった田中明彦先生には、民主的平和論を根底から覆し得る可能性を秘めているが、それを立証してはいないのが惜しまれるという評価をいただいた。また、藤原帰一先生からも、シビリアンの戦争が起こる条件を示してほしかったという課題をいただいた。それぞれに温かい励ましであり、また的確なご指摘であったが、本書では直接的にお答えすることができなかった。戦争はそこまで頻繁に起こる現象ではなく、なかなか統計的手法に馴染まないところがあり、またＰＫＯのような紛争介入の事例と、国家間の旧来の戦争を一緒に論じてしまってよいのか、という問題もあり、ＪＳＰＳ科学研究費助成事業「研究活動スタート支援」をいただいて継続研究を行いながらも、悩みは深まる一方であった。また、石田淳先生には軍の戦争反対が生じる理由でもある所の、軍の戦略思想について考えてみたら面白いのではないかという示唆をいただいたが、こちらも本書の中心テーマにはできなかった。ただ、これら研究者の大先輩からの刺激を受けつつ悩む過程がなければ、自分の関心に沿った研究が立ち上がってくることはなかっただろうと思う。改めて感謝を申し上げたい。

二〇一三年の日本政治学会では、遠藤乾先生のお声がけにより、「市民社会は平和をもたらすか」というプログラムの中で、「共和国によって平和を達成すべき」という本書の軸となる部分について、発表をさせていただいた。そのとき、遠藤先生の核心を衝いたご質問に答えて、「デモスが間違った判断を行う時には国は滅びる」という「諦め」を表明したことを私は覚えている。それは私の研究態度をずっと貫くものだったと思う。

同じく本書の研究の一部を発表させていただいたのが、萩原能久先生の慶應義塾大学でのゼミ、および駒場国際政治ワークショップである。駒場のワークショップでは、戦争を防ぐための研究なのか、それとも倫理的にコスト負担が偏っていることを問題視する研究なのか、どちらなのかというご質問をある院生の方からいただいた。その両方であると私はお答えしたが、本書がそれに対する返答になっていれば幸いである。

新潮社の三辺直太さんから執筆のお誘いを受けたのが、二〇一二年の末であった。何度かお話をするうちに、「共和国による平和」という仮題で執筆するという話になった。私はそのとき、一歳半の子供を抱っこ紐で抱えて、どこへでも連れて行きながら仕事をしていた。三辺さんには幾度か子連れミーティングにもお付き合いいただいた。

そこから、六年間。ようやく期待にお応えできた。その間さまざまなことがあったが、私は二〇一四年が一つの転機であったと思っている。当時、アフガニスタン戦争は泥沼化し、中東の紛争介入も失敗し、欧州ではシリア難民の受け入れをめぐって次第に排外主義的な主張を行う政党が躍進していった。そうした国際環境のもと、「シビリアンの戦争」研究と並行して進めていたグローバリゼーション研究から大きな影響を受け、本書で示した「平和のための五次元論」の構想が固まっていった。この年の夏、文藝春秋の前島篤志さんと波多野文平さんのご依頼で、「平和のための徴兵制」というテーマで『文藝春秋ＳＰＥＣＩＡＬ』に寄稿し、そのなかではじめて「平和のための五次元論」を明らかにできた。

その後、二〇一五年から二〇一七年にかけて、グローバリゼーション下での経済的相互依存に関する研究、論壇でのトランプ政権の評価とその影響に関わる執筆活動、欧州各国における国民国家の復権の観察などが、私の頭の中で徐々につながるようになった。二〇一六年は、イギリスが国民投票でＥＵ離脱を選んだ年であり、ドナルド・トランプが米大統領選に勝利した年であった。現実政治を解説し、その裏にあるものを説明するなかで、構造変動を感じ取りつつ、単にリベラルな戦後秩序が終わったというだけではない論考が必要だと感じるようになっていったのである。

二〇一八年には、それまでに書き溜めた原稿を潔く見直して、議論の筋道が分かりやすくなるように全体を並べ替え、統一する作業を行った。既存の理論の上に乗っかったものではなく、そこに学びつつも、平和を創出するための土台となりうる理論を築くことを心がけた。その間、非常勤として教えるご縁をいただいた青山学院大学で講義をする過程で、考えをまとめていった部分も大きい。熱心に授業を聞いてくれた学生の皆さんに感謝したい。また、本書のゲラを細谷雄一先生、浅羽祐樹先生に読んでいただき、丁寧なコメントをいただいた。弟であり研究者の濱村仁には、初めから原稿を読んでコメントをしてもらい、お世話になった。皆様に深く御礼を申し上げたい。

こうして、本書を書き上げるまでに六年という歳月がかかってしまった。果たしてそれに見合う内容かどうかは、読者の皆さまのご判断に委ねるしかない。しかし、私の考えが熟し、確固たるものになっていく過程としては、これだけの時間が必要だったのかもしれない、と今では思う。

この間、さまざまに私を支えてくれ、教えてくださった友人の皆さんと家族に、尽きることのない感謝を述べたい。孤独な作業であったが、書くことの意味を常に思い出させてくれた夫と娘たちに本書を捧げる。

二〇一八年十二月二十五日

三浦瑠麗

【引用・参照文献リスト】

Andersson, Andreas. 2007. "The Nordic Peace Support Operations Record, 1991–99." *International Peacekeeping*. 14(4): 476–492.

Appy, Christian G. 1993. *Working-Class War: American Combat Soldiers and Vietnam*. The University of North Carolina Press.

Aron, Raymond. 2003. *Peace and War: A Theory of International Relations*. Transaction Publishers.

Bacevich, Andrew J. 2005. *The New American Militarism: How Americans Are Seduced by War*. Oxford University Press.

Barbieri, Katherine. 1996. "Economic Interdependence: A Path to Peace or a Source of Interstate Conflict?" *Journal of Peace Research* 33(1): 29-49.

——. 2002. *The Liberal Illusion: Does Trade Promote Peace?* The University of Michigan Press.

Braw, Elisabeth. 2016. "Sweden, Short-Handed: Stockholm's Military Recruitment Problem," Snap shot, *Foreign Affairs*. https://www.foreignaffairs.com/articles/sweden/2016-04-13/sweden-short-handed

Brewer, John. 1990. *The Sinews of Power: War, Money and the English State, 1688-1783*. Harvard University Press.

Brumwell, Stephen. 2006. *Redcoats: The British Soldier and War in the Americas, 1755–1763*. Cambridge University Press.

Brunsson, Karin, and Nils Brunsson. 2017. *Decisions: The Complexities of Individual and Organizational Decision-Making*. Edward Elgar Publishing.

Brooks, Stephen G. 2005. *Producing Security: Multinational Corporations, Globalization, and the Changing Calculus of Conflict*. Princeton University Press.

Carlson, Geoffrey S. and Michael W. Doyle. 2008. "Silence of the Laws? Conceptions of International Relations and International Law in Hobbes, Kant, and Locke." *Columbia Journal of Transnational Law*. Volume 46, Number 3. 648-666.

Codevilla, Angelo M. 2013. *Between the Alps and a Hard Place: Switzerland in World War II and the Rewriting of History*. kindle版 Regnery History.

Cohen, Eliot A. 2000. "Why the Gap Matters." *The National Interest,* Vol.61 (Fall), 38-48.

——. 2001."The Unequal Dialogue: The Theory and Reality of Civil-Military Relations and the Use of Force." In Peter D. Feaver and Richard Kohn eds., *Soldiers and Civilians: The Civil-Military Gap and American National Security.* MIT Press, 429-458.

Cohen, Stuart A. 1997. "Towards a New Portrait of (New) Israeli Soldier." In Efraim Karsh ed., *From Rabin to Netanyahu: Israel's Troubled Agenda.* Frank Cass Publishers.

Craig, Gordon A. 1964. *The Politics of the Prussian Army: 1640-1945.* Oxford University Press.

Doyle, Michael W. 1983a. "Kant, Liberal Legacies, and Foreign Affairs, Part 1." *Philosophy & Public Affairs* 12, No.3 (summer): 205-235.

——. 1983b. "Kant, Liberal Legacies, and Foreign Affairs, Part 2." *Philosophy & Public Affairs* 12, No.4 (autumn): 323-353.

Drezner, Daniel W. 2005. "The Commercial Peace?" *Foreign Policy.* September 9.

Duc de Richelieu, Armand Jean du Plessis. 1961. *The Political Testament of Cardinal Richelieu.* Translated by Henry B. Hill. University of Wisconsin Press.

Fearon, James D. 1995. "Rationalist Explanations for War." *International Organization* 49 (summer): 379-414.

Feaver, Peter D. 2003. *Armed Servants: Agency, Oversight, and Civil-Military Relations.* Harvard University Press.

Gates, Robert. 2014. *Duty: Memoirs of a Secretary at War.* Knopf.

Gooch, John. 2007. *Mussolini and His Generals: The Armed Forces and Fascist Foreign Policy, 1922-1940.* Cambridge University Press.

Gowa, Joanne. 1999. *Ballots and Bullets: The Elusive Democratic Peace.* Princeton University Press.

Gorenberg. Gershom. 2011. *The Unmaking of Israel.* HarperCollins Publishers.

Haass, Richard N. 2009. *War of Necessity, War of Choice: A Memoir of Two Iraq Wars.* Simon & Schuster.

Habermas, Jürgen. 1999. "Bestiality and Humanity: A War on the Border between Legality and Morality." *Constellations.* 6 (3): 263-272.

Huntington, Samuel P. 1957. *The Soldier and the State.* (Paperback) Harvard University Press.

——. 1961. "Interservice Competition and the Political Roles of the Armed Services", *The American Political Science Review*. 55(1): 40–52.

IISS. 2018. *The Military Balance: The Annual Assessment of Global Military Capabilities and Defence Economics*. Routledge.

Inbar, Efraim. 1999. *Rabin and Israel's National Security*. Woodrow Wilson Center Press.

Jabri, Vivienne. 2007. *War and Transformation of Global Politics*. Palgrave Macmillan.

Jakobsen, Peter V. 2006. "The Nordic Peacekeeping Model: Rise, Fall, Resurgence?." *International Peacekeeping*. 13(3): 381–395.

Jeppson, Tommy. 2009. "Swedish Military transformation and the Nordic Battle Group - for what and towards what?" *Kungl Krigsvetenskapsakademiens Handlingar Och Tidskrift*. 2009(5): 89–116.

Kaldor, Mary. 2001. *New and Old Wars: Organized Violence in a Global Era, New Edition with New Foreword*. Stanford University Press.

Katzenstein, Peter J. and Lucia A. Seybert eds. 2018. *Protean Power: Exploring the Uncertain and Unexpected in World Politics*. Cambridge University Press.

Kim, Se Jin. 1970. "South Korea's Involvement in Vietnam and Its Economic and Political Impact." *Asian Survey*, 10(6): 519–532.

Kydd, Andrew. 1997. "Sheep in Sheep's Clothing: Why Security Seekers Do Not Fight Each Other," *Security Studies* 7(1): 114–155.

LaFeber, Walter. 2004. *America, Russia, and the Cold War, 1945–1966, 9th edition*. McGraw-Hill Publishing Company.

La Gorce, Paul-Marie de. 1963. *The French Army: A Military-Political History*. Kenneth Douglas trans. George Brazillier.

Leander, Anna. 2005. "Enduring Conscription: Vagueness and Värnplikt in Sweden." Paper presented at Concluding Conference of the Nordic Security Policy Research Programme: The Nordic Sphere and the EU - Prospects for Building Research Communities in the Euro-Atlantic Security Order (Skogshem-Wijk Lidingö, March 21-22 2005)

Lebow, Richard Ned. 2008. *A Cultural Theory of International Relations*. Cambridge University Press.

——. 2010. *Why Nations Fight: Past and Future Motives for War.* Cambridge University Press.

Luttwak, Edward N. 1999. "Give War a Chance." *Foreign Affairs,* 78(4): 36–44.

Lyons, Gene M. 1961. "The New Civil-Military Relations." *American Political Science Review* 55, No.1 (March): 53–63.

Malmborg, Mikael af. 2001. *Neutrality and State-Building in Sweden.* Palgrave Macmillan.

Mandelbaum, Michael. 1996. "Foreign Policy as Social Work." *Foreign Affairs,* 75(1): 16–32.

Modelski, George. 1987. *Long Cycles in World Politics.* Palgrave Macmillan.

O'Hanlon, Michael E. 2004. "Iraq without a Plan." *Policy Review* 128 (Dec. 2004 & Jan. 2005): 33–46.

Organsky, A. F. K. 1968. *World Politics (second edition).* Alfred A. Knopf.

Osgood, Robert E. 1961. "Stabilizing the Military Environment." *American Political Science Review* 55, No.1 (March): 24–39.

Parker, Christopher S. 2009. *Fighting for Democracy: Black Veterans and the Struggle against White Supremacy in the Postwar South.* Princeton University Press.

Raitasalo, Jyri. 2014. "Moving Beyond the "Western Expeditionary Frenzy"." *Comparative Strategy,* 33(4); 372–388.

Rinaldi, Richard A. 2004. *The Us Army in World War I: Orders of Battle.* Tiger Lily Pub.

——. 2005. *The United States Army in World War I: Orders of Battle: Ground Units. 1917-1919.* Tiger Lily Publictions.

Ritter, Gerhard. 1958. *The Schlieffen Plan: Critique of a Myth.* Translated by A. Wilson & E. Wilson, Oswald Wolff.

Rosato, Sebastian. 2003. "The Flawed Logic of Democratic Peace Theory." *American Political Science Review.* 97(4), 585–602.

Rummel, R. J. 1995. "Democracies are Less Warlike than Other Regimes." *European Journal of International Relations* 1 (December): 457–479.

——. 1997. *Power Kills: Democracy as a Method of Nonviolence.* Transaction Publishers.

Russett, Bruce M., and John R. Oneal. 2001. *Triangulating Peace: Democracy, Interdependence, and International Organizations.* W. W. Norton & Company.

Schwartz, Thomas, and Kiron K. Skinner. 2002. "The Myth of the Democratic Peace." *Orbis.* 46(1) 159–172.

Smith, Louis. 1979. *American Democracy and Military Power: A Study of Civil Control of the Military Power in the United States*. reprint (originally published in 1951). Ayer Company Publishers.

Snyder, Thomas D. ed. 1993. "120 Years of American Education: A Statistical Portrait," National Center for Education Statistics, US Department of Education.

Spector, Ronald. 1974. *Admiral of the New Empire: The Life and Career of George Dewey*. Louisiana State University Press.

——. 1977. *Professors of War; The Naval War College and the Development of the Naval Profession*. Naval War College Press.

Stiglitz, Joseph E. and Linda J. Bilmes. 2008a. "The $3 Trillion War. "*Vanity Fair,* April.

——. 2008b. *The Three Trillion Dollar War*. W. W. Norton & Company.

Stoker, Donald, Frederick C. Schneid, and Harold D. Blanton eds. 2009. *Conscription in the Napoleonic Era: A Revolution in Military Affairs?*, Routledge.

Strachan, Hew Francis Anthony. 1984. *Wellington's Legacy: The Reform of the British Army 1830-54*. Manchester University Press.

Tocqueville, Alexis de. 1990. *Democracy in America, Volume 2*. Vintage Classics.

Waltz, Kenneth N. 2004. "Nuclear Stability in South Asia." In Robert J. Art and Kenneth N. Waltz eds., *The Use of Force: Military Power and International Politics, 6th Ed*. Rowman & Littlefield, 353-393.

Weede, Erich. 1992. "Some Simple Calculations on Democracy and War Involvement." *Journal of Peace Research* 29, No. 4 (November): 377-383.

Weissbrod, Lilly. 1997. "Israeli Identity in Transition." In Efraim Karsh ed., *From Rabin to Netanyahu: Israel's Troubled Agenda*. Frank Cass Publishers.

Whaley, Joachim. 2012I. *Germany and the Holy Roman Empire: Volume I: Maximilian I to the Peace of Westphalia, 1493-1648*. Oxford University Press.

——. 2012II. *Germany and the Holy Roman Empire: Volume II: The Peace of Westphalia to the Dissolution of the Reich, 1648-1806*. Oxford University Press.

明石欽司　２０１２「ジャン・ボダンの国家及び主権理論と「ユース・ゲンティウム」観念（１）」『法学研究』85巻11号：１-30頁。
明石茂生　２００９「古代帝国における国家と市場の制度的補完性について（1）：ローマ帝国」『成城大學經濟研究』第１８５号（７月）。
東浩紀　２０１７『ゲンロン0 観光客の哲学』ゲンロン。
伊藤貴雄　２０１１「永遠平和論の背面―近代軍制史のなかのカント―」東洋哲学研究所紀要（No.27）50-64頁。
伊藤之雄　２０１４『原敬と政党政治の確立』千倉書房。
井上達夫　２０１２『世界正義論』筑摩選書。
ウォルツァー、マイケル　１９９３『義務に関する11の試論』山口晃訳、而立書房。
――　２００８『正しい戦争と不正な戦争』萩原能久監訳、風行社。
ウッドワード、ボブ　１９９１『司令官たち―湾岸戦争突入にいたる〝決断〟のプロセス』石山鈴子・染田屋茂訳、文藝春秋。
宇野重規　２０１３「リベラル・コミュニタリアン論争再訪」『社会科学研究』第64巻第2号（4月更新）。
エラスムス　１９６１『平和の訴え』箕輪三郎訳、岩波文庫。
大江志乃夫　１９８１『徴兵制』岩波新書。
大島明子　２０１３「明治維新期の政軍関係―強大な陸軍省と徴兵制軍隊の成立―」、小林道彦・黒沢文貴編著『日本政治史のなかの陸海軍―軍政優位体制の形成と崩壊　１８６８〜１９４５―』ミネルヴァ書房。
大竹弘二　２００９『正戦と内戦―カール・シュミットの国際秩序思想』以文社。
オルテガ・イ・ガセット、ホセ　１９９５『大衆の反逆』神吉敬三訳、ちくま学芸文庫。
オズ、アモス　１９８５『イスラエルに生きる人々』千本健一郎訳、晶文社。
――　１９９３『贅沢な戦争―イスラエルのレバノン侵攻』千本健一郎訳、晶文社。
加藤陽子　１９９６『徴兵制と近代日本』吉川弘文館。
苅部直　２０１６「『現実主義者』の誕生」、五百旗頭真・中西寛編『高坂正堯と戦後日本』中央公論新社。

カント、イマヌエル　1950『啓蒙とは何か　他四篇』篠田英雄訳、岩波文庫。

――　1966『カント全集　第4巻』原佑訳、理想社。

――　1969（原著1797）『カント全集・第11巻　人倫の形而上学』吉澤傳三郎・尾田幸雄訳、理想社。

――　1985『永遠平和のために』宇都宮芳明訳、岩波文庫。

キッシンジャー、ヘンリー・A　1996『外交（上）』岡崎久彦監訳、日本経済新聞社。

金萬欽　2010「韓国の李明博政権と6月地方選挙」『札幌学院法学』第27巻1号（清水敏行訳）55－77頁。

ギャディス、ジョン・L　2002『ロング・ピース――冷戦史の証言「核・緊張・平和」』五味俊樹・坪内淳・阪田恭代・太田宏・宮坂直史訳、芦書房。

グランハ・カストロ、ドゥルセ・マリア　2018「スペイン語圏のカント研究――スペイン、メキシコでの展開」牧野英二編『新・カント読本』法政大学出版局。

クリントン、ヒラリー・ロダム　2018『WHAT HAPPENED　何が起きたのか？』高山祥子訳、光文社。

ゲーツ、ロバート　2015『イラク・アフガン戦争の真実――ゲーツ元国防長官回顧録』井口耕二・熊谷玲美・寺町朋子訳、朝日新聞出版。

高坂正堯　1966『国際政治―恐怖と希望』中公新書。

高村正彦・三浦瑠麗　2017『国家の矛盾』新潮新書。

小林道彦　2018「危機の連鎖と近代軍の建設―明治六年政変から西南戦争へ」伊藤之雄・中西寛編『日本政治史の中のリーダーたち　明治維新から敗戦後の秩序変容まで』京都大学学術出版会。

小山俊樹　2018「田中義一と山東出兵――政治主導の対外派兵とリーダーシップ」伊藤之雄・中西寛編『日本政治史の中のリーダーたち』京都大学学術出版会。

ゴールズワージー、エイドリアン　2003『図説　古代ローマの戦い』遠藤利国訳、東洋書林。

権左武志　2006「20世紀における正戦論の展開を考える――カール・シュミットからハーバーマスまで」山内進編『「正しい戦争」という思想』勁草書房。

斎藤眞　1978「アメリカ独立戦争と政軍関係――原理と風土」、佐藤栄一編『政治と軍事――その比較史的研究』日本国際問題研究所。

五月女律子　２０１６「スウェーデンの安全保障防衛政策―安全保障・軍事の国際化の視点から―」『北九州市立大学国際論集』14：1-17頁。

――　２０１７「スウェーデンの国連平和維持活動」『神戸外大論叢』第67巻第2号　１５９-１７８頁。

シュペングラー、O　２０１７『西洋の没落Ⅰ・Ⅱ』村松正俊訳、中公クラシックス。

新川信洋　２０１５『カントの平和構想――『永遠平和のために』の新地平』晃洋書房。

杉田敦　２０１５『境界線の政治学　増補版』岩波現代文庫。

ソロー、H・D　１９９７『市民の反抗　他五篇』飯田実訳、岩波文庫。

武井彩佳　２０１７『〈和解〉のリアルポリティクス――ドイツ人とユダヤ人』みすず書房。

武貞秀士　２００３「韓国の脅威認識の変化と軍近代化の方向」『防衛研究所紀要』第６巻第1号（９月）。

辻本諭　２０１５「18世紀イギリスの陸軍兵士とその家族――定住資格審査記録を手がかりにして――」『社会経済史学』80-４（２月）。

バーク、エドマンド　２０００『フランス革命についての省察（上・下）』中野好之訳、岩波文庫。

パウエル、コリン（ジョゼフ・E・パーシコ）　２００１『マイ・アメリカン・ジャーニー［コリン・パウエル自伝］』（統合参謀本部議長時代編）鈴木主税訳、角川文庫。

朴根好　１９９３『韓国の経済発展とベトナム戦争』御茶の水書房。

ハワード、マイケル　２０１０『ヨーロッパ史における戦争（改訂版）』奥村房夫・奥村大作訳、中公文庫。

ハーバーマス、ユルゲン　２００６「二百年後から見たカントの永遠平和という理念」ジェームズ・ボーマン、マティアス・ルッツ-バッハマン編『カントと永遠平和――世界市民という理念について』紺野茂樹・田辺俊明・舟場保之訳、未來社。

ハーウィック、ホルガー・H　２００７「国民国家の戦略的不確定性――プロイセン・ドイツ（一八七一-一九一八年）」、ウィリアムソン・マーレー、マクレガー・ノックス、アルヴィン・バーンスタイン編著『戦略の形成：支配者、国家、戦争（上）』石津朋之・永末聡監訳、歴史と戦争研究会訳、中央公論新社。

ヒューム、デヴィッド　２０１１『ヒューム　道徳・政治・文学論集』田中敏弘訳、名古屋大学出版会。

ファークツ、A　２００３『ミリタリズムの歴史――文民と軍人（新装版）』望田幸男訳、福村出版。

藤原帰一　2007『国際政治』放送大学教育振興会。

プラトン　1979『国家（上・下）』藤沢令夫訳、岩波文庫。

古屋哲夫　1990「近代日本における徴兵制度の形成過程」『人文学報』66号（3月）。

プレーヴェ、ラルフ　2010『19世紀ドイツの軍隊・国家・社会』阪口修平監訳、丸畠宏太・鈴木直志訳、創元社。

ヘーゲル、ゲオルク・ヴィルヘルム・フリードリッヒ　2011『法の哲学Ⅰ・Ⅱ』中公クラシックス第三版（Kindle）。

ヘルド、デヴィッド　2006「世界市民的民主主義とグローバル秩序――新たな議題」ジェームス・ボーマン、マティアス・ルッツ‐バッハマン編『カントと永遠平和―世界市民という理念について』紺野茂樹・田辺俊明　舟場保之訳、未來社。

ベッツ、レイモンド・F　2004『フランスと脱植民地化』今林直樹・加茂省三訳、晃洋書房。

ホーン、アリステア　1994『サハラの砂、オーレスの石―アルジェリア独立革命史』北村美都穂訳、第三書館。

ボージャス、ジョージ　2018『移民の政治経済学』岩本正明訳、白水社。

ホッブズ、トマス　1964『リヴァイアサン（二）』水田洋訳、岩波文庫。

ポンティング、クライヴ　2013『世界を変えた火薬の歴史』伊藤綺訳、原書房。

牧原憲夫　1990『明治七年の大論争』日本経済評論社。

マキアヴェッリ　1998『君主論』河島英昭訳、岩波文庫。

松元雅和　2005「マイケル・ウォルツァーの普遍主義的倫理―現代政治理論における意義と課題―」『政治思想研究』5号（183‐200頁）。

――　2014「カタストロフィとしての戦争：正戦論における比例性原理の検討」『立命館言語文化研究』28巻1号151‐169頁。

丸畠宏太　1987「プロイセン軍制改革と国軍形成への道―一般兵役制と民兵制導入の諸前提をめぐって」『法学論叢（京都大学）』（1）第121巻第5号。

――　1988「プロイセン軍制改革と国軍形成への道―一般兵役制と民兵制導入の諸前提をめぐって」『法学論叢（京都大学）』（2）第123巻第1号。

――　2011「ドイツ陸軍―ドイツにおける「武装せる国民」の形成」三宅正樹・石津朋之・新谷卓・中島浩貴編著

『ドイツ史と戦争―「軍事史」と「戦争史」』彩流社。

――　2012「人民武装・徴兵制・兵役義務と19世紀　ドイツの軍制――概念史的考察――」『19世紀学研究』（6）99－117頁。

三浦瑠麗　2010「滅びゆく運命（さだめ）?―政軍関係理論史」『レヴァイアサン』46号（4月）。

――　2012『シビリアンの戦争――デモクラシーが攻撃的になるとき』岩波書店。

室岡鉄夫　2005「韓国大統領の外交・安全保障政策補佐機構―盧武鉉政権のNSCを中心に」『防衛研究所紀要』第7巻第2・3合併号（3月）。

――　2011「韓国軍の国際平和協力活動―湾岸戦争から国連PKO参加法の成立まで」『防衛研究所紀要』第13巻第2号（1月）。

モーゲンソー、ハンス・J　2013『国際政治――権力と平和（上・中・下）』原彬久監訳、岩波文庫。

山内進　2012『文明は暴力を超えられるか』筑摩書房。

森靖夫　2018「総力戦・衆民政・アメリカ――松井春生の国家総動員体制構想」伊藤之雄・中西寛編『日本政治史の中のリーダーたち』京都大学学術出版会。

ラセット、ブルース　1996『パクス・デモクラティア――冷戦後世界への原理』鴨武彦訳、東京大学出版会。

ルソー、ジャン＝ジャック　2005『人間不平等起原論・社会契約論』小林善彦・井上幸治訳、中公クラシックス。

ルッツ－バッハマン、マティアス　2006「カントの平和理念と世界共和国の法哲学的構想」ジェームズ・ボーマン、マティアス・ルッツ－バッハマン編『カントと永遠平和――世界市民という理念について』紺野茂樹・田辺俊明・舟場保之訳、未來社。

ルットワーク、エドワード・N　1985『ペンタゴン―知られざる巨大機構の実体』江畑謙介訳、光文社。

ロールズ、ジョン　2010『正義論』川本隆史ほか訳、紀伊國屋書店。

【註】

エピグラフ

（1）以下のイラク戦争従軍兵の手記の中に引用されている。Ramiro G. Hinojosa, "The Fiction of War," Tin House, June 5, 2013. https://tinhouse.com/the-fiction-of-war/（2013/08/28）.

第一章

（1）予防外交、平和創造、平和維持、平和建築そして平和強制の概念を導入し、国連がより積極的に関与するモデルを描いた。http://www.un-documents.net/a47-277.htm

（2）一昔前の研究では、第一次、第二次大戦の経験から、専政がどうやって攻撃的になるのかという要素が着目されていた。それが反転し、今度はデモクラシーがなぜ抑制的になるのか、ないし相互間になぜ信頼が生まれるのかを根拠づけようと、デモクラシーの内部に分析が集中した。大きな物語としての「民主的平和論」を模索する過程で、果たしてアメリカ自身は十分に抑制的だったろうかという自問は、切り捨てられてしまったのである。フランスの政治学者レイモン・アロンが指摘するように、攻撃的戦争の規範化が却って懲罰のための戦争を引き起こす危険は無視できない。Aron（2003:585）参照。民主的平和論の著作に関しては、Doyle（1983a, 1983b）、ラセット（１９９６）、Russett & Oneal（2001）、Rummel（1995, 1997）、Weede（1992）などを参照。また特筆すべき研究としては、合理的選択理論を用いる国際政治学者、ジェームズ・フィアロンが、デモクラシーにおいては観衆コストが高いために、指導者が対外的に発信したシグナルとは違う行動をする国内政治的コストが高く、シグナルに信憑性があるという議論を展開した。Fearon（1995）.むろん、本書では民主的平和論が一国の対外政策ではなく二国間（ダイアッド）以上の関係に関する議論であることを認識していることは言うまでもない。

（3）民主主義の定義を緩めすぎているという批判はあるものの、民主的性格を有する政体同士の戦争として数々の事例を挙げた批判に、Schwartz & Skinner（2002）、民主的平和論の現象面は否定しないがロジックを否定したものに、Rosato（2003）、民主国家の数が不足しており、第二次世界大戦よりも前の時代には適用できないとする批判に、Gowa（1999）がある。

（4）Organsky（1968）; Modelski（1987）.

（5）近過去の肯定の例は、覇権安定論が代表的だが、冷戦を長い平和と捉えたギャディスもそのように見ることができる。この不確実性を嫌う論者の傾向について、筆者はカッツェンシュタインの議論に影響を受けた。Katzenstein & Seybert（2018）を参照されたい。

（6）国連軍が歴史上組織されたのはソ連が欠席した安全保障理事会の決議82号に基づき組織した朝鮮戦争介入のための多国籍軍のみである。しかし、こちらも国連軍という名称こそ与えられているが、国連憲章第7章に基づき安保理に指揮される国連軍ではない。

（7）こうした安保法制の背景にある思想については当時の与党協議のキーマンであった高村正彦自民党副総裁へのオーラルヒストリーの試みを参照されたい。高村・三浦（2017）。しかし、冷戦の終結とアメリカの態度に訪れた変化の兆し、中国の軍事伸長などを踏まえて同盟の中身を変えていこうとする作業は、日本の安全保障をめぐる法解釈の伝統をいったん壊してしまったことも確かだ。その破壊が生みだした戸惑いが、二〇一五年六月四日の憲法審査会における憲法学者三名による「違憲」との陳述に表れ、また立憲主義を守るという大きな運動のうねりにもつながっていった。これらの混乱はすべて、安全保障上の現実的な脅威や同盟の信頼性といった重要な事柄を、国民的に論じてこなかったことによって生じたものである。もしも安全保障環境について国内の認識がしっかりすり合わせられていたならば、当時、これほど大きな怒りや抵抗は生まれなかったことであろう。

（8）これまでリベラルな論者の多くは、国民の意思をアプリオリに戦争反対と仮定し、政府こそが戦争を起こすのだとしてきた。それは、平和を守るためには政府が戦争できないように憲法上の縛りをかけておけば事足りる、と思考停止してしまう態度にもつながってきた。しかし、それでも「自衛戦争」が否定されるわけではない。ならば、その自衛戦争という概念の中身をきちんと議論しておかなければならないはずだが、幸か不幸か、そのような機運は日本では生じなかった。そこでまず気になるのは、「政府」「政権」の好戦性を指摘する言論である。安保法制をめぐる議論では、自衛かどうかにばかり着目する議論が多かったが、現実の国際社会では多くの戦争が「自衛戦争」の一種として起きてきたことを忘れてはならない。自衛戦争であったとしても、やり返しすぎたらいけないし、あるいは生じた損害の救済の緊急性が低かったり、外交で解決が期待できたりする場合には交渉を模索すべきというのは、国際法上積み重ねられた規範である。実際、二〇一四年七月一日に安倍政権が閣議決定した日本の自衛権発動の際に満たすべき要件である武力行使の新三要件では、この二つの規範に近いことが二番目と三番目にしっかりと書いてあるのだが ⑵我が国の存立を全うし、国民を守るために他に適当な手段がない、⑶必要最小限度の実力行使にとどまるべきこと）、どうも日本ではそうした要件に関する議論は等閑視され、単純に自衛ならばよいと考える向きが多かった。象徴的なのは、安保法制の議論で武力紛争の起こる場所として日本本土との「距離」が重視されたことである。しかし、自衛戦争をその必要性も含めて正当化する際に、距離が近いことが決定的に重要とは言えない。自衛戦争が占領統治を目的としない以上、自国との距離の近さは関係がない。むしろ「近いから」という理由で日本の存立を実際に脅かすものなのか、武力行使以外に適当な手段がないのか、反撃が必要最小限度なのかという判断に影響を与えすぎないよう注意せねばならない。第二次世界大戦へと続く日本の大陸における武力行使は、ほとんどが邦人保護などの自衛の目的で行われたからである。

（9）三浦（２０１２）。

（10）Molly O'Toole, "Libya Is Obama's Biggest Regret — And Hillary's Biggest Threat: Obama acknowledges the U.S.-led intervention in Libya left "a mess," as his former secretary of state faces the clean up." *The Foreign Policy*, June 3, 2016. https://foreignpolicy.com/2016/06/03/libya-is-obamas-biggest-regret-and-hillarys-biggest-threat/（2018/10/21 閲覧）

（11）貿易と平和との関係について、Barbieri（1996, 2002）は、貿易の増大はむしろ紛争を増やすとした。Russett & Oneal（2001）によれば、二国間で相互にＧＤＰに占める貿易量が増大すると紛争が減るという。Cato Institute が二〇〇五年に出した報告書（James Gwartney and Robert A. Lawson with Erik Gartzke, "Economic Freedom of the World: 2005 Annual Report." Cato Institute）によれば、経済的自由主義は民主主義よりも約五十倍も戦争抑制に寄与するという。この報告書には反論も呈されているが（Drezner 2005）、民主国家も保護主義に流れ始めているところを見ると、民主主義より自由主義という報告書の内容には説得力がある。

（12）Brooks（2005）. ブルックスの主張によれば、ＭＮＣｓ（多国籍企業）による生産のグローバル化と地域的な広がりは、自前の軍需産業政策の限界、侵略によって得られる経済的利益の減少、地域経済統合の進展などによって、先進工業国間の戦争の可能性を低下させ、特に大国間関係を安定させる。しかし、この「グローバル化」も基本的に先進国間のものを意味しており、発展途上国間での戦争の確率は逆に高まっているとされる。

（13）筆者は経済的相互依存が個人レベルにもたらす外国のイメージや好感度への影響を現在研究しており、経済的相互依存の進展は、明らかに敵意の逓減という形で平和に資する効果があることが、少なくとも個人レベルでは立証できている。三浦瑠麗「「嫌中」「嫌日」超え相互依存関係構築を―対中安全保障を両国の世論から考える」時事通信社 Janet、二〇一五年三月二十五日配信記事（e-World）など参照。

（14）ちなみに筆者はロシアはシビリアンの戦争が行われるようになる状態への移行期にあると考えている。政軍関係上、軍は先進各国と比較して自主性があり、そこまで劣位におかれていないからだ。二〇〇八年の南オセチア紛争においてロシア政府はグルジア攻撃に出遅れた。その結果、ユーリー・バルエフスキー元参謀総長は、当時の大統領メドベージェフを非難した。この批判は、ロシア軍幹部がいまだに政府の一部としての権威意識を持っていることを示していたといえよう。以下ロイター通信記事参照。Gleb Bryanski, "Russian generals attack Medvedev over Georgia war," Aug 9. 2012.

https://www.reuters.com/article/russia-medvedev-war-idINDEE8770FR20120808.（2013/11/28）

（15）ここで核抑止による大国間の戦争抑止効果に筆者が着目し、核兵器を保持し続けることについて異論を挟もうとしないことに疑問を抱かれる読者もいるだろう。それは、核兵器の削減については今すぐ取り組むことには大いに賛成するものの、完全なる核軍縮が大国間の戦争を蘇らせてしまう可能性がまだあると考えているからだ。また、核兵器の段階的削減と廃止を共同歩調をとる形で行うのは実際上さまざまなハードルがあり、また新たな核保有国が出てきてしまう場合にはむしろ不安定さが生まれる。したがって、本書では核兵器についてただちに全廃することを前提としない。

（16）十七世紀に活躍したイギリスの思想家ジョン・ロックが生まれたのは一六三二年である。ホッブズがフランスに亡命し『リヴァイアサン』を書いていた時期に、彼は幼年時代を送っていた。相変わらず王権をめぐる暴力的な争いの続く時代であったが、半世紀近く前に生まれたホッブズとは異なり、ロックは市民社会の意識を持ちえた世代だった。ホッブズが提示した軍の位置づけと兵士像については本文で後述する。他方、ロックの世界観の中で、軍の存在感は薄い。王党派と反王党派の軍が無秩序に乱立する現実を目にしたロックは、軍を統率する必要性に重きを置く態度を取った。ロックが示した世界観では、行政府とそれより強い議会の勢力とが抑制しあう権力分立の下で、軍が監視され統率されることになっていた。

（17）Carlson & Doyle（2008）.

（18）フランスの思想家ジャン＝ジャック・ルソーは、『社会契約論』をはじめさまざまな著作をあらわしているが、小さな島国を素材とした『コルシカ国制案』では、実験的に統治者と被統治者（＝国民）を一体のものとして捉える国家構想を表明した。すなわち、小規模で民が等しく貧しい状態にあり、また地理的に孤立主義が可能な国では、農本主義をとり、外国に依存することなく、自衛手段を国民が自前で持つことが良いと説いたのである。攻撃国にならず、また侵略の対象にもならないようにするために、富裕な国家になることも目指さないという自閉的な提言は、古代ギリシャのエリート主義的な都市国家の概念とは似て非なるものである。もちろん、ルソー自身、この理想型があらゆるタイプの国家に当てはめられるべきと考えていたわけではないだろうし、現実社会で具体的検討に値するような提言ではない。ただ本書のテーマに照らせば、なぜルソーが、小規模の島国において、防衛を常備軍に任せず、国民が自前で自衛することが良いと考えたのかは、興味を惹かれるところである。万人の平等を重視する人にとっては、職能の分離は必ずしも好ましいことではない。共同体の防衛については、戦争の負荷を軍に丸投げすることは許されず、すべての構成員は必要とあらば共同体のために死ななければならないとしたのである。ルソーがホッブズ的世界観から抜け出て、このような理想状態を描けたのは、このころまでには（『社会契約論』は一七六二年に出版、コルシカに関しては実際の調査研究は一七六四-六五年といわれる）、内乱を防ぐことよりも、民主主義の実現、そして不幸をもたらしていると考えられた不平等の起源を探ることの方が重要課題になったからであろう。

(19) カント（１９８５：17）参照。

(20) 括弧内は多数者の専制について述べている箇所より。カント（１９８５：34）参照。また、『人倫の形而上学』の法論の第二部「公法」においては、「万人の一致せる統合された意志のみが、各人は万人に関して、また万人は各人に関してまさに同一のことを決定するかぎりにおいて、したがって、ただ普遍的に統合された人民意志のみが、立法的たりうる」（カント　１９６９：１７７）としている点からも読み取れる。

(21) カントには、市民未満の存在を認識し定義したうえで、それを乗り越えようとする試みが感じられる。例えば、『人倫の形而上学』の法論の第二部「公法」において、婦人や未成年者、使用人、植民地の労働者らは国家ではなく他人の指図に従って自らの現存（栄養と防御）を維持するよう強制されているので公共体の下働きにすぎず、公民的独立を有していないと述べているが、受動的状態（国家の構成員）から能動的状態（政治参加）に向上すべく努める努力は怠ってはならないともする（カント　１９６９：１７８-１７９）。

(22) もちろん実態としての国家の歴史は征服に次ぐ征服で形成されたにすぎない。しかし、新たな仮定を置くことで、国家とはこうあるべき、市民とはこうあるべき、という諒解を打ち立てることが可能だ。その諒解のもとに、両者の間に平和的なよき統治関係を取り結ぶことができると考えたわけである。

（23）ホッブズは、その理念においては、人びとの自由の確保を真摯に考えていた。国家の成員に命を賭して国家を守る義務があるかどうかという問題について、彼は、市民には共同体を防衛する責務はあっても、共同体の生存のために自己を犠牲にして死ぬ責務はないとした。ところが、兵士は戦場で命を賭して戦う契約で縛られているとし、ゆえに、脱走しようとした兵が契約違反の結果として銃殺刑に処されることも許容したのである。ホッブズ（１９６４二：１０２－１０３）を参照。

（24）この点はウォルツァーも指摘している。ウォルツァー（２００８：４章）を参照。

（25）ルソー（２００５：３３７）。

（26）こうした懐疑は『永遠平和のために』を通じてくみ取れるところであるが、そもそも、カントは性悪説を取っているというのが重要なポイントである。カント（１９６６：第2章）参照。

（27）このようなカント理解は筆者固有のものとは言えない。例えば、井上（２０１２）、伊藤（２０１１）などの論考がみられるし、アメリカにおいては民兵（ミリシア）の伝統があるために、職業軍人としての常備軍と郷土防衛軍を対置させる考え方は適合的である。

（28）デヴィッド・ヒュームもスイスの国民軍に見習うべきとしている。ヒューム（２０１１：４１９頁）参照。

（29）ハーバーマス（２００６：１１８）、ヘルド（２００６：２４５）、高坂（１９６６：79）、東（２０１７）参照。高坂の議論が示唆に富むのは、苅部（２０１６：64－69）が指摘するように、カントの提示した条項を、過去のみならず現代に適用して民主政治に対して自省的に考察したところである。このような現代への適用の仕方はアメリカでもマイケル・ドイルによって提示されている。Carlson & Doyle（2008）.

（30）藤原（２００７）は英国学派のマーティン・ワイトが提唱したRealism（リアリズム）、Revolutionalism（革命主義）、Rationalism（合理主義）の三つのイメージを受け継ぎつつ発展的に整理し、世界観の違いのマトリックスを協調・対立、国家中心・人民中心の二軸で表現している。

（31）本書においてすでに説明した通り、ステファン・ブルックスのように非国家主体であるところのＭＮＣｓによる生産拠点のグローバル化の効果に着目した研究は国際政治学の分野には存在する。ちなみに、政治思想としてカントの『永遠平和のために』を現代において再評価し、批判的に再解釈しようとする論者の多くは、グローバル化による平和創出効果にかなり懐疑的であり、処方箋を国家連合の制度化やグローバルな問題解決のしくみに求めようとする。ヘルド（２００６）、ルッツ－バッハマン（２００６）など参照。高坂はそれに対し、南北問題を念頭に、経済活動を規制する国家の力が先進諸国では強すぎ、発展途上国の場合には弱すぎることが問題だという鋭い指摘を行っている。高坂（１９６６：１２０）参照。

(32)「彼は国家連合が、あらゆる争いを仲裁してくれ、各個別国家によって承認された威力として、あらゆる軋轢を調停してくれ、したがって戦争による解決を不可能にしてくれるだろうと考えた。しかし、この考えが前提としている諸国家の同意は、道徳的、宗教的な根拠や考慮に基づくにせよ、あるいはどんな根拠や考慮に基づくにせよ、なんといっても所詮は、特殊的な主権的意志に基づくものであろうし、そのためどこまでも偶然性にまとわれたものであろう」ヘーゲル（２０１１Ⅱ：５８８１－５８８７）参照。ヘーゲルはカントの常備軍廃止構想に批判的であり、また国民が死ぬのを恐れた時には自由を失い、国家内の統治に耐えられなかった時には他の国の支配に屈することになるとした。ヘーゲルはカントに対して敵対的だが、永遠平和についての批判では、ヘーゲルがナポレオン戦争経験後にこうした書物を著したことの意味を考えるべきだろう。プロイセンはまさにナポレオンのフランスに屈したからである。

(33) シュペングラー（２０１７Ⅰ・Ⅱ）参照。ちなみにシュペングラーの文化や文明の定義は一八世紀以降のドイツ思想に特有のものであり、通常使われている意味とは異なるためカッコ書きとした。

(34) オルテガ・イ・ガセット（１９９５）参照。オルテガはスペインにカント哲学を正確な形で紹介した。グランハ・カストロ（２０１８）を参照。

(35) その最たるものが、ウィルソン大統領による第一次世界大戦の参戦を求める議会演説に表れた思想である。また、アメリカでのカントの受け止め方は、民主的平和論の嚆矢であるDoyle（1983a, 1983b）論文がそのような視点からカントを引用したことに代表される。この予備条項を実行に移すことの難しさは、カントが第一（国家継承）、第三（常備軍）、第四条（戦時国債）についてはより時間をかけて執行していく性格のものであるとしている歯切れの悪さに反映されている。カント（１９８５：22－23）参照。ちなみに相互防衛の同盟は禁止されてはいないので、国連憲章の下、同盟があること自体には、カント的世界観からの乖離はない。

(36) ヘーゲル（２０１１Ⅱ：５８８１－５８８７）参照。しかし、ヘーゲルが考えていたほどカントの思想は多元性を排するものではなく、むしろもっと控えめな間接的「世界市民秩序」であった。それは政治権威をひとつの最高権威のなかに統合するのではなく、主権を持つ国家の権力が多元的に存在することを容認するものである（ボーマン　２００

6：165）。

第二章

（1）これは正戦論者や安全保障研究者に対する評価であって、軍事史と社会史に関わる領域では重要な研究がある。たとえば、Brumwell（2006）.

（2）平和研究では、国民の多くは平和的な経済生活を送りたがるとされてきた。ナチスドイツや大日本帝国のような総動員体制下で国民が戦争を支持したことは、強制的動員とナショナリズムに基づく扇動や宣伝が奏功した例として理解された。つまり、国民の好戦性とは強権的な政府の悪を実証している例として理解されがちだった。ナショナリズムを正面から取り上げたいくつかの研究を除いては、戦前の日本やドイツのような攻撃国が持つ「特殊な精神性」についての分析が行われるにとどまった。

（3）プラトン（1979上：第3巻22章）から引用。

（4）ソクラテスが提示した小さな都市国家では分業が基本であり、文化芸術や体育、ものづくりなどの基本的要素がすべてそろっている。その中で軍人も専業で担うべきものとして捉えられた。

（5）ここでは、戦争は必ずしも否定されない。平和に越したことはないが、節度ある繁栄を目指すうえで必要な範囲内の戦争であれば、それを一律に禁じようという考えはなかった。そのような現代的な平和主義には、まだ社会がたどり着いていなかったのである。ただし、必要以上の共同体の拡大が戦乱の世を招くという考えはあった。ソクラテスは問答で、国土拡大の本能は是認しつつも、衣食住が足り、芸術など人間社会に必要なものを満たす必要以上に国家の規模を拡大させることは好ましくないとしている。

（6）プラトン（1979上：第3巻22章）から引用。

（7）マリウスは、軍団に従軍する責任を負うほどの資産がない市民から志願兵を募った。マリウスの軍制改革とプロ軍団の出現に関してはゴールズワージー（2003：107-120）を参照。ゴールズワージーによれば、これが志願兵制なのか、徴兵としての応召義務を下層にまで拡大した選抜徴兵制をするかわりに政府が軍備を提供する制度であったのかについて、近年の研究では後者の解釈が出てきているという。

（8）ゴールズワージー（2003）参照。

（9）明石（2009：34-38）によれば、ローマ帝国の税負担や公的部門の割合はそれほど高いものではなく、後期に負担は増加したもののさほど大きな変化ではなかった。

（10）もちろん中世であっても農民軍のような形態を持つ集団は存在し、郷士防衛に努めた。しかし農地が豊かになって富が集積し、支配が強化され領主が強くなればなるほど農民は武装解除を迫られ、軍務は王や騎士たちの専管事項となった。農民と騎士の厳格な身分区別は、秩序と法の支配を導入していく過程で私闘や農民戦争を禁ずるためにも神聖ローマ帝国主導で進められた。農民戦争のときの武装農民の状況と抑圧、その後の改革などについて、Whaley（2012I: 229-231, 237）参照。

（11）ウェストファリア以降の神聖ローマ帝国の軍の実情についてはWhaley（2012II: 6-7, 29-30, 39-41, 234-240）を参照されたい。そもそも三十年戦争前には多くの諸侯は常備軍などほぼ保有していなかった。三十年戦争後、王や諸侯が常備軍を養い、それを「商業化」した経緯などが明らかにされている。

（12）一七〇〇年前後のハンブルグ市では千五百人の常備軍に対し一万人の傭兵がいたが、この後王や諸侯はあまり使えない傭兵よりも常備軍を増やすべく改革していった。Whaley（2012II: 237-238）.

（13）その後、騎士階級が発達したフランスやドイツでは、彼らの特権が重視された。結果として、マスケット銃が導入されて歩兵の重要性が増した後でさえ歩兵を軽視し、兵力確保の取り組みが遅れた。ハワード（２０１０）。イギリスでもそのような過去の栄光と将校の特権が改革を阻んだ。Strachan（1984）.

（14）よく、金のために働く傭兵は自らの命を懸けて真剣に戦わないのではないかという疑念が呈されることがある。しかし、まさにそのように考えた、十五世紀末から十六世紀初頭のフィレンツェの高級官僚マキアヴェッリが国民軍を採用して失敗したように、必ずしもその疑念は正しくない。専門性が高い傭兵は、合理的な損失の範囲内で行われる制限戦争には適しているし、この頃の民は戦意の高い統合された国民ではなかったからだ。マキアヴェッリ（１９９８：12章）参照。一五一二年、フィレンツェ国民軍はスペインとの戦争に敗れた。

（15）ハワード（２０１０：58-59）参照。しかし、軍が傭兵や外国人からなることがすなわち危険に結び付くというわけではない。西ローマ帝国は傭兵によって滅びたというよりは、本文で述べたように中央権力の崩壊によって瓦解したのである。対して東ローマ帝国は長らく傭兵の混ざった同盟部隊を用いて戦を成功させた。ゴールズワージー（２００３：６章）参照。東ローマ帝国を弱体化させたのは、度重なる徴集に反発した農民の反乱や、少ない物資で苦しい戦争を強いられた軍団、また皇帝に反対する帝国内政治勢力であったように、むしろ、国家の内にこそ統治者を覆しかねない勢力がいたことは重要な観点である。
(16) Duc de Richelieu (1961).
(17)『国家論』において、ボダンは無秩序を悪とし、当時の宗教戦争の時代に宗教よりも国家の権威に基づく統治で社会を治めるべきとした。明石（２０１２）参照。
(18) ハワード（２０１０：第4章）参照。とはいえ、グスタフ・アドルフは完全に傭兵を排除したわけではない。国外への長期遠征の際には、経費がかさむのを避け、民の反発を避けるために、既存の常備軍に現地雇の傭兵を組み込んで戦った。常備軍の骨組みがひとたび確立すれば、そこに傭兵を加えても規律が壊れることがあまりなかったからだ。ちなみに長期徴兵制度を使わず常時雇の傭兵軍をすでに確立していた例外的な事例として、商業による莫大な富をもっていた、ネーデルラント連邦共和国の前身、ユトレヒト同盟諸州の軍がある。ハワード（２０１０：72）参照。
(19) ハワード（２０１０）参照。
(20) 実際、近世から近代にはヨーロッパの多くの国で治安判事は兵役を課すべき犯罪者の割り当てを指示されていた。ポンティング（２０１３）。
(21) ハーウィック（２００７：４９０）参照。一八六七年にいたっても、プロイセンの政府が法律で兵役に組み込んだのは、適格とみなされた男子人口のうち僅か一％に過ぎなかったし、一九一一年時点でも、プロイセンの全人口の四十二％しか占めていない農村の出身者が全徴集兵の六十四％を供給し、大都市の人口集中地域の徴集兵は六％に過ぎなかった。プロイセン軍についてはCraig (1964) を参照。
(22) ハワード（２０１０：１２２）参照。
(23) この点、イギリスに関しては見直しが進んでおり、十八世紀のイギリス陸軍に参加していった人たちが比較的社会と交流を保っていたという研究が多くなっている。Brewer (1990)、辻本（２０１５）など参照。
(24) ハワード（２０１０：１２６‐１２７）参照。軍事的なるものを疎んじる傾向は、ノルベルト・エリアスが『文明化の過程』（原著は一九三九年）で指摘した野蛮を排そうとする文明化の試みと符合している。多くの国や社会が文明化の過程で礼儀作法を重視し、行動規範や文化などの形式美を洗練させてきた。前時代の騎士の、勇猛さや真っ直ぐさを取り出して称える伝統は、十三世紀ドイツにおいて徐々に形成されたと見られる『ニーベルングの歌』が後々まで大流行したことに見られる。古典の流行は、過ぎ去ってしまった時代に対する懐古趣味を形成した。こうした騎士道精神を賛美するような考え方は、現代では例えばC・S・ルイスの『ナルニア国物語』、トールキンの壮大な『指輪物語』へと連綿と受け継がれていく息の長い思考であった。

(25) この同盟はフランスと長年争ってきたプロイセンや、フランス王妃マリー・アントワネットの故国ハプスブルク帝国、イギリス、スペインなどの強国からなり、革命政府はほぼヨーロッパ全体と敵対することになり、存亡の危機に瀕した。

(26) 初めは必要兵力確保のための割当抽選制とし、兵員を確保するためにナショナリズムに訴えた。一七九八年の恒久的な徴兵制度を定めた法律では、二十歳から二十五歳までの男子を動員する皆兵制度とした。その結果、革命軍はみるみるうちに膨れ上がり、対仏同盟を上回る兵力を擁することになったのである。Stoker et al.(2009: 8–10).

(27) ハワード(2010:157–158)参照。

(28) La Gorce(1963).

(29) 当時のヨーロッパ社会の基準からいってもプロイセンはとくに封建的で、将校職は農地を持つユンカーと呼ばれる地主貴族層がほぼ独占していた。産業革命と国民国家建設だけが先行し、近代化の重要な要素である政治の自由主義化が遅れていたのである。フランスの二月革命や一八四八年の各地での革命運動に全く影響を受けなかったわけではないが、一八七一年にようやく統一を成し遂げた後発国家として、国民国家形成にあまり時間をかけられず、ナショナリズムが急速に発展したという点も影響しているだろう。十九世紀プロイセンの徴兵制の変遷とそこにおける知識人らの議論については、丸畠(2012)が詳細にまとめているので参照されたい。

(30) 具体的には、オットー・フォン・ビスマルク宰相とアルブレヒト・フォン・ローン陸軍大臣による一八六〇年代の一連の改革が引き起こした効果である。軍事大国化を目指すビスマルクら首脳は、ナポレオン戦争に対処するために組織した軍隊を、政府が一元的に統率する常備軍中心の体制へと改組して大規模化した。そして徴兵制を整備していくうえで、自由主義革命を避けるために、ブルジョワジーや社会主義者に先行して労働者を体制側に取り込もうとした。その方策が、徴兵制の見返りに福祉制度を導入することであった。もちろん、それでも実際に徴兵された人びとの階層には偏りがあったし、国民のごく一部でしかなかった。

(31) ハワード(2010:7章)参照。市民社会が軍の中に入っていくことによる軍内部の諸々の変化は、戦後のアメリカを中心とする政軍関係研究のなかで、軍の民主化、シビル化の効果としてリベラルな論者に重要視される方向へ向かったと考えられる。そこに、サミュエル・P・ハンチントンとモーリス・ジャノウィッツの論争、および一九九〇年代のシビル・ミリタリー・ギャップ論争の原点があるだろう。

(32) その後の日本の歴史を振り返るとき、初期徴兵制の最大の問題点はその強制性よりも不平等性であったように思われる。日本の陸軍当局も、一八八九年に中産階級があの手この手で兵役を逃れ、カネで解決しようとするのに対し、貧者が兵役を負担していると指摘している（加藤　1996：132-133）。第二次世界大戦下の日本では、十七歳以上四十五歳以下の日本国籍男子の四割以上が動員され、一九四四年には徴兵検査を受けた人の七十七％が徴集されるに至った。大江（1981：143-144）参照。日本における徴兵制は、必ずしも藩閥政府や陸軍のみが望んでいたことというわけではない。土佐派の自由民権活動家の板垣退助らは、藩閥政府に対抗して立憲政治を確立してから徴兵を行うべきという議論を展開していた。国民軍を作り、内閣の統制力を牽制しようという発想があったのだろうと思われる。彼らは、平民が軍務を負担することは実質的な四民平等を促進すると捉え、兵役を土地所有の権利の対価として捉えていた。しかも、自由主義者も政府に比べて特段戦争すること自体に消極的ではなかったのである。日清戦争での勝利後、板垣は現行の政府下での徴兵制を追認した。小林（2018）参照。徴兵を受け入れる陸軍は、徴兵逃れの余地を減らそうと働きかけてきた。けれども、それは軍が国民皆兵を望んだからというよりも、なるべく広い対象者に徴兵義務を広げたうえで、能力の高いものを選別するという方式を望んだからだった。しかし、自由民権運動の活動家が望むようには日本人は行動しなかった。国民は権利拡大のための徴兵に応じようとはしなかった。実際、徴兵逃れの例は枚挙にいとまがない。当時から軍国主義として名指しされることの多かった日本だが、一八六八年時点では徴兵年齢に妥当する男子の三十三％程度しか徴兵されなかったし、徴兵された人も代人料を支払うことで免除を受けられた。または、戸主免除などの免役条項を利用した戸籍売買などの徴兵逃れが編み出された。それを追いかけるように、免役制度や罰則の見直し、代人料の撤廃などを図る法令の改正が相次いだ。一八七一年に中央政府から出された徴兵規則は広く農民の抵抗にあったとされる。このように、藩閥政府に対抗したかった自由主義者の思惑は、必ずしも成功しなかった。牧原（1990）、古屋（1990）、加藤（1996）参照。

(33) 牧原（1990）参照。

(34) アメリカの建国者たちは、連邦政府が外敵に備えて常備軍を持つ必要を認めつつも、各州が民兵を持つことによって中央の連邦軍を牽制し、連邦政府に対する州政府の自律性を担保しようという発想を持っていた。また常備軍を持つならば、シビリアン・コントロールが必要だという問題意識も初めから強かった。Lyons（1961: 53）; Smith（1979: 61, 112, 327）. また、独立宣言の中にすでにイギリスの王政がシビリアン・コントロールをないがしろにしていることへの非難が書き込まれている。

(35) 民兵が開拓者でもあり、まだ国境線が曖昧な時代においては、郷土防衛の文脈が果てしなく拡大し続けた。米墨戦争（一八四六－四八）の過程で、最も好戦的だったのは境界の向こう側の米系移民とメキシコ国境沿いの民兵であった。この戦争に先立ち、アメリカのポーク政権はアメリカ系移民の多いテキサスを併合し、メキシコ帝国に大々的な戦争を仕掛けた。テキサスは当時メキシコ北部にあたり、米系移民がメキシコから独立を宣言して内乱を引き起こした。メキシコとテキサスの境界紛争を利用する形でアメリカ政府はメキシコの首都まで進軍したのである。その裏には、アメリカが領土拡大のためにカリフォルニア、ネバダ、ユタの獲得（購買）を目指してメキシコ政府と行なっていた交渉が膠着していたことがあった。領土の売買が当時は認められており、売買交渉が成立しない時は戦争を利用して割譲を迫ることがたびたび行なわれていた。アメリカも決してその例外ではなかった。アメリカがメキシコの首都を制圧すると、メキシコの約三分の一の国土がアメリカへ廉価で割譲された。

(36) 民兵は、白人男性という「持てる者」によって形成された自警団と見ることもできた。アメリカ原住民らを追い立て殺戮し、太平洋岸へ、またはメキシコへと領土を拡大しつづけたのは彼ら民兵であった。領土拡張期におけるアメリカでは、原住民との戦争から黒人の弾圧に至るまで、一部の民兵はまさに強硬派の尖兵となった。

(37) 一八九八年の米比戦争によるフィリピン占領までがアメリカにおける領土拡張期だと考えられるが、たとえば米西戦争は、いまからみるとあまりに非合理な戦争である。開戦決定の過程も必然性が乏しい。米軍艦メイン号の謎の爆発事故を契機に、世論と議会がマッキンレー大統領に圧力をかけて始まった。スペインは戦争を回避しようと努力したが、アメリカはキューバに肩入れする形で戦争に突入した。キューバは三十年来、スペインの植民地として独立戦争を戦ってきていた。アメリカの海軍学校や議会周辺に集う退役軍人らは、この独立戦争を助けるべきだとの論説を発表してきたが、その裏には当然海洋覇権国たるスペインに対する対抗心があった。しかし、海軍本部は戦争にためらいを見せていた。それに対し、いわゆるイエロー・ジャーナリズムと呼ばれる大衆紙が戦争を煽り、商業利権も絡んで、国民は戦争突入をためらわなかった。開戦に中心的な役割を果たしたのは、政治家や企業人をはじめとする多様な国内勢力であった。商業利権を持つ人びと、スペインによるキューバ人弾圧にリベラルな見地から反対する人びと、それに便乗した大衆紙などが開戦を唱え、政権を追い詰めた。そこで登場するのが文民政治家であり政治任用の官僚としてキャリアを築いてきた未来の大統領、セオドア・ルーズヴェルトである。彼は開戦に消極的な海軍提督たちを説得して開戦まで国を導き、開戦すると海軍省次官を辞任して自ら民兵の部隊を率いてキューバに乗り込んだ。アメリカは米西戦争に突入して四ヵ月足らずでキューバ戦に勝利し、フィリピンなどの旧スペイン植民地を購入し、キューバを保護国とした。フィリピンは、米西戦争に協力したフィリピン人独立活動家のアギナルドらを裏切る形でアメリカの植民地に編入された。そのため、アメリカは一九一三年まで過酷なゲリラ戦を戦い、数十万人の民間人を殺戮した。この違約は、軍ではなく世論の追い風を受けたマッキンレー政権が定めたものであった。しかし、この米比戦争が泥沼化し、バランギガの虐殺やモロの虐殺という惨事を経験すると、アメリカにも反省の機運が訪れる。そして、より抑制的な国へと変化を遂げた。米西戦争時の海軍のリーダーシップとシビリアンとの相克については、Spector（1974, 1977）が詳細である。

（38）例えば、自衛戦争に当たる独立戦争や米英戦争では、人口の四〜八％が戦場に赴いている。これは動員適齢期の白人の男子人口の三割前後にあたり、一部の民兵にとどまる規模ではない。内戦の南北戦争では第二次世界大戦に比肩するほどの動員率であり、敗けた側の南部に至っては、高齢者を含め成年男子のほとんどが武器を取って戦場に赴いた。第二章の本文表を参照。

（39）自由主義的なイギリスは、遅くまで志願制の維持にこだわっていたが、一九一六年に徴兵制に移行した。これほど大規模な戦争においては、もはや志願だけに頼るのは無理だったからだ。動員率はイギリスでは総人口の約十三％、帝政ドイツやフランスで総人口のおよそ二十％に達した。しかし、実際に戦争が始まってから総動員された兵士らは、ほとんど反抗せずに黙々と従軍した。一九一七年にはフランスで兵士による不服従運動が起きたが、それは待遇の改善を求めたものであって、戦争の継続を阻むものではなかった。ハワード（２０１０）参照。例外は、共産革命が起きたロシアだろう。あまりに前時代的なロシア帝国下では、自由主義化や民主化がほかのヨーロッパ諸国よりも格段に遅れていた。徴兵された民衆、殊に農民はそのような圧政下で動員されており、戦況が厳しくなると反抗するに至った。この時代、ロシアではいまだ戦争の大義に訴える国民動員ではなく、皇帝の意のままに農奴のように動員するという形をとっていた。飢饉や疫病といった苦しみと戦役が重なれば、最も従順だった農民でさえ反乱したのである。

（40）一九一七年に連邦議会が採択した選抜徴兵法では、当初二十一歳から三十歳までの男性の若者に、続いて十八歳から四十五歳までの男性に登録を要求した。当時のアメリカの人口は、一億人強であったから、四百七十三万人の兵力を擁するアメリカ軍全体としての兵力人口比割合は約四・七%だったが、うち約二百八十万人が徴集兵として参加していた。徴兵登録した人のうちのおよそ十二%が動員されたから、社会的なインパクトは小さくない。Rinaldi (2004: 5).

(41) 日本においては、軍人や遺族の恩給復活や原爆補償。ドイツにおいては連邦援護法の適用対象である軍人や民間人、「ドイツ人」として軍務や準軍務に関わって損傷を受けた者で、健康や経済上の影響を受けた者に対する援護。

(42) 一九四〇年には白人若年男性(二十五 - 二十九歳)の平均教育年数は十・五年だったが、わずか十年で平均値が二年近く伸びて十二・四年となった(黒人若年男性は六・五年から七・四年に伸びた)。Snyder (1993).

(43) アメリカの民兵は基本的に白人男性の志願兵であった。黒人は民兵から締め出されてきた。一七九一年の民兵法が象徴しているように、民兵を徴集適齢期の白人男性が務めることは、白人優位の社会を保つうえでも重要であると考えられたし、黒人と並んで軍務に服することに対する抵抗も強かったためである。他方、ごく限られた人数の常備軍や、戦争のときに補充される一般兵卒には多くの黒人が含まれていた。しかし、黒人兵は従僕やコックの名目でこき使われることが多く、戦闘部隊の形成は許されなかった。だが、第一次世界大戦、さらには第二次世界大戦の頃になると、背に腹は代えられず黒人に正規の戦闘部隊を形成することを許した。アメリカの黒人指導者には、たとえ帝国主義的な戦争であったとしても、黒人の地位向上のために積極的に従軍志願せよ、と黒人コミュニティに訴えてきた人びとがいた。ダグラス(Frederick Douglass)は南北戦争で黒人が戦うことができるよう北部政府と黒人に働きかけ、アメリカがスペインとの権力争いに乗り出した米西戦争では、クーパー(E. E. Cooper)ら一部の黒人指導者は従軍を勧め、大多数の黒人は愛国心の表明や見返りへの期待から軍に馳せ参じた。アメリカが初めてヨーロッパの戦争に介入した第一次世界大戦でも、デュボイス(W. E. B. DuBois)のような一部の黒人指導者は軍務を黒人の地位向上に利用しようと呼び掛け、三十七万人以上の黒人が従軍した。Parker (2009: chapter 1) 参照。他のマイノリティの権利も同様であった。日系人が第二次世界大戦に従軍する際には、第四四二連隊として知られる部隊に参加し、欧州戦線で果敢に戦い、圧倒的な死傷率を記録した。日本と総力戦を戦うアメリカにおいては、日系人が危険視され、強制収容所に隔離された事実は有名だが、彼らはそのような過酷な運命を打開するため、アメリカ国民として必要以上に血のコストを払おうとしたことを示す史実である。日系人差別も、公民権運動の高まりと時を同じくして解消する動きが高まってきた。アメリカ政府は、黒人の公民権運動の過激化に対する危機感からも、おとなしいマイノリティであった日系人を国民として認知するようになったのである。

（44）朝鮮戦争は北朝鮮の奇襲攻撃により唐突に始まったため、アメリカ軍は急な動員が必要であった。また、大学のクラスにおいて上位五十％の学力を有する学生については徴兵免除するとの規定がおかれた。そのため、多くの従軍経験のある黒人退役兵が、正規の戦闘部隊として戦場に戻った。このことによって黒人の地位が軍内で向上し、また軍における黒人の待遇を高めざるを得なかった結果、政治や社会のなかでも黒人差別を解消しようとする動きに遅まきながらも繋がっていった。軍務で自信を深めた黒人の退役兵が組織する自警団が、激しい公民権運動を支えたのである。その結果、一九六四年に公民権法が成立するに至った。つまり、二級市民として虐げられた人びとの従軍経験は、アメリカにおいて権利平等を実現したということになる。Parker（2009）は公民権運動の裏にあって語られてこなかった黒人の軍務貢献と退役兵の果たした庇護者としての役割に初めて注目した著作である。

（45）アメリカの軍は、将校、下士官と一般兵に加えて、選抜徴集兵の三層に分かれて構成された。一九四〇年時点で四十六万人足らずだったアメリカの軍人は、総動員時の一九四五年には千二百万人に拡大していた。そのほとんどを政府は復員させたが、朝鮮戦争後は一九六〇年代前半まで二百万人台後半で推移した。National Defense Budget Estimates for FY 2014. Office of the Under Secretary of Defense, May 2013, 266-267, Table 7-5. https://comptroller.defense.gov/Portals/45/documents/defbudget/fy2014/FY14_Green_Book.pdf（2013/08/27 閲覧）

（46）前注の統計資料参照。

（47）徴兵が拡大したのは、一九六五年九月に陸軍が南ベトナムへ本格増派してからであり、その後のおよそ五年間に、十七万人が徴兵制で召集された。

（48）大学で反対運動がはじまったのは一九六四年であり、その多くが徴兵拒否や反対を運動の中心に据えた。一九六九年の十一月にベトナム・モラトリアム委員会がアメリカ史上最大の反戦デモを実行した。首都ワシントンでは五十万人ほどの参加者が集まったと言われている。演説にはユージーン・マッカーシー、ジョージ・マクガバン、共和党議員で唯一の参加者チャールズ・グッデルなどの政治家も登壇した。当時のニューヨーク・タイムズ紙の記事は、デモ参加者は圧倒的に若者が多かったとしている。Joan herbers, "250,000 War Protesters Stage Peaceful Rally In Washington; Militants Stir Clashes Later," *The New York Times*, Nov. 15th 1969. トンキン湾事件（一九六四年八月）の発生時に、議会が武力行使を後押ししたことも忘れてはならないだろう。当時のアメリカのエリートも国民も、どれほどの規模の戦争に突入することになるのかを知らず、開戦判断をきわめて軽く考えていた。初めに熟議があり、平等な徴兵制度があって「我が事化」が起きていれば、（歴史に「もしも」ということはないものの）ある程度は違ったかもしれない。

（49）しかも、徴兵された者がみなベトナムの戦域に派遣されたわけではない。ベトナム戦争の戦闘を担った兵士は、実のところは志願兵が主体で、徴集兵は二十五％にとどまった。Resistance and Revolution, The Anti-Vietnam War Movement at The University of Michigan, 1965-1972. http://michiganintheworld.history.lsa.umich.edu/antivietnamwar/（2018/10/3閲覧）

（50）主なものに、Appy（1993）.

（51）David E. Rosenbaum, "Vietnam Moratorium Committee Is Disbanding," *The New York Times*, April 20, 1970.

（52）陸軍が提唱してきた一般的軍事教練制度（UMT：Universal Military Training）、つまり各国の徴兵訓練にあたるものは、空軍力が圧倒的に重要になったため、コスト面から不可能として採用されなかった。Huntington（1957: 285-287, 1961:41）

（53）Tocqueville（1990: 264-286）.

（54）Huntington（1961）.

（55）ハンチントンは先進工業国を対象として考えているが、自らの議論を民主国家に限定してはいないので、その点は注意が必要である。政軍関係には一党独裁国家における党軍関係のバリエーション、革命軍から発した国家の軍など様々な類型がある。ただ、政治の役割が大きく政軍間が分断されていることを想定したハンチントンの議論の射程を考えると、やはり民主国家における軍のあり方に最大のロールモデルを提供したと見るべきだろう。

（56）朝鮮戦争以後のアイゼンハワー政権では大量報復戦略がとられ、通常戦力の重要性が低下したにも拘らず、減少する下士官兵に比べ、中間将校の数は増加し続けた。ケネディ政権の軍拡は一時的に中間将校―下士官兵比率を下げたが、本来増やす必要のない中間将校人員は増加し続けた。ルットワーク（１９８５：２１３-２１８、２４８）参照。

（57）アメリカ軍は、政治の冒険主義に密かに抗おうとしてきた。例えば、ニクソン政権はカンボジア侵攻を計画するが、そのあまりの唐突さに開戦前夜に軍が反対する。しかし作戦は決行され失敗した。開戦時には軍が特段反対ではなかったベトナム戦争においてさえ、政権がラオス、カンボジアへと戦線を拡げていくことに、軍は反対だった。しかし、民主政の下にある軍人としては、命令に従い戦線拡大していかざるを得ない。ニクソン、フォード両政権において国防長官を務めたジェームズ・シュレジンジャーは、ブッシュ（父）政権時代のチェイニー国防長官に対し、むしろ「長年にわたって命令を受けているると、将軍たちはみな従順すぎるほど唯々諾々となってしまう」と自分の経験から諌めているほどだ。他にも事例は沢山ある。レーガン政権では、レーガンの積極姿勢にもかかわらず、軍が消極的であったため、CIAの秘密作戦を補助する予定だったニカラグア作戦（一九八三）は軍事演習に終わり、一九九四年のハイチ介入も安保理決議を用いることに拘った。パナマ侵攻（一九八九-九〇）では、アメリカに反抗するに至った独裁者ノリエガが民主化運動を弾圧し選挙結果を受け入れなかったがために、アメリカ議会がブッシュ（父）政権に介入を迫って実現したが、この時でさえアメリカ軍は侵攻に乗り気ではなかったことが分かっている。ウッドワード（1991：75）、パウエル（2001）、Feaver（2003: 138-144）など参照。

(58) 従来から、戦争の動機として不信や安全保障よりも理念的な動機、復讐などの動機が果たす役割の方が大きいと考えていた研究者は存在する。ごく最近ではLebow（2010）が一六四八年からの戦争を幅広く説明しており、優れている。冷戦後も大国同士の戦争は避けられていることから、これらの限定戦争の登場を植民地化に伴う戦争が多発した時代の再来と見る見方もあり得ようが、帝国主義の時代とはデモクラシーの数や外交政策における国民の存在感、その果たす役割の違いが生じていることに注意されたい。

(59) この問題に対して関連しうる問題提起として、Bacevich（2005）, O'Hanlon（2004）参照。

(60) Mandelbaum（1996）, Luttwak（1999）などを参照。安全保障専門家は、従来あまり倫理というものを正面から問わない傾向にある。プロとして、国益に基づいて政策の方法論を精査する立場をとるからだ。けれども、国民の大半が介入を望み、自由と民主主義を広めることは国益だと認定するとき、安全保障専門家は、その政策自体に反対であっても、介入の詳細をどうするかという方法論を検討せざるを得ない。これはまさに、目的は我々が決める、君たちはその手段を提言してくれればよいのだ、という態度である。民意の正統性をもつ政治家に対し、専門家は弱い立場にあった。

(61) そこでは、アメリカやその同盟国の死活的な国益が絡むものでない限り、また明確な政治的軍事的目標が設定されており、世論や議会の支持が確保され、他の手段が尽くされた場合でない限り兵力を投入しないこと、また、いざ軍を派遣する際には確実な勝利を挙げるために圧倒的な戦力を投入すべきという原則が謳われていた。一九八四年に公表されたこのワインバーガー・ドクトリンは、パウエルがさらに抑制的な問い、例えばコスト見積もり、軍事行動の与える様々な影響を勘案に入れること、国際的な支持は得られているかなどの要件を追加し、パウエル・ドクトリンとしても知られるようになった。

(62) 例えば以下を参照。"At Least: Slow the Slaughter." *The New York Times*, October 4, 1992.

(63) Cohen (2000; 2001), Feaver (2003) が代表的である。

(64) イラク戦争を題材にした映画は沢山あるが、興行的に成功しているものは少ない。また、観客に受け入れられる描き方は限られている。マイケル・ムーア監督のドキュメンタリー『華氏911』はブッシュ政権批判の文脈で陰謀論を描き、大成功した。リドリー・スコット監督の『ワールド・オブ・ライズ』は現実のイラク戦争とはあまりリンクさせない形で対テロ戦争を戦うスパイアクションに仕立てて成功した。もう少し現実に近いイラク戦争を描いて成功しているのはキャスリン・ビグロー監督の『ハート・ロッカー』やクリント・イーストウッド監督の『アメリカン・スナイパー』である。さんざん批判された戦争の現実は、本当はこうであったのだというメッセージを、エンターテインメント性も併せ持った形で描き、観客が共感しやすいつくりとなっている。一方、シリアスな社会派モノは苦戦している。ポール・ハギス監督の『告発のとき』もアメリカで興行収入は振るわなかったし、政権幹部がCIA職員の身元を報復的にばらした事件を扱った『フェア・ゲーム』も興行収入はやっと製作費を賄う程度だった。PTSDを描いた『勇者たちの戦場』も失敗であり、『ストップ・ロス』は兵士を強制的に戦地に送り返すことができる制度を告発する重要な作品だが、これも興行的には失敗だった。また、イラク戦争から一時帰国した兵士たちを迎えるハーフタイムショーの喧騒と取り残された兵士の思いを題材に銃後と戦場の隔絶を描いた映画、『ビリー・リンの永遠の一日』は、二〇一六年に台湾資本の援助を得て公開されたが、米国ではまるで関心を呼ばなかった。

(65) 志願兵制に移行して以来、アメリカの人口の十五％以下に過ぎない黒人が二十％前後の兵員を提供してきた。ヒスパニック系は、二〇〇〇年の国勢調査では十二・五％の人口比率だったが、二〇〇一年の兵員に占める割合は九・五％だった。

(66) 二〇〇三年にヒスパニックによる入隊希望がぐっと増え、戦争が終わるころには十二％になった。イラク戦争での戦死者数に占める割合も十一％(四百七十七名)と、最近の志願率の上昇を反映した戦死者を出している。十八歳から二十四歳までのヒスパニック人口は全米で二十一％に達しており、それに応じて最新版の統計である二〇一五年度は、ヒスパニック系が現役の軍人に占める割合は十八％近くにまで達した。黒人の志願兵にも長期的に見ると変化が現れている。従前よりも豊かな黒人社会が出現するにつれて、徐々に黒人社会においては、低・中所得層出身の、適格要件は満たすが能力スコアの低い層と、軍における出世の機会を求める士官候補生や教育を受けた層とに二分された形になってきたと解釈しうる。Population Representation in the Military Services: Fiscal Year 2015 Summary Report, Office of the Under Secretary of Defense, Personnel and Readiness. 及び一九九七年から二〇一〇年の同様の報告書の能力テストスコア、出身階層を参照。イラク戦争の主力を占めた陸軍現役に二〇〇四年時点で志願した者のうち、母集団の上位五十%を占めた白人は六十五%、黒人は三十八%、ヒスパニック系は四十五%だった。なお二〇一一年の調査では不景気ゆえに若者の入隊希望が高まっているとしているが、それでも現役陸軍への応募人員のうち、白人の六十一%が軍による知能テストで母集団の平均以上であったのに対し、ヒスパニック系で四十四%、黒人ではそれが三十四%であった。

(67) 不法移民がグリーン・カードを偽造するなどの事例もあったが、それについても不問に付された。
"Illegal Immigrant GI Granted U.S. Citizenship," Komo News, February 11, 2004.
http://www.komonews.com/news/archive/4117251.html（2013/08/27 閲覧）

(68) Alex Horton,"It looks like we're afraid of foreigners': Army turns away some green-card holders." The Washington Post, October 18, 2017.
https://www.washingtonpost.com/news/checkpoint/wp/2017/10/18/it-looks-like-were-afraid-of-foreigners-army-turns-away-some-green-card-holders/?utm_term=.cae28262d839（2018/03/20 閲覧）

(69) Population Representation in the Military Services: Fiscal Year 2011 Summary Report; Military Brat Life website
http://www.militarybratlife.com/（2013/08/27 閲覧）

(70) Population Representation in the Military Services: Fiscal Year 2011 Summary Report, Office of the Undersecretary of Defense, Personnel and Readiness.

(71) 保守派の反論は以下参照。Shanea Watkins and James Sherk, "Who Serves in the U.S. Military? The Demographics of Enlisted Troops and Officers," The Heritage Foundation, August 21, 2008.
https://www.heritage.org/defense/report/who-serves-the-us-military-the-demographics-enlisted-troops-and-officers
（2013/08/27 閲覧）

(72) Population Representation in the Military Services: Fiscal Year 2011 Summary Report.

(73) 最近出版されたヒラリー・クリントン元国務長官の著書『What Happened　何が起きたのか』（２０１８）ではわずかにだがこの問題に触れられている。

（74）筆者が確認できたのは、黒人の人種差別撤廃に黒人退役兵がもたらした役割を研究した、Parker（2009）のみである。

（75）アフガニスタン戦争の試算については以下記事参照。Joseph Stiglitz and Linda Bilmes, "No US peace dividend after Afghanistan," *The Financial Times*, January 24, 2013. イラク戦争については、同著者陣による以下書籍およびその要旨の小論を参照。Stigliz and Bilmes（2008a; 2008b）.

（76）Leo Hickman, "Why Do the British Armed Forces Still Allow 16-Year-Olds to Enlist?: Charities Have Accused the Ministry of Defence of Recruiting Child Soldiers, But It Argues That Military Life Offers a Wide Range of Benefit to Under-18s," *The Guardian*, April 23, 2013.
http://www.theguardian.com/uk/shortcuts/2013/apr/23/british-armed-forces-16-year-olds（2013/08/28 閲覧）.

（77）現役の軍人数は以下統計参照。
http://comptroller.defense.gov/defbudget/fy2014/FY14_Green_Book.pdf（2014/01/09 閲覧）ほとんどの戦争については、退役軍人省発表の数字を使用した。ボスニア紛争介入については、国防大学と国防総省とのコラボレーションによる以下レポートを参照。Larry Wentz ed., "Lessons from Bosnia: The IFOR Experience," DoD Command and Control Research Program, 1998. 米西戦争と米比戦争もアメリカの側からすると一続きの戦争であるため、兵力動員数を分けて論じていない。また、イラク戦争とアフガニスタン戦争に動員された総人数については、ブッシュ・オバマ両政権や国防総省の情報を公開しない姿勢によって分かりづらくなっている。現段階での分析ではイラク戦争とアフガニスタン戦争をあわせて一つにして論じなければならないことを断っておきたい。動員人数については、ABC news の記事が信頼に足る。Luis Martinez and Amy Bingham,"U.S. Veterans: By the Numbers" ABC News, Nov. 11 2011.
http://abcnews.go.com/Politics/us-veterans-numbers/story?id=14928136#1（2013/01/07 閲覧）;
DoD Selected Manpower Statistics, Fiscal Year 2003（http: //www. federaljack. com/ebooks/Neo-Con_Source_Docs/DoD_Manpower_Statistics.pdf 2004/10/06 閲覧）table 2-11; U.S. Census Bureau publications: Historical Statistics of the United States: Colonial Times to 1957（1960）; "Historical National Population Estimates: July 1, 1900 to July 1, 1999"（revised June 28, 2000, www.census.gov/population/estimates/nation/popclockest.txt, 2004/12/06 閲覧）; and "Annual Estimates of the Population for the United States and States, and for Puerto Rico: April 1, 2000 to July 1, 2003"

(revised May 11. 2004. www2.census.gov/programs-surveys/popest/tables/2000-2003/state/totals/nst-est2003-01.pdf 2004/12/06 閲覧) などの記事・資料を参照。

(78) 戦争に行くことを想定せずに志願していた州兵の若者を大量に動員したイラク戦争とアフガニスタン戦争では、彼らの中からＩＶＡＷ、VoteVets などの反戦活動が生まれることになった。

第三章

(1) 現在のリベラリズムにおいては、基本的な自由を超えた「配分的正義」が目指されることが多い。それこそが、ロールズの『正義論』がカントに強く影響を受けつつも大きく違いを見せているところである。ロールズは、「善」が人の数だけ存在する以上、善という概念に頼らずに普遍的な正義を定めなければいけないとし、正義の認定にあたっては人びとが自分の属性や利害関係抜きに思考すればよいとした。自分が最も弱い立場におかれたと思えば、弱者に最大限の配慮をするだろうということである。この普遍的な正義の考え方に対して、マイケル・サンデルなどから批判が沸き起こった。サンデルは、いまある共同体とそこで共有された価値観を重視し、共同体の文脈を無視した普遍的な正義などというものが可能なのかという問いを投げかけた。いわゆるリベラル＝コミュニタリアン論争である。ロールズとサンデルは自由で平等で格差の少ない社会を目指すという意味で目標を同じくしている。対立が生じる理由は、リベラルが目的を重視するのに比べて、共同体主義者が方法論を重視するからだと考えられる。いまある共同体を通じてしか理想を実現することはできないというのはコミュニタリアンの言う通りだが、時に手段としての共同体が自己目的化してしまう危険も考えておいた方が良い。ロールズは、どのような個人であっても不利益な取り扱いを受けないという個人の権利を重視した合理主義に基づく理想主義に立つ。この理想主義は国境を越えた適用が非常に難しい。ただ、リベラルの掲げる理想は、実現が困難な非妥協的なものであるからこそ重要だとも考えられる。リベラル＝コミュニタリアン論争については、宇野(２０１３)の分析が勉強になる。

(2) 日本においては、現状が不公正あるいは不平等であった場合にその是正が難しく、また、防衛や原発などのコストやリスクに関して国民の意識が低い傾向にあると思われる。前者の例としては、給与所得者など税金を取りやすいところからとる志向、シルバーデモクラシーによる世代間格差拡大、沖縄への過重な米軍基地負担、後者の例としては、自衛隊に対する社会的認知の不足、外国人である米軍兵士が負う日本防衛で負うリスクに対する意識の低さ、原発の廃炉作業員の問題などがあげられよう。

(3) この見方は現在、日本近代史研究の中でかなりの説得力を持つに至っている。原敬や山縣有朋の没後は、政党政治の膠着と戦間期の不況による予算縮減の圧力の中で、宇垣一成や田中義一が陸軍の近代化の予算確保を優先して軍の規模縮小を主導し、結果として陸軍内の派閥争いと相互不信を招いてしまった。元老がいなくなったことは、制度よりもむしろ人間関係の要素で回っていた政軍関係のバランスを崩したのである。小山(2018)、伊藤(2014)参照。小山(2018)は、田中義一首相が国際協調の観点から大陸への武力干渉に全体としては慎重であるという自らの真意を胸中に隠し、居留民保護のための派兵を求める国内世論に配慮して一見強硬に見える国内向けアピールを繰り返したことが誤解を呼んで、関東軍の暴走を招いたとする。つまり、徴兵制があったから陸軍の暴走が起きたのではなく、関係諸機関の意見統一や首相の意思の共有が十分図られていなかったことに直接の原因があるということだ。また、戦間期の日本においても、英米に倣ったシビリアン主導の議会制民主主義の下で総動員体制を準備しようとした内務官僚の松井春生と、陸軍の綱引きについては、森(2018)も示唆的である。陸軍は、徴兵制が不人気であるがゆえに、総動員体制を敷けば国民が戦争に反対するのではないかと考え、躊躇していた。これに対して、松井は議会を機能させながらシビリアン主導で戦争の準備をすることを考えていた。松井の案が通らなかったことにより、開戦後に政治は影響力を失い、翼賛政治という議会制民主主義の自己否定にもつながってしまったのである。軍部の暴走が、むしろ政治の機能不全によって引き起こされるという現象は、日本特有の現象ではないと筆者は考える。ファシズムが勃興する前のイタリアでも同じような構造があったからだ。ジョリッティらの自由主義政権が軍事費を削減した経緯と、日本の統帥権乱用の主張が出てくる前の軍事予算をめぐる政軍間の攻防は類似している。当時のイタリアの状況についてはGooch(2007)を参照されたい。

(4) 田中は政友会を率いて普通選挙法の下での初の議会選挙で辛勝し、公約に基づき、第一次山東半島出兵を参謀本部の反対を押し切って行った。しかし現地で戦闘に不首尾があったり邦人の被害が出たりするたびに世論の批判の矛先は陸軍に向かい、それを嫌った陸軍が自らの力で事態を打開しようとする機運が高まっていった。そして、張作霖爆殺事件が起き田中内閣が退陣に追い込まれる。田中の失敗が結果的にそののちの関東軍の満洲事変を招いたとする説明である。小山(2018)参照。

(5) 徴兵対象の年齢は一九四四年の秋には十七歳から四十五歳までの男子に拡大した。一九四三年十月に在学徴集延期臨時特例(勅令)により、理系など一部を除き大学生の徴兵猶予が撤廃されている。帝国の植民地に関しては、朝鮮での徴兵が始まったのが一九四三年八月、台湾での徴兵は一九四四年九月からである。

（6）市民的不服従については膨大な研究の蓄積があるが、米墨戦争などに反対するため人頭税の支払いを拒否し一晩だけ投獄されたアメリカの作家ヘンリー・デイヴィッド・ソロー（一八一七－一八六二年）がその嚆矢とされる。ソローは、州あるいは連邦政府の法律や政策が、より高い道徳的法則と矛盾する場合には、市民の良心が尊重されるべきであり、平和的な手段で政府に抵抗する権利、すなわち「市民の反抗」があるとした。ロールズの正義論においては、市民的不服従は正義にもとる法が多数決原理によって立法された場合の異議申し立てとして構想されている。それは政治的な行為であり、それによって多数派に正義を悟らせ行動を変えさせるためのものである。アメリカの学生によるベトナム戦争反戦運動が、まさにそうした効果を持ったものであった。ロールズ（2010：第6章55－59節）参照。

（7）ちなみに、従来の日本のように文官の縦のラインによる統制を偏重し、途中で失われる情報の多さに着目しない態度は、各国で行われてきた効果的なシビリアン・コントロールとは本来真逆の方向だ。現在は文官優位システムの見直しで改善されてきているが、南スーダンの日報問題の国会答弁に関しては、残存する制度の粗が見えた。

（8）現代の政軍関係は、マイクロマネジメントを行い何事もトップダウンで決めたいシビリアンと、現場で犠牲を出さないために裁量の幅を残しておきたい軍人との綱引きにポイントがある。冷戦中は軍事上の些細な判断が核戦争に繋がってしまうリスクから、可能な限り細かい部分まで政治が軍をコントロールしたいという欲求があったが、それでは政治が望む戦争を軍に押し付け、かつ犠牲の多い作戦をも強要してしまうことにつながりかねない。したがって、政軍関係の実務を検討する際には、「シビリアンの戦争」をいかに防ぐかという点までを視野に入れなければならない。三浦（2012）を参照。

（9）権力の均衡重視と言うと、戦前日本の議会政治の混乱と無責任とを思い出す人もいようが、現代とは事情がまるで違う。戦前は統帥権が内閣ではなく天皇に属し、内閣の力が弱かった。内閣総理大臣は大臣の罷免権もなかったのである。当時の問題は総理大臣が閣僚を統率し、各部局に意思を伝達するリーダーシップの欠如であった。したがって、現代日本において国会の関与を高めたからといって、責任の所在が曖昧になったり、リーダーシップが乱れたりすることにはならない。

（10）衆院にわずか八十四名（二〇一八年時点の定員）を擁する法制局が設置されているだけという日本の状況は、法律の専門家の対応できる範囲が限られていることを考えても、不十分だというべきだろう。日本の立法府の体制は、他の先進的な民主主義国に十分学ばないまま、現在に至っている。それは、憲法で軍の保有が禁じられているにもかかわらず、なし崩し的に再軍備を行ったからである。その結果、他国に比してシビリアン・コントロールの制度化が弱い国となってしまった。

(11) ウォルツァー(1993)参照。

(12) ウォルツァー(1993:180)参照。

(13) 松元(2005)は、正義を導きだすウォルツァーが自らの定義したやり方に反しており矛盾していると指摘しつつも、「ネガティブな禁止命令」の普遍的道徳命題を導き出したものと説明している。伝統的な正戦論の系譜においては、アリストテレスが自然や理性という考え方を用いて定義したところに始まった。トマス・アクィナスは、聖戦の条件として、戦争命令を下す君主(のちに国家)の権威という正統性、戦争原因の正当性、戦争意図が正しいことなどの定義を試みた。その後、キリスト教圏で宗教戦争が起こる頃には条件付き戦争許容論が登場し、グロチウスが設定した防衛、モノの回復、刑罰という国内類推的な三つの戦争原因が正統なものとして観念された。現代的な正戦論はそうした蓄積の上に築かれている。集約すれば、正当な「原因」と「意図」に基づき、正しい「権威」が開戦することが必要で、外交を尽くしたうえで「最後の手段」としてやむなく開戦される必要がある。そして結果的に、戦争がもたらす被害と、当初の戦争原因との間に「均衡性」が保たれる必要がある。聖戦と正戦の異同、そしてその歴史的発展については山内(2012)を参照されたい。

(14) 例えば杉田(2015:第8章)は、ウォルツァーの正戦論を批判的に参照しながら、兵士と国民の間に境界線を引くことの不正義を提起している。ウォルツァーの議論に従えば、兵士になったとたん、例え徴兵制の結果であったとしても殺されても仕方がない存在となるからである。また、民間人をターゲットにすることは許さないが、コラテラル・ダメージとしての犠牲はある程度許容していることも批判している。

(15) エラスムス(1961)。日本の近年の研究では、松元(2014)がウォルツァーを参照しつつ、戦争のダメージと戦争によって避けえた悪の間の比例性と、正当原因に的を絞って戦争の正しさを論じるならば、比較考量を持ち込むことは避けられないと主張している。戦争のコストを度外視することはできないということだ。本書もその考えに同意する。

(16) バーク(2000上:59-60)。

（17）シュミットの戦間期の論考を分析している大竹（２００９：序論）、権左（２００６：１８７‐１８８）参照。
（18）Von Jürgen Habermas. "Bestialität und Humanität: Ein Krieg an der Grenze zwischen Recht und Moral." *DIE ZEIT*. April 29. 1999. 英訳は Habermas（1999）参照。
（19）権左（２００６：１９１‐１９９）参照。
（20）Jabri（2007: Chapter 3）が、ハーバーマスがコソボとイラクで判断を分けたときの理屈を詳細に批判的に検討している。ただし、ハーバーマスがイラク戦争を認めなかったのは、イラクの体制転換のためには戦争という手段が「最後の手段」ではなく、コソボほどの急迫性もなかったという論理が存在していることは、フェアに見なければならない。また結果論として、イラク戦争はイラク人民の救済と民主化の定着という目的を達することができず、多大な被害をもたらした不正な戦争であったということができる。
（21）山内（２０１２：１４０‐１４１）参照。
（22）ウォルツァー（２００８）参照。
（23）スウェーデンのＰＫＯ、韓国のイラク戦争派遣などはそのように処理されている。
（24）ウォルツァー（２００８：4章）参照。
（25）ウォルツァー（１９９３：１５９）参照。
（26）杉田（２０１５：２１９‐２５１）参照。
（27）エラスムス（１９６１：73）参照。
（28）ウォルツァー（２００８）。戦争の被害を比較考量する考え方は、正戦論でいえば均衡性の原則と、戦争原因の正当性の両方を含意している。ウォルツァーが著書で国際政治学の戦争への態度を批判しているのは、むしろ結果的な利得とコストで戦争の妥当性を判断するような態度に対してである。確かに利害計算を戦争の正不正の判断の中心に据えることは、防衛的で人道的な意図を持つ戦争以外の戦争をも容認する理由になってしまう。その一方で、ウォルツァーの考え方だと、正しいと信じる戦争なら、いかに本来の目的とは不均衡に大きな犠牲をもたらしても、正当化しうることになってしまう。もっとも、損害が多く得るところの少なかった武力行使に非難が集中しがちであるのは、現在も過去も変わらない。このような功利主義的な戦争の捉え方にメスを入れた功績が、ウォルツァーにはあるだろう。
（29）Fearon（1995）参照。

（30）二〇〇二年にアメリカの有名教授らが執筆した声明文を参照。署名者は、サミュエル・P・ハンチントン、マイケル・ウォルツァー、フランシス・フクヤマなど多数。"What We're Fighting For: A Letter from America."
http://americanvalues.org/catalog/pdfs/what-are-we-fighting-for.pdf（2017/01/09閲覧）

（31）この「良い戦争」「悪い戦争」という言辞が出てきたのは、ブッシュ政権下でのことだった。ゲーツ（2015：198）参照。オバマ政権の周辺で広まっていったことについては以下記事が詳しい。Mark Landler, "The Afghan War and the Evolution of Obama," *The New York Times*, January 1, 2017.
https://www.nytimes.com/2017/01/01/world/asia/obama-afghanistan-war.html（2017/01/09閲覧）

（32）マキアーナンを解任したゲーツ国防長官の言い分については、ゲーツ（2015：351-356）を参照。ゲーツはオバマ大統領が軍が要求する増派を政治問題化して考えていたことを批判している。マキアーナンの後任に据えられたマクリスタルはさらに野心的な増派を要求して政権と対立したが、その要求人員はオバマ大統領が二〇〇九年三月に設定したアフガニスタンでの対テロ・プラス戦略（対テロ作戦に加えてアフガニスタンの治安部隊を強化させ部族軍と取引をして撤退する）のためにも必要なレベルの人員だった。ゲーツはホワイトハウスが求める「目立たない漸進的増派」と、軍の求める「劇的な人員増派」との間で板挟みになった。ゲーツ（2015：第10章）。バイデン副大統領と増派をめぐって衝突したマクリスタルをオバマ大統領が解任した一連の経緯については、ゲーツ（2015：506）参照。

（33）三浦（2012）参照。

（34）オバマ大統領のアフガニスタン戦争へのかかわり方に熱心さが欠けていたこと、実際の方針と国民への説明が一致しておらず、しかも錯綜していたことへの批判については、ゲーツ（2015：299-300、359-360、593-597）を参照。ペトレイアスの痛烈な政権批判が載ったコラム記事は以下参照。Michael Gerson, "U.S. Has Reasons to Hope for Afghanistan," *The Washington Post*, September 4, 2009.
http://www.washingtonpost.com/wp-dyn/content/article/2009/09/03/AR2009090302862.html（2017/04/03閲覧）
ボブ・ウッドワード記者がマクリスタルの増派要請と、それに応えなければ敗北するという厳しいトーンの提言の内部文書をすっぱ抜いた記事は以下参照。Bob Woodward, "McChrystal: More Forces or 'Mission Failure'," *The Washington Post*, September 21, 2009.

http://www.washingtonpost.com/wp-dyn/content/article/2009/09/20/AR2009092002920.html（2017/04/03 閲覧）
アフガニスタン戦争での米軍の死者数はブッシュ政権（二〇〇八年末まで）の七年余りで六百三十人に達し、オバマ政権（二〇一六年末まで）の八年間でさらに千七百五十八人が戦死した。二〇一八年十二月二十日現在、死者数は二千四百十七人である。Icasualties.org のサイトを参照。

（35）Mark Landler, "The Afghan War and the Evolution of Obama," *The New York Times*, January 1, 2017.
https://www.nytimes.com/2017/01/01/world/asia/obama-afghanistan-war.html（2017/01/09 閲覧）

（36）"Obama Defends Strategy in Afghanistan" *The New York Times*, August 17, 2009.
https://www.nytimes.com/2009/08/18/us/politics/18vets.html（2017/04/03 閲覧）ちなみに、まさに War of Necessity, War of Choice（必要な戦争、選び取った戦争）という題名で本を著したリチャード・ハース（ブッシュ政権初期の国務省政策企画局長）はアフガニスタン戦争を選び取った戦争ではなく必要な戦争であったと述べている。Haas（2009: 268）.

（37）ポリティコの二〇一七年八月上旬の世論調査を参照。
https://www.politico.com/f/?id=0000015d-c4ac-dd39-a75d-cfbfbc3e0002（2018/08/02 閲覧）

（38）近年の豪州のように、高技能の移民にフォーカスした長期的な受け入れ政策の取り組みは参考になる。

（39）ボージャス（２０１８）参照。

（40）ＯＥＣＤ加盟国三十六ヵ国のうち、二〇一八年三月時点で徴兵制廃止を決めていない、あるいは復活を検討している国は、オーストリア、デンマーク、フィンランド、ノルウェー、スイス、ギリシャ、イスラエル、トルコ、エストニア、メキシコ、韓国、スウェーデン、フランスの十三ヵ国である。現在ではイスラエルと韓国を除き、ほとんどの国で訓練が中心になっているといえる。また良心的兵役拒否ないしそれに準ずる方策が法制化されていないのは韓国のみである。ＯＥＣＤ非加盟国のロシアも、かつては実戦でも徴兵を用いていたが、現在では徴兵期間が一年間に短縮され、実用性が低いと見られている。

第四章

（1）「『北の魚雷攻撃』と断定、韓国哨戒艦沈没で調査団発表」Afpbb、二〇一〇年五月二十日付
http://www.afpbb.com/articles/-/2728203?pid=5772086（2014/11/06 閲覧）

（2）世論調査の詳細は、金（２０１０：69）に引用された東アジア研究院の二〇一〇年六月三日－五日調査の表を参照

されたい。

(3) 一八九八年に始まった米西戦争では、原因不明の米艦船の爆発による沈没がスペインに対する宣戦布告をもたらした。ベトナム戦争では、トンキン湾事件、つまり北ベトナムから二度にわたり米艦船をめがけ魚雷が発射されたという不確かな報告が介入の直接的な原因となった。フォークランド戦争でも、英海軍がアルゼンチン艦船ベルグラーノを撃沈したことによって外交交渉が事実上行き詰まり、本格的な戦闘を招来した。

(4) 北朝鮮警備艇が韓国海軍哨戒艇を先制攻撃し、韓国側に六名、北朝鮮側にはおそらく十名以上の死者を出した。だが政権は何もせず兵士の葬儀で弔意を伝えることもなかった。国民の目も当時開催中だった日韓ワールドカップに釘付けになっていたこともあり、ほとんど注目されずに事件は終わった。政府が戦死者の葬儀にも出席しなかったことは、のちに保守派から批判を受けた。

(5) 二〇一〇年五月二十一日付の東亜日報記事(http://japanese.donga.com/3/all/27/311608/1 2014/11/05 閲覧)によれば、五月二十四日からそのような中高生の書き込みが始まり、あっという間に広がったという。より本格的に国防部を騙った徴集告知メールを偽造したとして、二十六歳と三十七歳の男性が別個に起訴されている。

(6) こうした戦争忌避の感情と投票率上昇との関係は広く報道されたが、記事の一例として、以下参照。"Vote of no confidence," *The Korea Times*. June 3. 2010.
http://www.koreatimes.co.kr/www/common/printpreview.asp?categoryCode=202&newsIdx=67041 (2014/11/06 閲覧)

(7) 「李明博政権3年間　兵役忌避二倍に」『ハンギョレ』二〇一一年九月二十三日付
http://japan.hani.co.kr/arti/politics/9213.html (2014/11/06 閲覧)

(8) 事件後、朴始宗率いるチームにより特別監査が行われ、「天安の沈没事件に関する状況」という報告書で韓国軍の事前探知や初動における不手際が明らかになった。単に検知や対策が遅れたのみならず、北朝鮮の魚雷攻撃の可能性をうかがわせる報告の記述(爆音、潜水艦による攻撃の可能性)が削除されて上にあげられたという。金滉植監査院長は国防部に軍の関係者二十五人の懲戒を要求し、軍首脳部の問責人事が行われた。以下記事　コラム参照。
「天安艦懲戒、12人は刑事処罰対象」『中央日報』二〇一〇年六月十二日付
https://japanese.joins.com/article/j_article.php?aid=130032

「【天安艦監査結果発表】初期になぜ〝北朝鮮攻撃〟排除しようとしたのか」『中央日報』二〇一〇年六月十一日付
https://japanese.joins.com/article/j_article.php?aid=130013
グ・ヒリョン「虚偽報告」『中央日報』二〇一〇年六月十三日付
https://japanese.joins.com/article/j_article.php?aid=130052（すべて2018/11/5閲覧）

（9）前注にあるような潜水艦攻撃の可能性を示す記述の削除の行動に加え、軍はより攻撃的な報復を進言していない。

（10）Gates（2014: 497）.

（11）一人当たりＧＤＰで見ると、一九六一年には千百六ＵＳＤだったものが二〇一三年には二万三千八百九十二ＵＳＤに上昇している。

（12）韓国では高齢者に対する所得の再分配効果はごく少ない。韓国が国民皆年金制を採択したのは一九九九年である。仮に、年収が日本円に換算して三百万円を切るような、月額二百二十九万ウォン以下の収入だった人が、任意加入の国民年金創設時の一九八八年から二〇〇八年まで二十年間加入していたとしても、月額でもらえるのは二十三万ウォン（約二万三千円）程度にすぎない。ちなみに現在、財産が乏しく収入が少ない高齢者に支払われる老齢基礎年金の月額は九万四千ウォンであり、日本円で一万円を切る額である。高安雄一「「高齢者に厳しい」韓国の年金制度：社会保障制度を分析する――その1『公的年金』」『日経ビジネスオンライン』二〇一一年七月十一日
http://business.nikkeibp.co.jp/article/world/20110707/221347（2014/11/06閲覧）：In-Soo Nam「韓国の高齢者に忍び寄る貧困」*The Wall Street Journal,* 二〇一三年二月二十八日
https://jp.wsj.com/articles/SB10001424127887324432404578331053826972548（2014/11/05閲覧）

（13）現在すでに六十五歳以上の高齢者は、中等・高等教育への進学率が上がって受験戦争が過熱し始めた時代とも一世代ずれている。小学校入学が爆発的に増加したのは一九五〇年代末である。一九六〇年代後半には中学入試が過熱し、一九六八年に政府は中学校の定員を増やして無試験入学とした。一九七二年以降は高校入試が過熱したというように、彼らは受験戦争を経験した世代より一世代まえであることが分かるだろう。韓国の近代教育の歴史については以下参照。
「韓国の近代教育政策」Clair Report No. 339（June 23, 2009）、（財）自治体国際化協会 ソウル事務所。

（14）国民年金には税金が投入されていないのに、公務員や軍人の年金には雇用主として国が支払う保険料だけでなく基金の赤字補填にも国庫金が投入されており、公務員によりうまみがあるように設計されている。公務員が受け取れる年

金とサラリーマンの年金の金額には大きな開きがある。また現在では、下士官以上の職業軍人になれば、加入期間や位階に応じて公務員並みの年金が受け取れる。しかし、それ以下の一般兵士にはその基準は適用されない。ベトナム戦争の枯葉剤後遺症に悩まされる元兵士が団体を作っているのも、韓国政府が当時ベトナム戦争に従軍した兵士に枯葉剤後遺症の補償金を払っておらず、また一般兵が実際に受けた損害に比して政府補償が乏しいという理由による。

(15) 特殊部隊を始め、戦闘能力の高い部隊が派遣された。陸軍からは首都機械化歩兵師団（猛虎師団）、第九歩兵師団（白馬師団）、海兵隊からは金浦に司令部を置く第二海兵師団（青龍師団）を派遣した。猛虎師団は首都防衛に責任を負うために作られた大規模な主力部隊であり、白馬師団は朝鮮戦争中三十八度線付近の北東部を守備範囲に作られた師団である。青龍師団は黄海を守備範囲においてきた、海兵隊の主力部隊である。

(16) 一九六一年十一月ケネディ・朴首脳会談における朴の提案、一九六五年四月のヘンリー・カボット　ロッジ駐越大使による派兵打診、ジョンソン・朴首脳会談による派兵の大筋合意を経て、六五年六月に朴大統領が派兵決定。なお、李承晩大統領が、一九五四年にフランスがディエン・ビエン・フーの戦いでベトナムに敗北した際に、アメリカに対して派兵を申し出た時には国務省が断っている。Kim（1970）、朴（１９９３）参照。

(17) Kim（1970）、朴（１９９３）参照。軍事援助、経済援助、特需、あらゆる経済的利潤を韓国政府と企業、労働者が享受した。韓国企業や労働者のベトナムでの経済活動はブラウン覚書で保障されていた。

(18) 朴（１９９３：38－40）参照。

(19) 朴（１９９３：16－17）参照。

(20) ブラウン覚書において、韓国将兵の海外勤務手当をアメリカが負担し、戦死傷者に関しては、韓米合同軍事委員会で合意された支給率の二倍をアメリカが支給することとされていた。朴（１９９３：16－17）参照。また、派兵された韓国軍の将校の手当は少将の月給約三百五十四ドルから、准尉約百三十七ドルまで階級に応じて決められ、下士官は上士約百二ドルから、兵長約六十四ドルまでの幅があった。

(21) 三十八度線での武力衝突の件数は、一九六五年の八十八件、六六年の八十件から、六七年には七百八十四件、六八年には九百八十五件と、六七年ごろから北朝鮮の攻勢が強まり約十倍に増えた。また、六八年には大統領公邸襲撃事件や米艦プエブロ号拿捕事件も起きた。朴（１９９３：96）参照。

(22) 一九七一年の大統領選で朴正熙は強制的軍事教練を廃止することを公約したが、当選後にそれを反故にしたため、学生による運動が一時盛り上がった。

(23) ベトナム戦争を指揮した韓国軍将校には、その後要職に上ったものが少なくなく、白馬師団の指揮官からは、全斗煥と盧泰愚の両大統領を輩出している。また、猛虎師団出身の柳炳賢（リュー・ビョンヒュン）はのちに権威主義体制下で参謀本部長と駐米大使、無任所大使を歴任している。

(24) James Sterngold, "South Korea's Vietnam Veterans Begin to Be Heard," *The New York Times*, May 10, 1992. https://www.nytimes.com/1992/05/10/world/south-korea-s-vietnam-veterans-begin-to-be-heard.html（2014/11/10）キル・レイシオとは、つまり死者数カウントにおいて、米国およびその同盟国側の死者数に比して、北ベトナムや南ベトナムの共産勢力であるベトコンの死者数の比率が十分に高ければ、いずれ勝利するというきわめて稚拙な戦略である。

(25) 英語は以下。"The blood money we had to earn at the price of our lives fueled the modernization and development of the country. And owing to our contribution, the Republic of Korea, or at least a higher echelon of it, made a gigantic stride into the world market. Lives for sale. National mercenaries."

(26) 湾岸戦争において、泥沼化したベトナム戦争のトラウマを抱えていた米国が、相当程度短期戦に拘り、また多国籍軍とはいえ米軍が主導する自律性に拘ったため、韓国はもともと医療部隊や輸送部隊を超える派遣を求められる可能性は極めて低かった。最終的に、医療支援団百五十四名、空輸輸送団五機百六十名を派遣した。金大中は、当時二百九十九議席中七十議席を有する平和民主党総裁だった。事の経緯は室岡（２０１１）参照。

(27)「全斗煥　陸軍士官学校同期　チャン・ソギュン　"彼ら、ハナ会を率いて早くから金・権力中毒"」『ハンギョレ』二〇一三年五月二十五日更新　http://japan.hani.co.kr/arti/politics/14779.html（2014/11/06閲覧）

(28) 韓国では常に緊張感を持って北朝鮮と軍事的に対峙しているだけに、国務総理（いわゆる首相）が統括する国防部や外交部だけでなく、金大中誘拐事件で有名になった情報機関ＫＣＩＡの流れを汲み、国家安全企画部（安企部）から縮小再編された国家情報院や、青瓦台秘書室の外交安保首席秘書官（国家安全保障補佐官）など、大統領直属の安全保障担当の部署がある。彼らは大統領と頻繁に接触し、重要な安全保障上の情報を大統領に報告している。つまり、外交部も国防部も、それらの情報を得るのは大統領よりずっと後ということになる。こうして大統領は情報を真っ先に集約し、軍官僚に対し強い指導力を発揮することができるようになる。一般に大統領は議院内閣制の首相よりも高い自由度を持つとされているが、青瓦台の内部で行われている政策論争の全体像を把握するのは難しい。

（29）一九九三年に工兵二百五十二名の派遣が決定された。

（30）室岡（２０１１：30）参照。

（31）四十二名規模で開始した西サハラの任務（一九九四－二〇〇六年）についても、二百名の工兵を派遣したアンゴラの任務（一九九五－一九九六年）においても、国会で満場一致の派遣同意が取り付けられた。室岡（２０１１：31－32）参照。

（32）室岡（２０１１：32－35）参照。

（33）二〇〇七年にタリバンにより二十三人の韓国人が拉致され、うち二人が殺害された事件の影響が大きかった。室岡（２０１１：40－41）参照。

（34）室岡（２００５：43）参照。

（35）武貞（２００３：47）における『朝鮮日報』日本語版、二〇〇一年二月二十七日掲載分の世論調査の数字より。

（36）「対北反感31％↓56％急増…太陽政策以前の水準に」『中央日報』二〇一〇年二月二十二日付
https://japanese.joins.com/article/j_article.php?aid=126455（2014/12/15 閲覧）

（37）当時はまだ、在韓米軍を占領軍のように考えて敵意を持つ人が少なくなかった。このアメリカへの敵意がようやく一段落したのは、イラク戦争参戦決定を経て米韓ＦＴＡ締結で合意し、それが韓国社会に最終的に受け入れられて以降のことだ。Pew Research Center による韓国人の対米好感度調査の経年変化を参照されたい。
http://www.pewglobal.org/database/indicator/1/survey/all/（2018/10/30 閲覧）

（38）註（36）を参照。

（39）韓国ギャラップ社の調査によれば、八月二十五－二十七日に行われた世論調査で大統領の支持率は前回調査よりも十五ポイント上昇し、四十九％になった。「朴大統領の支持率　今年最高の49％＝南北緊張緩和で」『聯合ニュース』二〇一五年八月二十八日付
http://japanese.yonhapnews.co.kr/headline/2015/08/28/0200000000AJP20150828002100882.HTML（2015/08/30 閲覧）

（40）「文大統領『先制攻撃は容認できない』＝北朝鮮核問題で」『聯合ニュース』二〇一七年十二月六日付
http://japanese.yonhapnews.co.kr/Politics2/2017/12/06/0900000000AJP20171206004500882.HTML（2017/12/08 閲覧）

二〇一七年九月に韓国ギャラップ社が発表した世論調査では、北朝鮮の核問題が続く場合、米国が北朝鮮を先制攻撃することについては五十九%が反対し、三十三%が賛成した。『聯合ニュース』二〇一七年九月八日
http://japanese.yonhapnews.co.kr/pgm/9810000000.html?cid=AJP20170908001300882（2017/12/08 閲覧）

（41）韓国MBC世論調査の内容。その前の調査は韓国ギャラップ社によるもの。以下記事参照。
Kanga Kong "Nearly 80% of South Koreans Say They Trust Kim Jong Un," *Bloomberg*, May 2, 2018
https: //www. bloomberg. com/news/articles/2018-05-02/nearly-80-percent-of-south-koreans-say-they-trust-kim-jong-un
（2018/05/03 閲覧）

（42）「『終戦宣言なら軍隊に行かなくても良い？』入営対象者の悩み」『中央日報』二〇一八年四月二十九日付
https://japanese.joins.com/article/j-article.php?aid=240981（2018/04/29 閲覧）

（43）徴兵の服務形態はほかにも、既婚者や貧困家庭の人のため、あるいは南北の軍事境界線に近い所に家がある人たちのための自宅通いの常勤予備役の制度がある。また、公務員や、医師、研究開発系の企業の技能要員、オリンピック選手等の一部には、兵役代替服務制度が認められている。

（44）徴兵による兵士の数は現在四十七万人強である。二〇〇〇年以降では、毎年三十三〜三十九万人が徴兵検査対象となってきたが、新兵として入ってくるのは毎年二十四万人程度である。

（45）学士士官とROTCで将校の約七割を占める。企業による士官への再就職優遇が減ってきたことや、徴兵期間の短縮により、服務期間の長いROTCや学士士官の魅力が低下していることは確かだ。ROTCに関しては、就職難になると競争率が高くなる、魅力ある就職先の少ない地方においては倍率が高い、という傾向がある。服務期間を終えたのちに軍に残る割合も景気に応じて変動する。

（46）現在四百三十六人いる将校クラスの定員を二〇二二年までに三百六十人にするという。各軍の削減規模は陸軍が六十六人、海・空軍は各五名である。現在六十一万八千人いる兵力は、陸軍を十一万八千人減らし、二〇二二年までに五十万人に削減することになった。服務期間の短縮は二〇一八年十月一日に除隊予定の兵士から適用されるという。『聯合ニュース』二〇一八年七月二十七日付
http://japanese.yonhapnews.co.kr/pgm/9810000000.html?cid=AJP20180727005400882（2018/07/27 閲覧）

（47）少子化の影響により、韓国では徴集兵が不足するようになった。そのため盧武鉉政権の主導により、国軍はスリム

化とハイテク化を図り、二〇二〇年には、兵力は五十一万人余りにまで削減される予定であった。だが、危機が高まった二〇一〇年には李明博政権下で国防部が再検討して計画を覆した。しかし、その後も徴兵期間は次第に短縮されてきており、朴槿恵も（政権に就いてから断念するが）選挙期間中に急きょ兵役期間短縮を公約に挙げた。文在寅新政権は、「国防改革2・0」を打ち出し、盧武鉉政権時の兵役期間の短縮決定を再び復活するよう指示し、今般実現した。

（48）「高位公職者の兵役免除比率が一般人の三十三倍に達することが明らかになった。現役服務者は十人中七人に満たなかった。／国民の党のキム・ジュンロ議員が十一日に兵務庁の資料を分析した結果によると、兵役の義務がある四級以上の高位公職者二万五千三百八十八人のうち兵役の免除を受けた人は九・九％の二千五百二十人だった。補充役判定を受けた人は五千七百二十二人で全調査対象の二十二・五％を占めた。十人中三人は兵役の免除を受けたり現役を回避していたことになる。上半期の徴兵検査の兵役免除比率は〇・三％、補充役判定比率は十・二％にすぎなかった。免除比率だけ比較すれば一般人の三十三倍に達する。／高位公務員の子女の兵役免除率も高かった。高位公務員の直系卑属一万七千六百八十九人のうち兵役免除者は四・四％の七百八十五人だった。一般人免除比率の十五倍に達する。」『中央日報』二〇一六年九月十一日付

http://japanese.joins.com/article/j_article.php?aid=220545（2018/07/27 閲覧）

（49）同世代で比較すると、一般人の平均兵役免除率は三十八・五％。

（50）「社説　兵営過酷行為の申告を表彰しよう」『中央日報』二〇一四年八月十六日付

https://japanese.joins.com/article/j_article.php?aid=188629&servcode=100&sectcode=110&cloc=jp/article/related

（2018/07/07 閲覧）

（51）性格検査が行われることになっているのは、徴兵検査時、転入二、三週間後の新兵教育隊において、二等兵および一等兵になってからは半期に一回、上等兵および兵長になってからは年一回のタイミングである。

（52）二〇一四年六月、イム兵長乱射事件が起きた。イム兵長は最高裁で死刑が確定した。「韓国最高裁、『GOP銃器乱射』イム兵長に死刑確定」『中央日報』二〇一六年二月二十日付

https://japanese.joins.com/article/j_article.php?aid=212288&servcode=400&sectcode=430（2018/07/07 閲覧）

（53）二〇一四年十一月六日国防部発表。

（54）「韓国軍兵士、過去10年間で820人自殺」『ハンギョレ』二〇一四年八月十二日付

http://japan.hani.co.kr/arti/politics/18011.html（2018/07/07 閲覧）

（55）兵務庁が国民の党所属の国会議員に提出した資料では、過去五年間で兵役義務対象者（十八－四十歳）のうち国籍放棄者は一万七千二百二十九人に上った。二〇一二年は二千八百四十二人だったが、二〇一三年は三千七十五人、二〇一四年は四千三百八十六人と増加傾向にあり、二〇一六年は上半期だけで四千人を超えた。国籍取得先は、米国、日本、カナダの順。また、政府の高位公職者二十七人の息子三十一人が国籍を放棄したという。息子の兵役逃れに対して高官に不利益処分を行うことも検討中という。「韓国国籍を放棄した兵役免除者、今年４２２０人…過去最多」『中央日報』二〇一六年九月十九日付

https://japanese.joins.com/article/j_article.php?aid=220813（2018/07/07 閲覧）

（56）朴槿恵大統領率いるセヌリ党が総選挙で惨敗する前の二〇一六年三月時点で、セヌリ党支持は六十代以上で六十五％、五十代で五十三％だった。二〇一七年の大統領選では若年層に支持された文在寅氏に対し、唯一対抗できると思われた中道の安哲秀氏に保守票が流れた結果、両者の支持層は完全に若年層と高齢層に分かれた。宮嶋貴之「韓国・議会選挙の直前観測」みずほ総合研究所、二〇一六年四月一日

https://www.mizuho-ri.co.jp/publication/research/pdf/insight/as160401.pdf（2016/07/07 閲覧）。

（57）「ベトナム参戦『枯葉剤戦友会』会員が打ち明ける政治集会動員の実態」『ハンギョレ』二〇一四年十月二日付

http://japan.hani.co.kr/arti/politics/18413.html（2015/08/30 閲覧）

第五章

（１）この過程では同胞を殺害したドイツから金銭的賠償を受け取ることに右派から強い抵抗が見られたものの、一九五二年に交渉が妥結する。ルクセンブルク協定に基づく物資購入に加え、一九五七年にはアデナウアーの決定による秘密裏の軍事支援も行われ始めた。武井（２０１７）参照。

（２）ヘルートは、もともとはゼエヴ・ジャボティンスキーというロシアで生まれイタリアで教育を受けた思想家（一九四〇年没）の衣鉢を継ぐ一派だった。ジャボティンスキーが創始したイルグンという私軍を持ち、分離主義者としてシオニストの主流派と対立していた。

（３）こうしたイメージについて、オズ（１９９３）を参照。

（４）結成者の一人モルデハイ・バルオンの記述に基づく、Weissbrod（1997: 51）参照。

（5）Inbar（1999: chapter 3）.

（6）国防軍がサブラとシャティーラでのパレスチナ住民虐殺に加担したのではないかという疑惑が上がったことで、自らを被害者であり善であるとしてきた信念が揺らぐ人たちが出はじめた。三浦（２０１２）参照。

（7）このあたりのメンタリティはアモス・オズがうまく描き出している。オズ（１９８５）を参照。

（8）アメリカのトランプ政権は二〇一七年にエルサレムを首都として承認するという政策変更を行い、オーストラリアのモリソン首相も二〇一八年十二月に西エルサレムを首都と認定した。

（9）オズ（１９８５：Ｉ）を参照。

（10）"Israeli army conscription rate drops 3.5% since 2010" *Jewish Telegraphic Agency*, November 18, 2016
https: //www. jta. org/2016/11/18/news-opinion/israel-middle-east/israeli-army-conscription-rate-drops-3-5-since-2010（2018/01/06 閲覧）

（11）Amos Harel, "Will Israel Be Able to Peacefully Draft the ultra-Orthodox?" *Haaretz*, February 4, 2014.
https://www.haaretz.com/.premium-will-israel-peacefully-draft-the-ultra-orthodox-1.5318646（2018/01/06 閲覧）

（12）超正統派の数字は調査によっても異なりうるので注意が必要である。

（13）Jewish Virtual Library.
http://www.jewishvirtuallibrary.org/israeli-views-on-the-israel-defense-forces（2018/01/06 閲覧）

（14）Cohen（1997: 89）.

（15）Cohen（1997）.

（16）ヘブライ語による出版。ガルの主張については、以下の正統派のニュースウェブサイトを参照。"The Dati Leumi is the Backbone of the IDF's Combat Units" The Yeshiva World, July 9, 2013.
https: //www. theyeshivaworld. com/news/headlines-breaking-stories/176887/the-dati-leumi-is-the-backbone-of-the-idfs-combat-units.html（2018/01/06 閲覧）

（17）Cohen（1997: 97）.

（18）Gorenberg（2011: 138-139）.

（19）"Should Israel move to a more volunteer, professional army and away from conscription?" という質問（Peace

Index. October 2013）では二十一・一％に達している。Jewish Virtual Library.
http://www.jewishvirtuallibrary.org/israeli-views-on-the-israel-defense-forces（2018/01/06閲覧）

第六章

（1）スウェーデンのいわゆる近代的な徴兵制の萌芽は、ナポレオン戦争の時にグスタフ・アドルフ四世の命令で組織された徴兵部隊である。徴兵制は十九世紀を通じて緩やかに発展し、一九〇一年には陸軍をすべて徴兵で賄うまでに拡大した。より民主的と思われた民兵システムを主張してきた社会民主労働党も、一九〇一年の徴兵制法案（二十一－四十歳のスウェーデン人男性が徴兵義務を負うとする）には賛成した。しかし、徴兵に対して全く反対がなかったというわけではなく、非武装中立主義者なども労働運動の一端に存在した。しかし、それは決して多数にアピールする思想にはならなかった。Malmborg（2001: 117-118）.

（2）スウェーデンの国民の大多数に受け入れられた中立思想が功利主義的な現実的なものであったことについて、Malmborg（2001: 118）参照。

（3）スウェーデンは政治面では社民主義の福祉国家であり、軍事面では重武装の国である。その二重性をジェームズ・シュレジンジャー米国防長官（当時）が指摘しているが、Leander（2005）はまさにその両者は徴兵制によって重なり合っているのであり、軍事的な制度である徴兵制の中にスウェーデンの社民主義的な政治の思想を見ることができると指摘する。

（4）冷戦期には、八割のスウェーデン人男性が徴兵を経験している。しかし、冷戦の終わりとともに召集人数は減っていき平時徴兵制停止時点では召集されるのはスウェーデン人男性の十％にとどまっていた（一九九五年時点では三万五千人が徴兵訓練に呼び出されたが、二〇一〇年には千六百四十四人に減っていた）。その一方で、国民統合の観点から形式的な徴兵制の見直しが進む。一九九四年には法改正によって徴兵対象年齢男子の「防衛義務」に加えて、国民のみならず住民の老若男女（十六－七十歳）を対象とした「全体防衛義務」が設定された。Leander（2005）.

（5）スウェーデンのこれまでの国連ＰＫＯへの貢献については、五月女（２０１７）を参照されたい。

（6）五月女（２０１７）参照。

（7）ただしヨーラン・ペーション政権が二〇〇六年の選挙で穏健党の右派連合に敗れたのはスマトラ沖地震への対応の遅れの批判による要素が大きかった。この地震と津波でスウェーデン人が五百四十三名も死亡したが、政府の対応は最悪だった。災害が起きた十二月二十六日はクリスマスのプレゼントを開けるボクシング・デーにあたり、休暇で職場を離れている人が多かったことも影響した。救出と避難のための飛行機の手配も遅れ、救出機は数日たってからようやくタイを出発した。スウェーデン政府による被災地への援助額も、被害を受けた度合に比して目立たないものだった。Brunsson and Brunsson (2017).

(8) Jeppson (2009) では、スウェーデンの現役将校である著者が、NBGとEUとの協力強化をめぐるスウェーデンの軍事政策の転換とその意義について詳述している。

(9) Birger Heldt "Peacekeeping Contributor Profile: Sweden," last updated September 2012. http://www.providingforpeacekeeping.org/2014/04/03/contributor-profile-sweden/ (2018/01/07閲覧)

(10) スウェーデンでは、中道右派連合と、社会民主党、緑の党の広範な合意でアフガニスタン派遣が決まった。しかし、「左の党」とナショナリスト右派のスウェーデン民主党は反対した。スウェーデン民主党のミカエル・ヤンソン議員は、対テロ戦争の理念には賛成するが自国の国防の方が優先だとして反対した。以下記事を参照。David Stavrou, "The debate over Swedish troops in Afghanistan," *The Local*, December 15, 2010. https://www.thelocal.se/20101215/30858 (2018/01/07閲覧) 平時徴兵制停止後だが、ストックホルムで自爆テロが起きた際に、犯人がテロを行う理由としてアフガニスタン介入を挙げたこともあった。"Swedish bombs were a protest against Afghanistan war," *The Telegraph*, December 12, 2010. https://www.telegraph.co.uk/news/worldnews/europe/sweden/8197318/Swedish-bombs-were-a-protest-against-Afghanistan-war.html (2018/01/07閲覧) アフガニスタン介入に反対が出てくる構造は、他国でも共通している。例えば、Raitasalo (2014) では、アフガニスタン戦争の戦況悪化を踏まえ、フィンランド軍の将校である著者が、米国や欧州の介入傾向に警鐘を鳴らしている。

(11) 二〇〇五年には二名の将校が路上の爆発物で死亡しており、二〇〇九年にはスウェーデン兵士五人が負傷し、二〇一〇年にも兵士一名の死者が出た。

(12) スウェーデン統計局のホームページから得たデータで算出。以下人口統計はすべて同局ホームページを参照。http://www.scb.se/en/

(13) Conrad Hackett "5 facts about the Muslim population in Europe," Pew Research Center, November 29, 2017. http://www.pewresearch.org/fact-tank/2017/11/29/5-facts-about-the-muslim-population-in-europe/ (2018/01/07閲覧)

(14) “Swedish army to jobless immigrants: we want you,” *The Local*, May 30, 2012. https://www.thelocal.se/20120530/41148（2018/01/08閲覧）

(15) Braw（2016）; “The 2015 commission inquiry on The manning system of the Military Workforces presents the Official Report.” https://www.government.se/press-releases/2016/09/the-2015-commission-inquiry-on-the-manning-system-of-the-military-workforces-presents-the-official-report/（2018/01/08閲覧）

(16) Braw（2016）.

(17) “Sweden's draft is unlikely to fix its military problems” *The Economist*, March 7, 2017. https://www.economist.com/europe/2017/03/07/swedens-draft-unlikely-fix-its-military-problems（2018/03/20閲覧）

(18) “Swedish minister says bringing back conscription could help in refugee crisis,” *Reuters*, January 10, 2016. https://uk.reuters.com/article/uk-europe-migrants-sweden-conscription-idUKKCN0UO0LR20160110（2018/01/08閲覧）ヴァルストロームは紛争下の性暴力に関する国連事務総長特別代表を務めた人権派政治家である。二〇一五年には、すでにスウェーデンに流入した難民は十六万人に上っていた。

(19) Ipsos MORI がダーゲンス・ニュヘテル新聞のために二〇一六年一月に行った世論調査。詳細は以下参照。https://www.defensenews.com/home/2016/01/14/swedish-government-examines-return-of-conscription/（2018/03/20閲覧）

(20) 以下、ナチスドイツとの貿易については Codevilla（2013: 139-142）の詳しい記述を参照されたい。

(21) スイスは一九九二年からＥＵ加盟申請を保留してきたが、加盟反対が優勢な国民投票などの結果を受け、二〇一六年に正式に加盟申請を取りさげた。

(22) スイスはユーゴ紛争ではこれまでよりも積極性を発揮し、ＩＦＯＲとＳＦＯＲに領内の通過許可を出し、ＰＫＯ要員を派遣した。一九九九年に連邦議会は“Security Policy Report 2000”で将来においては中立原則が安全保障を害することのないようにすべきとし、厳しい中立原則の下でも積極的な外交安保政策が可能であるとした。そして、コソボ紛争では国連の委任を受けたＫＦＯＲに対して軍事要員（SWISSCOY）を派遣した。二〇〇〇年には連邦議会は“Foreign Policy Report”で新たな脅威に対応するため安全保障協力を重視する考えを再度打ち出している。以下参照。

"Swiss Neutrality" 4th revised edition. Federal Department of Defence, Civil Protection and Sports（DDPS）with the Federal Department of Foreign Affairs（DFA）.
https://www.eda.admin.ch/dam/eda/en/documents/aussenpolitik/voelkerrecht/Swiss%20neutrality.pdf（2018/03/20閲覧）

（23）コソボからの難民流入に関して国論が喚起され危機感が高まったことについては以下記事を参照。Elisabeth Olson, "Facing New Influx From Kosovo, Swiss Consider Limiting Asylum-Seekers." *The New York Times,*
https://archives.nytimes.com/library/world/europe/061399kosovo-swiss.html（2018/03/20 閲覧）

（24）"Statement by Norway on Gender Equality in the Military – Universal Conscription" the Permanent Delegation of Norway to the OSCE to the Forum for Security Co-operation. Vienna, 8 March 2017.
http://www.osce.org/forum-for-security-cooperation/304861?download=true（2018/03/20 閲覧）

（25）北部には軍事基地が集中しており、北部三県では軍を含め公務員が雇用の半数弱を占める。二〇一七年一月には国防相が北部防衛のさらなる強化と機動性の向上を表明し、最北部のロシアとの国境近くに新たに徴集兵を含む四百名の部隊、二百名のレンジャー部隊、地対空砲などを配備することにした。また防衛強化のため最北部にすぐに部隊を増派できるように軍の即応性を強化している。Thomas Nilsen, "Norway beefs up military presence in Finnmark," *The Balents Observer,* October 13, 2017.
https://thebarentsobserver.com/en/security/2017/10/norway-beefs-military-presence-finnmark（2018/03/10 閲覧）

（26）NOU 2016: 8 "A Good Ally: Norway in Afghanistan 2001-2014."

（27）ノルウェーの統計局データより算出。http://www.ssb.no/en

（28）オランド大統領が彼らに市民権を与えるにあたって、「血の贖い」と述べた。"France gives citizenship to 28 African WW2 veterans," BBC, April 15, 2017　https://www.bbc.com/news/world-europe-39608575（2018/10/22 閲覧）

（29）ヨーロッパ系植民者とその子孫のうち、本国フランスにルーツを持っているのは五人に一人程度しかいない。多くはスペイン、イタリア、スイス、その他ヨーロッパの国々からの移民で、本国で食い詰めて渡ってきた人びとが多い。一八三〇年のフランスによる征服前から移住していた人びとの子孫もいる。各民族は互いに反目し、「フランス人はスペイン人を軽蔑し、スペイン人はイタリア人を軽蔑し、イタリア人はマルタ人を軽蔑し、マルタ人はユダヤ人を軽蔑し、そしてみんな一緒になってユダヤ人を軽蔑している」（アルベール＝ポール・ランタン）と言われた。哲学者ジャック・デリダのアルジェリア系ユダヤ人としての他者・外部性の告白に見られるように本国からも差別された。ペタン政権下ではユダヤ人は学校から追放され、ナチの収容所送りになる危機にさらされた。一九五四年以前は貧しいユダヤ系はムスリムに共感して共産化する者も出たし、一方で豊かなユダヤ系はパリに教育の場や活動の場を移したが、五四年以降はユダヤ系の多くが一致してリベラル、ＦＬＮ支持となった。

（30）マンデス＝フランスはチュニジアに自治を与えたが、チュニジアとアルジェリアを同一視すべきではないし比較すべき対象でもないとして、フランスのアルジェリアを断固支持した。

（31）ホーン（１９９４：84‐86、91、92）、ベッツ（２００４：１２７、１２８）。

（32）ベッツ（２００４：１３０‐１３３）。

（33）ホーン（１９９４：４８３、４８４）参照。フランス人徴集兵らは、アルジェリア戦争に大義がないと公言していた。同書（２３５‐２３８）参照。

（34）“French ‘Civic Service’ eyes massive expansion amid huge demand,” France24, July 11, 2014.
https://www.france24.com/en/20140711-french-civic-service-expansion-demand（2018/03/20閲覧）

（35）Ifop for Sunday Ouest-France.
https://www.ouest-france.fr/europe/france/notre-sondage-80-des-francais-favorables-au-service-national-313625（2018/03/20閲覧）

（36）The Soufan Group, “FOREIGN FIGHTERS: An Updated Assessment of the Flow of Foreign Fighters into Syria and Iraq,” December 2015.
http://soufangroup.com/wp-content/uploads/2015/12/TSG_ForeignFightersUpdate_FINAL.pdf（2018/03/24閲覧）;
J. Weston, Phippen, “France's New De-Radicalization Centers,” *The Atlantic*, May 9, 2016
https://www.theatlantic.com/international/archive/2016/05/france-terrorism/481905/（2018/03/24閲覧）

（37）マクロン候補は選挙戦中に百五十億～二百億ユーロという数字を提示している。現段階ではコスト試算は様々だ。前注記事、および以下記事参照。“Emmanuel Macron wants to bring back national service in France,” *The Economist*, March 1, 2018.

https: //www. economist. com/news/europe/21737523-young-president-missed-out-it-himself-emmanuel-macron-wants-bring-back-national-service（2018/03/24 閲覧）

（38） フランスは二〇一八年に憲法を改正し、法の下の平等な市民としての権利を定める第一条から、「人種」による差別を禁止するくだりを削除した。それは人種差別を是とするということではなくて、人種という概念は存在しないという考え方に基づいていた。

本書は書き下ろしです。

〈著者略歴〉
三浦瑠麗（みうら・るり）
国際政治学者。1980年、神奈川県生まれ。東京大学農学部卒業、同大学院法学政治学研究科修了。博士（法学）。東京大学政策ビジョン研究センター講師。主な著書に、『シビリアンの戦争―デモクラシーが攻撃的になるとき』（岩波書店）、『「トランプ時代」の新世界秩序』（潮新書）、『日本に絶望している人のための政治入門』『あなたに伝えたい政治の話』（いずれも文春新書）、『国家の矛盾』（高村正彦との共著、新潮新書）など。

21世紀《せいき》の戦争《せんそう》と平和《へいわ》

徴兵制《ちょうへいせい》はなぜ再《ふたた》び必要《ひつよう》とされているのか

著　者………………三浦瑠麗《みうらるり》

発　行………………2019年1月25日

発行者………………佐藤隆信
発行所………………株式会社新潮社
〒162-8711 東京都新宿区矢来町71
電話　編集部 03-3266-5411
　　　読者係 03-3266-5111
https://www.shinchosha.co.jp
印刷所………………錦明印刷株式会社
製本所………………加藤製本株式会社

ISBN978-4-10-352251-5 C0031

「維新革命」への道　苅部直
「文明」を求めた十九世紀日本
明治維新で文明開化が始まったのではない。日本の近代は江戸時代に始まっていたのだ。十九世紀の思想史を通観し、「和魂洋才」などの通説を覆す意欲作。《新潮選書》

戦後史の解放Ⅰ
歴史認識とは何か　細谷雄一
日露戦争からアジア太平洋戦争まで
なぜ今も昔も日本の「正義」は世界で通用しないのか――世界史と日本史を融合させた視点から、日本と国際社会の「ずれ」の根源に迫る歴史シリーズ第一弾。《新潮選書》

戦後史の解放Ⅱ
自主独立とは何か　前編　細谷雄一
敗戦から日本国憲法制定まで
なぜGHQが憲法草案を書いたのか。「国のかたち」を守ろうとしたのは誰か。世界史と日本史を融合させた視点から、戦後史を書き換えるシリーズ第二弾。《新潮選書》

戦後史の解放Ⅱ
自主独立とは何か　後編　細谷雄一
冷戦開始から講和条約まで
単独講和と日米安保――左右対立が深まる中、戦後日本の針路はいかに決められたのか。国内政治と国際情勢の両面から、日本の自主独立の意味を問い直す。《新潮選書》

アメリカン・コミュニティ　渡辺靖
国家と個人が交差する場所
ロス郊外の超高級住宅街、保守を支えるアリゾナの巨大教会など、コミュニティこそがアメリカ社会を映す鏡である。変化し続けるこの国の力の源泉に迫る。《新潮選書》

中国はなぜ軍拡を続けるのか　阿南友亮
経済的相互依存が深まるほど、軍拡が加速するのはなぜか。一党独裁体制が陥った「軍拡の底なし沼」構造を解き明かし、対中政策の転換を迫る決定的論考。《新潮選書》